Der durchlaufende Bogenträger auf elastischen Stützen mit und ohne Versteifungsträger

Von

Dipl.-Ing. ETH **Walter Stampf**
Stockholm

Mit 206 Abbildungen
und 2 Tafeln im Text

Springer-Verlag
Berlin / Göttingen / Heidelberg
1960

ISBN-13: 978-3-642-49005-7   e-ISBN-13: 978-3-642-92795-9
DOI: 10.1007/978-3-642-92795-9

Vorwort

Der durchlaufende Bogenträger auf elastischen Säulen ist ein hochgradig statisch unbestimmtes System, dessen Berechnung mit Hilfe der gewöhnlichen Kräftemethode sehr umständlich ist. Mit Hilfe der Deformationsmethode hingegen wird die Berechnung sehr vereinfacht. Die Theorie, die hier zur statischen Berechnung entwickelt wurde, beruht auf der Berechnung der Deformationen der Bogenknotenpunkte, und führt diese als unbekannte Größen ein, was die Zahl der Unbekannten auf ein Minimum, nämlich auf zwei je Knotenpunkt reduziert. Für viele Öffnungen wächst auch hier die Anzahl der überzähligen Größen, so daß ein zweckmäßiges Auflösungsverfahren gesucht werden muß. Eine abgekürzte Methode wird hier abgeleitet, die das totale Gleichungssystem in zwei „Dreiverschiebungsgleichungen" des CLAPEYRONschen Types aufspaltet und durch aufeinanderfolgende Korrekturen zu den Schlußlösungen führt. Die Auflösungen dieser Gleichungen kann mit konventionellen Hilfsmitteln, so z. B. mit dem Rechenschieber durchgeführt werden. Als überzählige Größen dienen uns die Horizontalverschiebungen und Drehungen sämtlicher Bogenknotenpunkte. In Teil B wird der noch hochgradiger statisch unbestimmte durchlaufende Bogen mit Versteifungsträger behandelt. Dieser Träger kann durch eine besondere Wahl und Berechnung seines Grundsystemes, in welchem durch ein zweckmäßiges Aufteilen der Unbekannten in Balken- und Bogengrößen, auf den ersten Fall zurückgeführt werden, indem jetzt der Bogen mit Versteifungsträger mathematisch zu einem „stellvertretenden Bogen" verwandelt wird. Dieses Grundsystem ist an und für sich schon ein im Betonbrückenbau sehr wichtiges Tragsystem, und wird hier nach dieser Methode eingehend behandelt. Die weitere Berechnung dieses durchlaufenden Trägers wird nun außerordentlich vereinfacht, wobei schließlich bei vielen Öffnungen im allgemeinen Fall nur zwei Typen „Dreiverschiebungsgleichungen" aufzulösen sind. Die für den Träger wichtigsten Einflußlinien werden als Biegelinien berechnet. Die Berechnung wird stets getrennt durchgeführt für die drei Belastungsarten: Eigengewicht, Nutz- oder bewegliche Last, Temperaturänderungen und Schwinden des Betons.

Der Teil C behandelt eine Reihe von verwandten Systemen, die vor allem im Hochbau häufig sind, und somit das Anwendungsfeld beträchtlich erweitern. Außerdem wird in diesem Teil ein angenähertes Berechnungsverfahren zur raschen Behandlung der durchlaufenden Systeme entwickelt, sowie fertige Formeln zur Berechnung der Grundsysteme angegeben. Es soll damit dem projektierenden Ingenieur ein Mittel gegeben werden, seine Hauptabmessungen sofort festzulegen.

Dieses Berechnungsverfahren gibt uns die Möglichkeit, das Kräftespiel dieses Tragsystemes, sei es mit oder ohne Versteifungsträger, leicht zu übersehen, und den Träger auch wirtschaftlich auszunutzen. Dem Gang der Theorie folgt stets ein numerisches Beispiel.

Ich möchte an dieser Stelle den Herren Prof. Dr. KONRAD SATTLER und Dr. JULIUS SPRINGER für ihre Anregungen und ihr Interesse, sowie dem Springer-Verlag für die Ausstattung der Schrift herzlichst danken.

Stockholm, im April 1960   **Walter Stampf**

Inhaltsverzeichnis

Einleitung

Der durchlaufende Bogen auf elastischen Stützen ist in der Literatur
ein selten eingehend behandeltes Tragsystem. Dies beruht auf seiner
beschränkten Anwendungsmöglichkeit, ursprünglich in massiver Bau-
weise, heute im Stahlbetonbrückenbau meist verbreitet. Schon in frü-
herer Zeit wurde dieser Träger von den Römern für Brücken und Aqua-
dukte angewendet. Das will jedoch nicht heißen, daß dieses System
veraltet sei, im Gegenteil bietet es heute in seiner aufgelösten Form
große Möglichkeiten, um mit anderen Tragsystemen wirtschaftlich und
ästhetisch in Konkurrenz zu treten. Im Hochbau finden wir es oft bei
mehrschiffigen Hallenbindern ohne Zugbänder. Es ist für Beton sehr
vorteilhaft, denn seine Hauptglieder, die Bogen und Säulen, arbeiten
ausschließlich auf Druck für die Eigengewichtsbelastung, und bilden
somit eine willkommene, natürliche Vorspannung für Nutzlast und
Schwinden. Dieses Tragsystem kann somit für eine unbeschränkte Länge
fugenlos angewendet werden.

Eine ausführliche Behandlung des durchlaufenden Bogenträgers finden wir in E. MÖRSCH: Statik der Gewölbe und Rahmen, Teil A, Stuttgart, sowie in E. MELAN: Der Brückenbau, Wien. Beide Autoren behandeln das Tragwerk nach der Kräftemethode in einer sehr übersicht-
lichen und gründlichen Weise. Der Arbeitsaufwand wächst jedoch sehr
mit der Anzahl der Öffnungen. M. RITTER, Zürich, hat in seiner Vorlesung über massive Brücken eine Annäherungsmethode entwickelt, in
der aber die Knotenpunktsdrehungen vernachlässigt werden. F. STÜSSI
streift in seiner Vorlesung über Baustatik, Band II in Zusammenhang
der durchlaufenden Systeme, auch diesen Träger.

In dieser Arbeit soll ein Verfahren zur Anwendung gelangen, welches
den Arbeitsaufwand verkleinert und trotzdem die Übersichtlichkeit
nicht vermindern soll. Die Deformationsmethode dient vollauf diesen
Anforderungen. Eine allgemeine Fassung dieser Methode wurde durch
A. OSTENFELD gegeben in seiner Abhandlung: „Die Deformationsmethode". Wenden wir diese Methode für unser Tragsystem an, so erhalten
wir die Deformationen der Knotenpunkte als unbekannte Größen. Als
statisch unbestimmte Grundsysteme dienen die totaleingespannten Bogen und Säulen.

Diese Arbeit umfaßt drei Teile. Im ersten Teil wird der durchlaufende
Bogen auf elastischen Stützen behandelt, mit sog. „freien Bogen", d. h.

diese Bogen bilden allein die tragende Konstruktion des über den Stützen-
köpfen liegenden Teiles des Trägers, es ist das Fundamentalsystem der
ganzen Arbeit. Im zweiten Teil wirkt mit den Bogen zusammen noch
ein Versteifungsträger, der durch Pendelstützen auf den Gewölben elastisch gestützt wird. Der dritte und letzte Teil behandelt verwandte
Systeme, die auf die gleiche Art behandelt werden, sowie eine Näherungsberechnung der durchlaufenden Bogenträger.

Teil A. In der Deformationsmethode führen wir als Unbekannte die
Drehwinkel und Horizontalverschiebungen der Knotenpunkte ein. Als
statisch unbestimmtes Grundsystem haben wir einerseits eine Reihe
totaleingespannter Bogen, sowie eine Anzahl totaleingespannter Säulen.
Lassen wir nun äußere Kräfte auf das Grundsystem einwirken, so entstehen dadurch Kämpfermomente und Horizontalschübe in den totaleingespannten Bogen, sowie Stützenmomente und Querkräfte in den
Säulen, falls diese querbelastet werden. Diese Momente und Kräfte,
bezogen auf das statische Grundsystem, heißen „Belastungsglieder", und
werden in der Literatur anderer Systeme auch als „Festhaltekräfte"
bezeichnet. Wir nennen sie hier Belastungsglieder, weil es die einzigen
Größen sind, die von der äußeren Belastung abhängen. Überlassen wir
nun das Grundsystem dem freien Kräftespiel, so muß sich ein Gleich-
gewichtszustand einstellen, der dem Kontinuitätsgesetz folgt, d. h. die
drei Stabteile, die in einen gemeinsamen Knotenpunkt einmünden,
müssen die gleiche Drehung sowie dieselbe Horizontalverschiebung auf-
weisen. Dadurch werden die einzelnen Bogen und Säulen des Grundsystemes zu elastisch eingespannten Gebilden, und die Kämpfermomente
und Horizontalschübe der Bogen, sowie die Kopfmomente und Querkräfte der Säulen werden somit Funktionen dieser unbekannten Deformationen der Knotenpunkte. Mit Hilfe der Gleichgewichtsbedingungen
der Knotenpunkte $\Sigma M = 0$ und $\Sigma H = 0$, erhalten wir zwei Gleichungen
pro Knotenpunkt für die Bestimmung der zwei unbekannten Verschiebungsgrößen (α = Drehwinkel und δ = Horizontalverschiebung des
Knotenpunktes). Mit n Knotenpunkten erhalten wir zwei n Bestimmungsgleichungen. Bei einer großen Anzahl Bogen empfiehlt sich zur
Auflösung der Unbekannten die Methode der Übergangszahlen von
B. ULRICH[1], die hier speziell abgeleitet wird für dieses Tragsystem. Die
Einflußlinien für Momente und Horizontalkräfte werden als Biegungslinien berechnet. Dabei sind sechs Grundeinflußlinien speziell eingehend
behandelt.

Teil B. Der durchlaufende Bogen auf elastischen Stützen mit obenliegendem Versteifungsträger soll auf die gleiche Form der Bedingungs-
gleichungen zurückgeführt werden wie das Grundtragsystem des ersten

---

[1] B. ULRICH: Die Berechnung der Stockwerksrahmen, Zürich 1946.

Teiles. Das Grundsystem der Bogen ist der totaleingespannte Bogen mit Versteifungsträger. Für dieses Grundsystem wird ein neues Berechnungsverfahren zugepaßt, um auf die Form der Gleichungen des freien Bogens zurückzukommen, was im wesentlichen bedeutend die Berechnung vereinfacht und anschaulich gestaltet. Die „starren Scheiben" dienen auch hier als Hilfssystem zur Berechnung des Horizontalschubes des totaleingespannten Bogens, sowie zur Trennung der Elastizitätsgleichungen, in Balken und Bogengleichungen. Weiter entwickelt sich die Berechnung analog dem Teil A. Es werden im endgültigen System die Gleichgewichtsbedingungen aufgestellt für Momente und Horizontalkräfte in den Knotenpunkten, und diese haben die gleiche Form wie diejenigen des ersten Teiles, wobei die Koeffizienten hier erweitert sind und Funktionen von Bogen und Balken darstellen. Die Drehungen und Horizontalverschiebungen der Knotenpunkte figurieren wieder als unbekannte Deformationen. Die Einflußlinien sind auch hier wieder als Biegungslinien berechnet, was eine große Vereinfachung gegenüber anderen Verfahren bedeutet. Die betreffenden Einflußlinien des Grundsystemes müssen jedoch bekannt sein.

Teil C. Die in Teil A und B behandelten Tragsysteme haben hauptsächlich ihre Anwendung im Brückenbau. In diesem letzten Teil soll im ersten Abschnitt die Anwendungsmöglichkeit dieser Systeme weiter und speziell auf den Hochbau ausgedehnt werden. Bei Hallenbauten mit einer oder mehreren Öffnungen, die wir hier hauptsächlich untersuchen, ist es notwendig, den Horizontalschub in geeigneter Weise auf eine spezielle Stützenkonstruktion überzuführen. Es gilt nun zuerst, diese verschiedenen Endstützenkonstruktionen zu untersuchen und sie in Zusammenhang mit den Mittelöffnungen zu bringen. Für die Hauptoder Mittelöffnungen anderseits ist es möglich und gebräuchlich, an Stelle von Bogen auch Rahmen zu verwenden. Diese Rahmen können wieder symmetrisch oder unsymmetrisch ausgeführt werden bezüglich der eigenen Mittelachse. Für den Allgemeinfall eines symmetrischen und unsymmetrischen Rahmens untersuchen wir die für die durchlaufenden Systeme nötigen Festwerte, womit sich dann für mehrere Felder sofort die Knotenpunktsgleichungen aufstellen lassen. Für alle diese durchlaufenden Systeme sind keine Zugbänder in den Mittelöffnungen vorgesehen.

Im zweiten Abschnitt der näherungsweisen Berechnung behandeln wir Festwerte und Belastungsglieder der Stützen und Bogen, wobei wir, um explizite Formeln zu erhalten, bestimmte mathematische Formen der Bogenachsen sowie der Trägheitsmomente der Querschnitte voraussetzen. Die Belastungsglieder sind in einer Tabelle zusammengestellt. Um das Problem der durchlaufenden Bogenträger näherungsweise und einfach zu erfassen, nehmen wir die erste Rechnungsstufe der genauen

Berechnung als Näherungslösung, diese liefert uns nämlich schon bis zu 75% genaue Resultate. Wir können diese näherungsweise Berechnung für gleiche Öffnungen und gleiche Längen der Stützen mit Hilfe einer Tabelle der Verhältnis- und Übergangszahlen so reduzieren, daß es nur noch nötig ist, einige einfache Formeln auszurechnen, um ein durchlaufendes Bogensystem näherungsweise für die Dimensionierung abzuschätzen. Für den totaleingespannten Bogen mit Versteifungsträger versuchen wir nach der Methode gleicher Biegelinien der beiden Elemente, die Festwerte des Grundsystemes des zweiten Teiles mit expliziten Formeln zu bestimmen. Für die Belastungsglieder des sog. „Ersatzbogens" dient uns auch hier die oben genannte Tabelle. Die durchlaufenden Systeme des Teiles B können wir auf die gleiche Weise wie diejenigen des Teiles A näherungsweise mit Hilfe der Tabelle der Übergangszahlen sehr schnell berechnen, sobald wir Festwerte und Belastungsglieder der Grundsysteme kennen.

Anhang. Es sei hier kurz auf eine neue Auflösungsmethode der Knotenpunktsgleichungen hingewiesen, welche bei einer eingehenden Berechnung des Tragsystemes, z. B. bei einer Untersuchung vieler Belastungsfälle, sowie bei einer beschränkten Anzahl von Knotenpunkten, große Vorteile bietet. Die Anzahl der Unbekannten ist gleich der Anzahl beweglicher Knotenpunkte. Der Nachteil ist, daß jede Unbekannte in allen Gleichungen erscheint. Der Theorie folgt auch hier ein numerisches Beispiel.

A. Der durchlaufende Bogenträger auf elastischen Säulen

I. Grundlagen und Vorzeichenregeln

Das Tragsystem, das der Theorie zugrunde gelegt wird, besteht aus einer Reihe Bogen, elastisch miteinander verbunden, und durch Säulen elastisch gestützt. Jeder Knotenpunkt im belasteten System erleidet

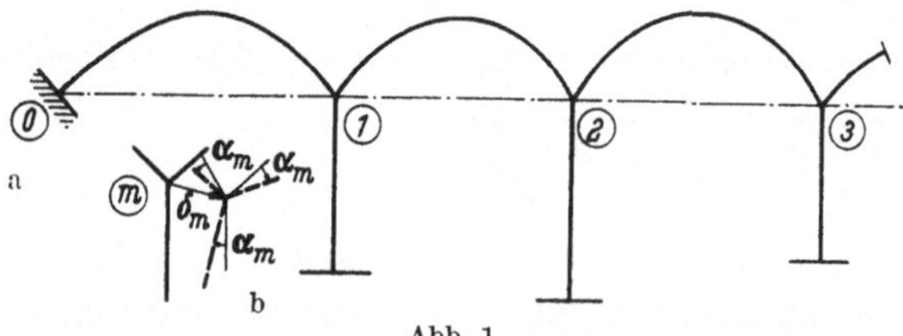

Abb. 1

somit eine elastische Verformung, die man aus einer Verschiebung und einer Winkeldrehung zusammensetzen kann, gemäß Abb. 1b. Die vertikale Komponente dieser Verschiebung wird nur im Falle des Schwindens und der Temperaturänderungen berücksichtigt.

Die einzelnen Bogen werden für sich als symmetrisch vorausgesetzt, mit Ausnahme ihrer Einspannungsgrade. Die Folge von dieser Annahme ist, daß sämtliche Knotenpunkte auf einer Horizontalen liegen. Der erste und der letzte Bogen der Reihe sind direkt auf dem Baugrunde abgestützt, in Teil C wird diese letzte Voraussetzung fallengelassen.

Die folgenden Vorzeichenregeln gelten:

a) Für die Deformationen der Knotenpunkte.

Die Winkeländerungen α der Knotenpunkte sind positiv, wenn sie im Uhrzeigersinne drehen (s. Abb. 2).

Die horizontalen Knotenpunktsverschiebungen sind positiv nach rechts gerichtet (s. Abb. 2).

Im einzelnen Bogen sind die Verschiebungen positiv, wenn diese die Spannweite vergrößern (s. Abb. 3).

In der abgetrennten Säule sind die Säulenkopfverschiebungen nach rechts gerichtet positiv.

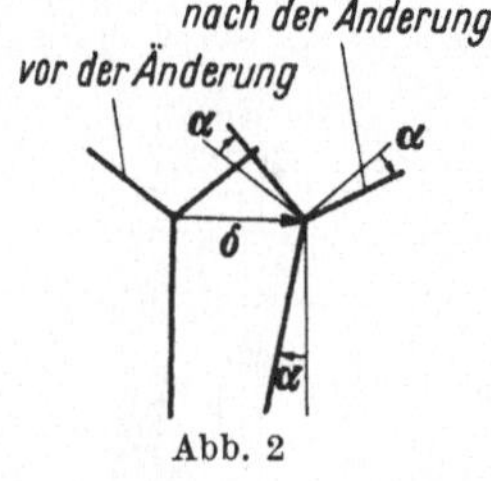

Abb. 2

b) Für die Momente und Horizontalkräfte.

Die Momente im abgetrennten Knoten sind positiv, wenn sie im Gegenuhrzeigersinn drehen (Abb. 4). Die Momente im Bogen und in der abgetrennten Stütze sind positiv, wenn sie im Uhrzeigersinne drehen (Abb. 5).

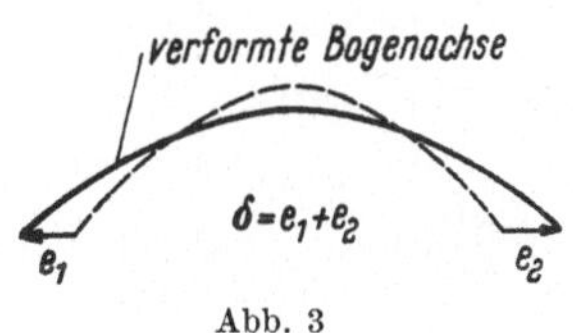

Abb. 3

Abb. 4

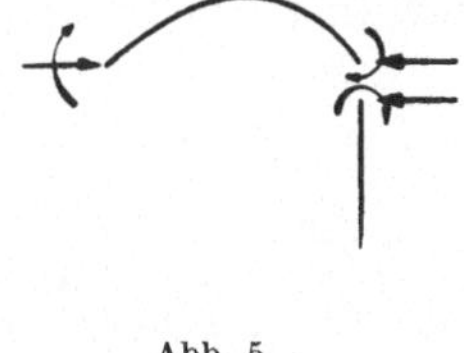
Abb. 5

Die Horizontalkraft in der abgetrennten Stütze ist positiv, wenn sie nach links wirkt. Der Horizontalschub des getrennten Bogens ist positiv als Druckkraft (Abb. 5).

II. Die Festwerte der Bogen und Stützen

a) Der Bogen

Als statisches Grundsystem der Bogen dient der „totaleingespannte symmetrische Bogen". Wir berechnen somit die unbekannten Größen M_I, M_II und H des Grundsystemes in Funktion der Auflagerverschiebungen und deren Verdrehungen, diese letzteren sind vorläufig als gegebene Größen vorausgesetzt. Die Vorarbeit besteht somit in der Berechnung des vollkommen eingespannten Bogens, versehen mit seinen

„starren Scheiben", gemäß der Abb. 6. Diese starren Scheiben dienen zur Vereinfachung der Elastizitätsgleichungen. Wählt man nämlich ihre Höhe t gleich der Höhe des elastischen Schwerpunktes über der Kämpfergrundlinie, wofür, wenn man

$$dw = \frac{ds}{EJ} \tag{2a}$$

einführt,

$$t = \frac{\int y' \, dw}{\int dw} \tag{2b}$$

hervorgeht, so sind wegen der vorausgesetzten Symmetrie

$$\int \frac{x}{L}\,(y'-t)\,dw = \int \frac{x'}{L}\,(y'-t)\,dw = 0\,,$$

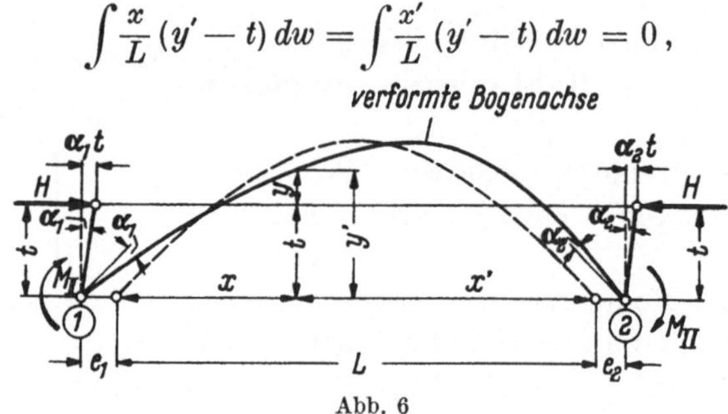

Abb. 6

so daß man für die Winkeländerungen α_1, α_2 und für die Änderung $\varDelta$ der Distanz $O_1 - O_2$

$$\left|\begin{array}{l} \alpha_1 = M_I \int\limits_e \dfrac{x'^2}{L^2}\,dw - M_{II} \int\limits_e \dfrac{x \cdot x'}{L^2}\,dw\,, \\[2ex] \alpha_2 = -\,M_I \int\limits_e \dfrac{x \cdot x'}{L^2}\,dw + M_{II} \int\limits_e \dfrac{x^2}{L^2}\,dw\,, \\[2ex] \varDelta = \varDelta_3 \cdot H = e_1 + e_2 - \alpha_1 \cdot t + \alpha_2 \cdot t \end{array}\right. \tag{3}$$

erhält, wobei

$$e = e_1 + e_2$$

die Distanzänderung der beiden Auflager 1 und 2 ist. Auflösung der Gln. (3) nach den Lastgrößen liefert die drei statisch unbestimmten Lasten in Abhängigkeit der Verformungen α_1, α_2 und $\varDelta$. Es folgt schließlich mit[1]

$$N = \left(\int\limits_L \left(\frac{x}{L}\right)^2 dw\right)^2 - \left(\int\limits_L \frac{x\,x'}{L^2}\,dw\right)^2 \tag{4a}$$

sowie

$$dw' = \cos^2\varphi\,\frac{ds}{EF}\,, \tag{4b}$$

---

[1] Wegen der Symmetrie des Bogens ist $\int x^2\,dw = \int x'^2\,dw$!

wobei φ der Neigungswinkel an die Bogenkurve bedeutet

$$M_\mathrm{I} = \frac{1}{N}\left[\alpha_1 \int\limits_L \frac{x'^2}{L^2}\,dw + \alpha_2 \int\limits_L \frac{x \cdot x'}{L^2}\,dw\right],$$

$$M_\mathrm{II} = \frac{1}{N}\left[\alpha_2 \cdot \int\limits_L \frac{x'^2}{L^2}\,dw + \alpha_1 \int\limits_L \frac{x \cdot x'}{L^2}\,dw\right], \tag{5}$$

$$H = \frac{e-(\alpha_1-\alpha_2)\,t}{\varDelta_3} = \frac{-e+t(\alpha_1-\alpha_2)}{\int\limits_L y^2\,dw + \int\limits_L dw'}. \tag{6}$$

Die Festwerte des Bogens

Man versteht darunter die Kämpfermomente und den Horizontalschub infolge von Einheitsverformungen.

1. Für eine alleinige Winkeländerung $\alpha_1 = 1$ (also $e = \alpha_2 = 0$) erhält man M_I, M_II und H nach Gl. (5) und Gl. (6). Wir reduzieren H in den Kämpfer und bezeichnen jetzt den Horizontalschub mit c_{1-2}, das linke

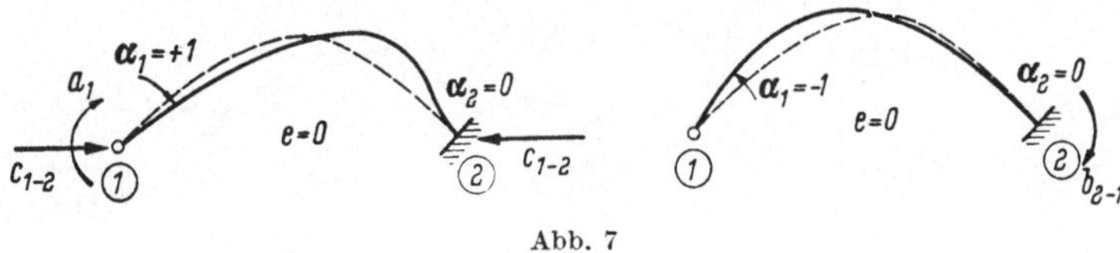

Abb. 7

Kämpfermoment mit a_1 und das rechte Kämpfermoment mit $-b_{2-1}$ (jeweils im Sinne von Biegemomenten, s. a. Abb. 7), also

$$c_{1-2} = H(\alpha_1 = 1;\ \alpha_2 = 0;\ e = 0),$$

$$a_1 = M_\mathrm{I}(\alpha_1 = 1;\ \alpha_2 = 0;\ e = 0) + t\,H(\alpha_1 = 1;\ \alpha_2 = 0;\ e = 0), \tag{7}$$

$$b_{2-1} = M_\mathrm{II}(\alpha_1 = -1;\ \alpha_2 = 0;\ e = 0) - t\,H(\alpha_2 = -1;\ \alpha_2 = 0;\ e = 0).$$

Wir finden schließlich für $\alpha_1 = +1$

$$M_\mathrm{I} = \frac{1}{N}\int\limits_L \frac{x'^2}{L^2}\,dw\,; \qquad H = -\frac{1\cdot t}{\varDelta_3},$$

und für $\alpha_1 = -1$

$$M_\mathrm{II} = -\frac{1}{N}\int \frac{x\,x'}{L^2}\,dw\,; \qquad H = +\frac{1\cdot t}{\varDelta_3} = -\frac{t}{\int\limits_L y^2\,dw + \int\limits_L dw'}\,,$$

so daß die gesuchten Festwerte für diesen oben definierten Verschiebungszustand

$$\alpha_1 = +1: \qquad a_1 = \frac{1}{N} \int\limits_L \frac{x'^2}{L^2}\, dw + \frac{t^2}{\int\limits_L y^2\, dw + \int\limits_L dw'}$$

$$\alpha_1 = -1: \qquad b_{2-1} = -\frac{1}{N} \int\limits_L \frac{x \cdot x'}{L^2}\, dw + \frac{t^2}{\int\limits_L y^2\, dw + \int\limits_L dw'} \qquad (8)$$

$$\alpha_1 = +1: \qquad c_{1-2} = \frac{t}{\int\limits_L y^2\, dw + \int\limits_L dw'}$$

sind.

2. Für eine alleinige Winkeländerung $\alpha_2 = \pm 1$ (also $\alpha_1 = e = 0$) erhalten wir die folgenden Kräfte

$$\alpha_2 = +1: \qquad a_2 = \text{Kämpfermoment } M_2 = M_{\mathrm{II}} - H \cdot t,$$

$$\alpha_2 = -1: \qquad b_{1-2} = \text{Kämpfermoment } M_1 = M_{\mathrm{I}} + H \cdot t,$$

$$\alpha_2 = -1: \qquad c_{2-1} = \text{Horizontalschub } H \text{ (vgl. Abb. 8)}.$$

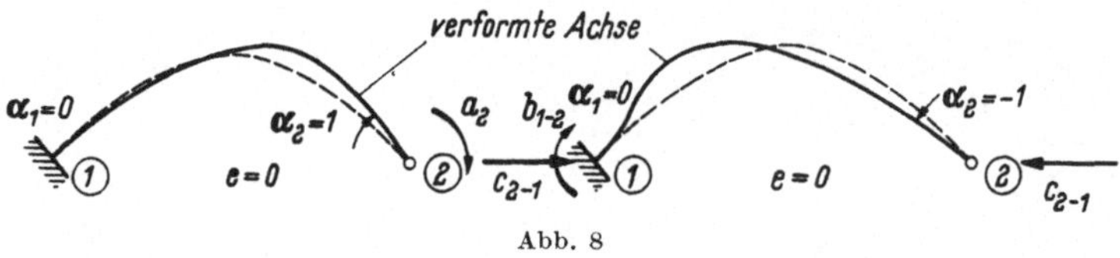

Abb. 8

Nach den Gln. (5) und (6) sind die entsprechenden Momente und Kräfte:
Für $\alpha_2 = +1$

$$M_{\mathrm{II}} = \frac{1}{N} \int\limits_L \frac{x'^2}{L^2}\, dw \, ; \qquad H = -\frac{t}{\int\limits_L y^2\, dw + \int\limits_L dw'}$$

und für $\alpha_2 = -1$

$$M_{\mathrm{I}} = \frac{1}{N} \int \frac{x \cdot x'\, dw}{L^2} \, ; \qquad H = +\frac{t}{\int\limits_L y^2\, dw + \int\limits_L dw'} \, .$$

Die Festwerte dieses Verschiebungszustandes lauten demnach

$$\alpha_2 = +1: \qquad a_2 = \frac{1}{N} \int\limits_L \frac{x'^2}{L^2}\, dw + \frac{t^2}{\int y^2\, dw + \int dw'}$$

$$\alpha_2 = -1: \qquad b_{1-2} = -\frac{1}{N} \int \frac{x \cdot x'}{L^2}\, dw + \frac{t^2}{\int y^2\, dw + \int dw'} \qquad (9)$$

$$\alpha_2 = -1: \qquad c_{2-1} = \frac{t}{\int y^2\, dw + \int dw'}$$

Gemäß dem Satz der Gegenseitigkeit der Verschiebungen ist stets

$$b_{1-2} = b_{2-1} \quad \text{und} \quad c_{1-2} = c_{2-1}$$

und speziell für den symmetrischen Bogen

$$a_1 = a_2.$$

3. Wir ändern die Kämpferdistanz $O_1 O_2$ um $e = \pm 1$ und behalten die Winkel unverändert, also $\alpha_1 = \alpha_2 = 0$, und bestimmen dadurch die auftretenden Kräfte.

$$e = + 1: \quad c_{2-1} = \text{Kämpfermoment } M_2 = M_{\mathrm{II}} - H \cdot t,$$

$$e = - 1: \quad c_{1-2} = \text{Kämpfermoment } M_1 = M_{\mathrm{I}} + H \cdot t,$$

$$e = - 1: \quad d_{1-2} = \text{Horizontalschub } H.$$

Wir sehen diese Kräfte in der Abb. 9 eingezeichnet.

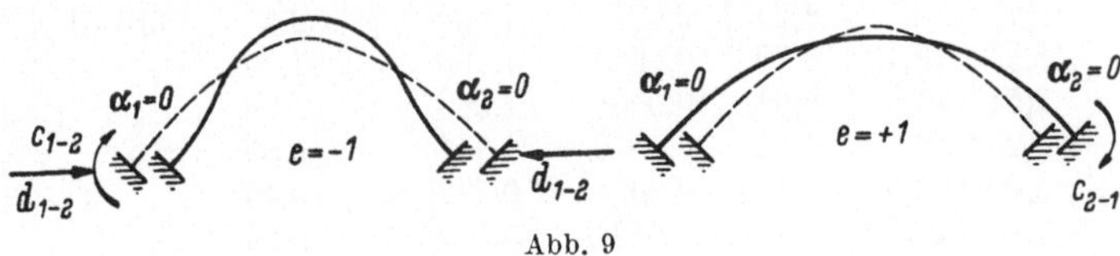

Abb. 9

Für $e = -1$ findet man

$$M_{\mathrm{I}} = 0 \qquad H = \frac{1}{\underset{L}{\int} y^2 \, dw + \underset{L}{\int} dw'}$$

und für $e = +1$

$$M_{\mathrm{II}} = 0 \qquad H = \frac{-1}{\int y^2 \, dw + \int dw'}$$

gemäß den Gln. (5) und (6).

Schließlich finden wir auch für diesen Verschiebungszustand die folgenden Festwerte.

$$\boxed{\begin{aligned}
e = + 1: \quad & c_{2-1} = \frac{t}{\int y^2 \, dw + \int dw'} \\[2mm]
e = - 1: \quad & c_{1-2} = \frac{t}{\int y^2 \, dw + \int dw'} \\[2mm]
e = - 1: \quad & d_{1-2} = \frac{1}{\int y^2 \, dw + \int dw'}
\end{aligned}} \cdot \tag{10}$$

Beispiel zur Bestimmung der Festwerte

Für die praktische Berechnung legen wir folgenden Brückenbogen zugrunde (s. Tafel I, S. 193). Durch die Einteilung des Bogens in 20 Elemente führen wir die Integrale

$$\int \frac{x^2}{L^2}\,dw, \quad \int \frac{x\,x'}{L^2}\,dw, \quad \int y'\,dw \quad \text{und} \quad \int dw$$

Tabelle 1. Summen: $\sum \Delta w$, $\sum x'^2\,dw$ $\sum x\,x' \cdot \Delta w$

Element	x'	x	y'	J	Δw	$x'^2\,\Delta w$	$x \cdot x' \cdot \Delta w$	Δs
1	18,80	0,15	0,80	0,3810	0,0195	6,9	0,05	1,40
2	18,40	0,55	2,10	0,1170	0,0611	20,7	0,62	1,35
3	17,80	1,15	3,30	0,0607	0,1178	37,3	2,42	1,35
4	17,00	1,95	4,46	0,0311	0,2300	66,5	7,64	1,35
5	16,10	2,85	5,50	0,0198	0,3610	93,5	16,58	1,35
6	15,10	3,85	6,40	0,0124	0,5770	131,6	33,50	1,35
7	13,95	5,00	7,12	0,0092	0,777	151,2	54,20	1,35
8	12,70	6,25	7,65	0,0076	0,941	151,8	74,60	1,35
9	11,40	7,55	8,04	0,0066	1,083	140,9	93,10	1,35
10	10,10	8,85	8,20	0,0053	1,300	132,6	116,10	1,30
11	8,85	10,10	8,20	0,0053	1,300	101,80		
12	7,55	11,40	8,04	0,0066	1,083	61,70		
13	6,25	12,70	7,65	0,0076	0,941	36,80		
14	5,00	13,95	7,12	0,0092	0,777	19,40		
15	3,85	15,10	6,40	0,0124	0,577	8,50		
16	2,85	16,10	5,50	0,0198	0,361	2,90		
17	1,95	17,00	4,46	0,0311	0,230	0,90		
18	1,15	17,80	3,30	0,0607	0,118	0,20		
19	0,55	18,40	2,10	0,1170	0,061	0		
20	0,15	18,80	0,80	0,3810	0,0195	0		
$\sum$					10,93	1165,20	797,60	

Tabelle 2. Summen: $\sum y'\,\Delta w$, $\sum \Delta w'$, $\sum y^2\,\Delta w$

Abstand der starren Scheiben: $\quad t = \dfrac{\sum y'\,\Delta w}{\sum \Delta w}$

Element	y'	Δw	$y' \cdot \Delta w$	$\Delta w'$	$y^2 \cdot \Delta w$	F	y
1	0,80	0,0195	0,0156	0,0045	0,80	1,66	— 6,40
2	2,10	0,0611	0,1284	0,0064	1,59	1,12	— 5,10
3	3,30	0,1178	0,3887	0,0079	1,79	0,90	— 3,90
4	4,46	0,2300	1,0250	0,0099	1,73	0,72	— 2,74
5	5,50	0,3610	1,9860	0,0115	1,04	0,62	— 1,70
6	6,40	0,5770	3,6920	0,0135	0,37	0,53	— 0,80
7	7,12	0,777	5,5300	0,0149	0,05	0,48	— 0,08
8	7,65	0,941	7,2000	0,0159	0,19	0,45	+ 0,45
9	8,04	1,083	8,7000	0,0167	0,76	0,43	0,84
10	8,20	1,310	10,6600	0,0179	1,30	0,40	+ 1,00
$\sum_{0}^{1/2}$			39,3250	0,1191	18,90		

$$t = \frac{39,325}{5,465} = 7,20.$$

als Summen aus. Gleichzeitig vervielfachen wir jedes Integral mit dem konstanten Werte $E\,J_c$, so daß die „elastischen Gewichte" der Bogenbelegung

$$\varDelta w = \varDelta s\, J_c/J; \quad \varDelta w' \approx \varDelta s\, J_c/F \quad \text{mit} \quad J_c = 0{,}0053\ \text{m}^4.$$

Die Integration wird tabellarisch durchgeführt.
Nenner der Balkenmomente

$$N = \left(\int \frac{x'^2}{L^2}\,dw\right)^2 - \left(\int \frac{x\cdot x'}{L^2}\,dw\right)^2$$

$$N = \left[\left(\frac{1165{,}2}{359}\right)^2 - \left(\frac{797{,}6}{359}\right)^2\right] \frac{1}{(EJ_c)^2} = \frac{5{,}64}{(EJ_c)^2}.$$

Nenner des Horizontalschubes

$$\int y^2\,\varDelta w + \int \varDelta w' = \frac{19{,}14}{EJ_c}.$$

Festwerte der Bogen, gemäß den Gln. (8), (9), (10)

$$a_1 = a_2 = \frac{(EJ_c)^2 \cdot 1165{,}2}{5{,}64 \cdot 359 \cdot EJ_c} + \frac{7{,}20^2 \cdot EJ_c}{19{,}14} = 3{,}29\ EJ_c,$$

$$b_{1-2} = b_{2-1} = \frac{-(EJ_c)^2 \cdot 797{,}6}{5{,}64 \cdot 35 \cdot 9\ EJ_c} + \frac{7{,}20^2 \cdot EJ_c}{19{,}14} = 2{,}32\ EJ_c,$$

$$c_{1-2} = c_{2-1} = \frac{7{,}20}{19{,}14}\ EJ_c = 0{,}376\ EJ_c,$$

$$d = \frac{1}{19{,}14}\ EJ_c = 0{,}0522\ EJ_c.$$

b) Die Stütze

Das Grundsystem der Stützen ist der vollständig eingespannte Balken in seinen Enden 2 und 3. Die zwei unbestimmten Größen sind die beiden Einspannungsmomente M_2 und M_3. Diese Momente erhält man in Funktion ihrer Auflagerverschiebungen. Die Querkraft V, die wir in der weiteren Berechnung benötigen, folgt als Funktion der zwei Momente M_2 und M_3. Für die beiden Drehwinkel der Stützenenden erhalten wir gemäß Abb. 10

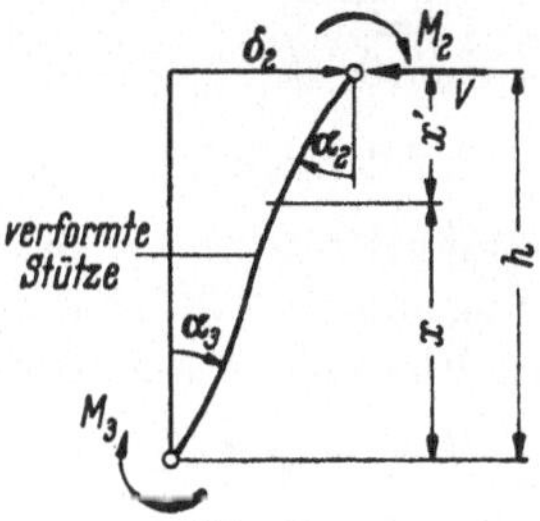

Abb. 10

$$\alpha_3 = M_3 \int_0^h \frac{x'^2}{h^2}\,dw - M_2 \int_0^h \frac{x\cdot x'}{h^2}\,dw + \frac{\delta_2}{h}$$

$$\alpha_2 = -\,M_3 \int_0^h \frac{x\cdot x'}{h^2}\,dw + M_2 \int_0^h \frac{x^2}{h^2}\,dw + \frac{\delta_2}{h}$$

$$(11)$$

Nach Auflösung findet man aus Gl. (11) die Momente in Abhängigkeit von den Deformationen, die uns im weiteren die Festwerte der Stützen liefern

$$M_3 = \frac{\left(\alpha_3 - \dfrac{\delta_2}{h}\right)\displaystyle\int \frac{x^2}{h^2}\,dw + \left(\alpha_2 - \dfrac{\delta_2}{h}\right)\displaystyle\int \frac{x\,x'}{h^2}\,dw}{\displaystyle\int \frac{x'^2}{h^2}\,dw \cdot \int \frac{x^2}{h^2}\,dw - \left[\int \frac{x \cdot x'}{h^2}\,dw\right]^2}$$

$$M_2 = \frac{\left(\alpha_2 - \dfrac{\delta_2}{h}\right)\displaystyle\int \frac{x'^2}{h^2}\,dw + \left(\alpha_3 - \dfrac{\delta_2}{h}\right)\displaystyle\int \frac{x \cdot x'}{h^2}\,dw}{N} \tag{12a}$$

und die Querkraft der Stütze

$$V = \frac{M_3 + M_2}{h}. \tag{12b}$$

Die Festwerte der Stütze

Man versteht darunter die Endmomente, sowie die Querkraft infolge von Einheitsdeformationen.

1. Alleinige Drehung $\alpha_2 = +1$ (also $\alpha_3 = \delta_2 = 0$) (s. Abb. 11). Für diesen Deformationszustand folgen das Einspannungsmoment $M_2 = a_2$, das Einspannungsmoment $M_3 = b_{3-2}$ und die Querkraft c_{2-3} der Säule aus Gl. (12a) und Gl. (12b) zu

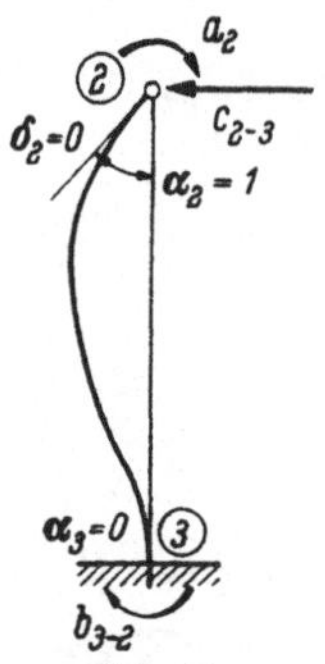

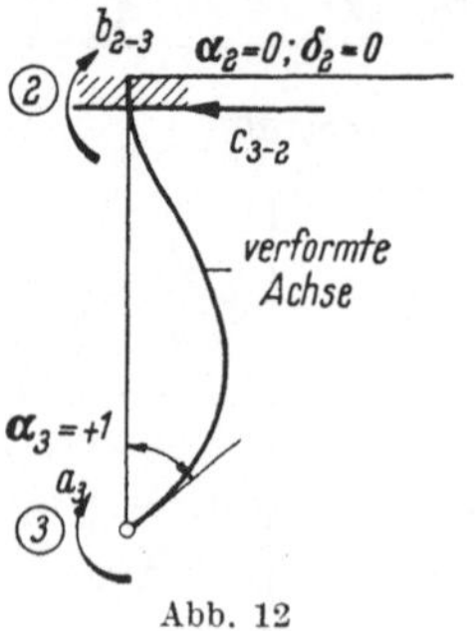

Abb. 11

$$a_2 = \frac{1}{N}\int_0^h \frac{x'^2}{h^2}\,dw$$

$$b_{3-2} = \frac{1}{N}\int_0^h \frac{x \cdot x'}{h^2}\,dw \tag{13}$$

$$c_{2-3} = \frac{1}{h}\left(a_2 + b_{3-2}\right)$$

2. Alleinige Drehung $\alpha_3 = 1$ (also $\alpha_2 = \delta_2 = 0$). Die hierdurch bedingten Festwerte, also das Einspannungsmoment $M_3 = a_3$, das Einspannungsmoment $M_2 = b_{2-3}$ und die Querkraft $V = c_{3-2}$ der Säule (Abb. 12) resultieren aus den Gln. (12)

Abb. 12

$$a_3 = \frac{1}{N}\int_0^h \frac{x^2}{h^2}\,dw$$

$$b_{2-3} = \frac{1}{N}\int_0^h \frac{x \cdot x'}{h^2}\,dw \tag{14}$$

$$c_{3-2} = \frac{1}{h}\left(a_3 + b_{2-3}\right)$$

3. Alleinige Horizontalverschiebung des Stützenkopfes $\delta_2 = -1$ (also $\alpha_2 = \alpha_3 = 0$). Dieser Verschiebungszustand hat ein Einspannungsmoment $M_2 = c_{2-3}$, ein Einspannungsmoment $M_3 = c_{3-2}$ und eine Querkraft $V = d_{2-3}$ der Stütze zur Folge (Abb. 13), die sich aus Gl. (12) letztlich zu

$$c_{3-2} = \cfrac{\cfrac{1}{h}\left[\int \cfrac{x \cdot x'}{h^2}\,dw + \int \cfrac{x^2}{h^2}\,dw\right]}{N}$$

$$c_{2-3} = \cfrac{\cfrac{1}{h}\left[\int \cfrac{x \cdot x'}{h^2}\,dw + \int \cfrac{x'^2}{h^2}\,dw\right]}{N} \qquad (15)$$

$$d_{2-3} = \frac{1}{h}\left(c_{3-2} + c_{2-3}\right)$$

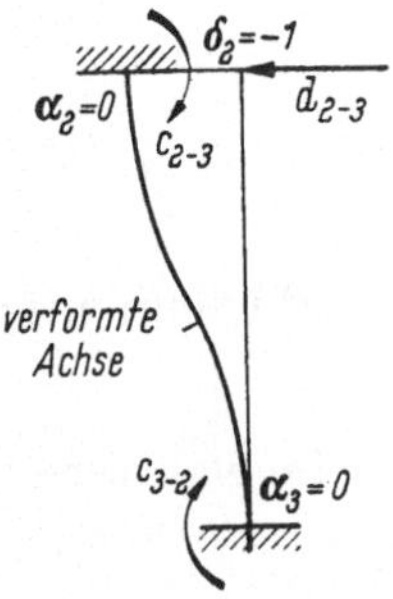

Abb. 13

ergeben.

Beispiel zur Bestimmung der Festwerte einer Säule

Wir berechnen die Festwerte der Säule auf der Tafel I (S. 193). Auch hier verwandeln wir die Integration unendlich kleiner Elemente in Summen von endlichen Teilen. Die Aufteilung der Stütze geschieht in 10 Teile und alle Elemente vervielfachen wir mit $E \cdot J_c$, wo wieder $J_c = 0{,}0053\ m^4$ ist. Die elastischen Gewichte werden dadurch

$$\Delta w = \Delta s\,\frac{J_c}{J}.$$

Tabelle 3. *Summen:* $\sum x'^2 \cdot \Delta w$, $\sum x^2 \cdot \Delta w$ *und* $\sum x \cdot x' \cdot \Delta w$

Element	J	Δs	Δw	x'	x	$x'^2 \cdot \Delta w$	$x^2 \cdot \Delta w$	$x \cdot x' \cdot \Delta w$
1	2,12	1,0	0,0025	18,50	0,50	0,855	0,0006	0,023
2	1,91	2,0	0,0055	17,00	2,00	1,590	0,0220	0,187
3	1,72	2,0	0,0062	15,00	4,00	1,395	0,0993	0,372
4	1,53	2,0	0,0069	13,00	6,00	1,165	0,2485	0,539
5	1,366	2,0	0,0078	11,00	8,00	0,940	0,5000	0,686
6	1,21	2,0	0,0088	9,00	10,00	0,710	0,8800	0,791
7	1,067	2,0	0,0099	7,00	12,00	0,488	1,428	0,832
8	0,938	2,0	0,0113	5,00	14,00	0,282	2,215	0,790
9	0,733	2,0	0,0145	3,00	16,00	0,130	3,710	0,695
10	0,667	2,0	0,0159	1,00	18,00	0,016	5,150	0,286
			$\sum\limits_{0}^{h}$			7,571	14,253	5,201

Für die Festwerte der Säule gebrauchen wir die Gln. (13), (14), (15).

Der Nenner wird zu

$$N = \frac{7{,}57}{361 \cdot EJ_c} \cdot \frac{14{,}25}{361\,EJ_c} - \left(\frac{5{,}21}{361\,EJ_c}\right)^2 = 0{,}00062\,\frac{1}{(EJ_c)^2}$$

und die Festwerte:

$$a_3 = \frac{(EJ_c)^2}{0{,}00062} \cdot \frac{14{,}253}{361 \cdot EJ_c} = 63{,}6 \cdot EJ_c,$$

$$b_{2-3} = \frac{(EJ_c)^2}{0{,}00062} \cdot \frac{5{,}20}{361 \cdot EJ_c} = 23{,}2 \cdot EJ_c = b_{3-2},$$

$$c_{3-2} = \frac{1}{19{,}0}\,(63{,}6 + 23{,}2) \cdot EJ_c = 4{,}56 \cdot EJ_c.$$

III. Einspannungsmomente M_1 und M_2, sowie Horizontalschub H des Bogens

Im elastisch eingespannten Bogen erhalten wir die Kämpfermomente und den Horizontalschub als Funktion sämtlicher vier unbekannten

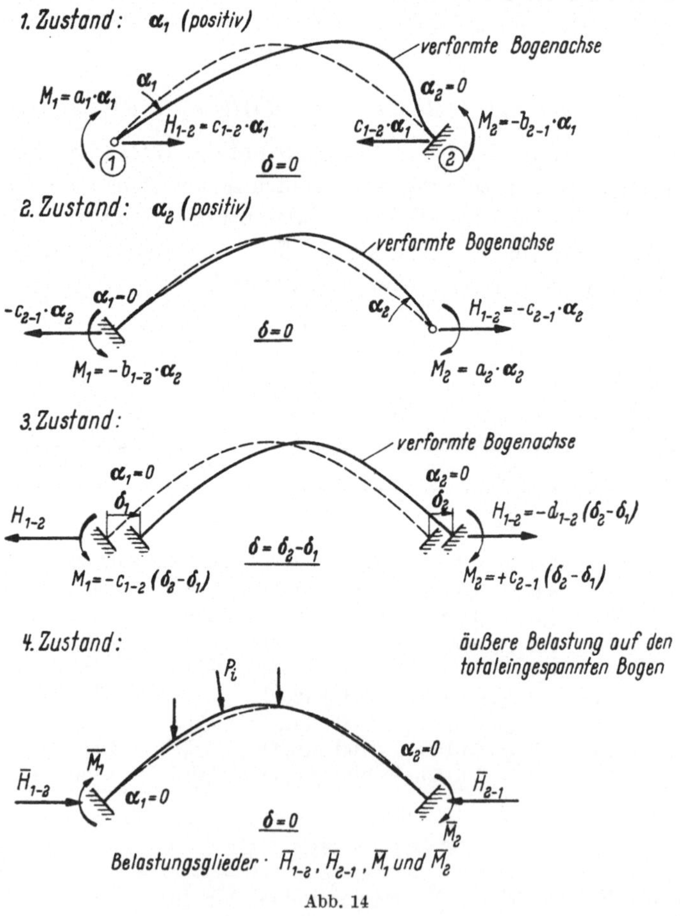

Abb. 14

Knotenpunktsverformungen α_1, α_2; δ_1 und δ_2, sowie in Abhängigkeit der äußeren Belastung, oder anderen Einflüssen. Als Grundsystem dient der totaleingespannte Bogen und durch Überlagerung aller Momente bzw. Horizontalschübe, die durch aufeinanderfolgendes Verformen seiner Auflager entstehen, finden wir die endgültigen Werte nach den Gln. (16). In Abb. 14 sind für jeden einzelnen Verformungszustand die entsprechenden Momente und Horizontalkräfte gezeigt.

In der folgenden Abb. 15 ist der endgültige Verschiebungszustand gezeichnet, den wir durch Überlagern aller vier Zustände der Abb. 14 erhalten. Somit finden wir Momente und Horizontalschub zu

$$\begin{aligned}
M_1 &= a_1 \cdot \alpha_1 - b_{1-2} \cdot \alpha_2 - c_{1-2}(\delta_2 - \delta_1) + \overline{M}_1 \\
M_2 &= a_2 \cdot \alpha_2 - b_{2-1} \cdot \alpha_1 + c_{2-1}(\delta_2 - \delta_1) + \overline{M}_2 \\
H_{1-2} &= c_{1-2} \cdot \alpha_1 - c_{2-1} \cdot \alpha_2 - d_{1-2}(\delta_2 - \delta_1) + \overline{H}_{1-2} \\
H_{2-1} &= H_{1-2} + \overline{H}_{2-1} - \overline{H}_{1-2}
\end{aligned} \tag{16}$$

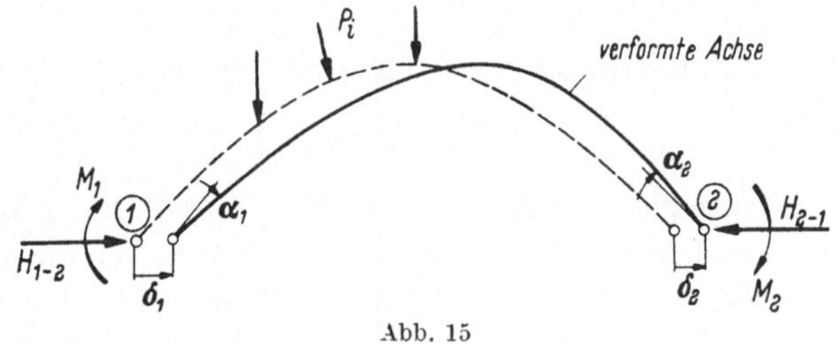

Abb. 15

Beispiel. Für den Bogen des früheren Beispieles aus der Tafel I (S. 193) finden wir die Einspannungsmomente und den Horizontalschub nach den Gln. (16)

$$M_1 = [3{,}29\,\alpha_1 - 2{,}32\,\alpha_2 - 0{,}376\,(\delta_2 - \delta_1)] \cdot E J_c + \overline{M}_1,$$
$$M_2 = [3{,}29\,\alpha_2 - 2{,}32\,\alpha_1 + 0{,}376\,(\delta_2 - \delta_1)] \cdot E J_c + \overline{M}_2,$$
$$H_{1-2} = [0{,}376\,\alpha_1 - 0{,}376\,\alpha_2 - 0{,}0522\,(\delta_2 - \delta_1)] \cdot E J_c + \overline{H}_{1-2}.$$

IV. Momente und Querkraft der Säule

In der elastisch eingespannten Stütze finden wir die beiden Einspannungsmomente, sowie die Querkraft in Abhängigkeit von den drei Knotenpunktsverformungen α_2, α_3 und δ_2. Wir überlagern auch hier wieder die Verformungszustände, um zu den gesuchten Momenten und der Querkraft zu gelangen. Wir setzen hier voraus, daß sich der Fußpunkt der Stütze nur drehen kann. Momente und Horizontalkraft sind im positiven Wirkungssinn in Abb. 16 eingetragen. $\overline{M}_2$, $\overline{M}_3$ und $\overline{H}_{2-3}$

sind die Werte von Momenten und Horizontalkraft infolge äußerer Belastung der totaleingespannten Stütze.

Die Gleichungen für M_2, M_3 und H_{2-3} lauten somit

$$M_2 = a_2 \cdot \alpha_2 + b_{2-3} \cdot \alpha_3 - c_{2-3} \cdot \delta_2 + \overline{M_2}$$

$$M_3 = a_3 \cdot \alpha_3 + b_{3-2} \cdot \alpha_2 - c_{3-2}\, \delta_2 + \overline{M_2} \qquad (17)$$

$$H_{2-3} = c_{2-3} \cdot \alpha_2 + c_{3-2} \cdot \alpha_3 - d_{2-3} \cdot \delta_2 + \overline{H_{2-3}}$$

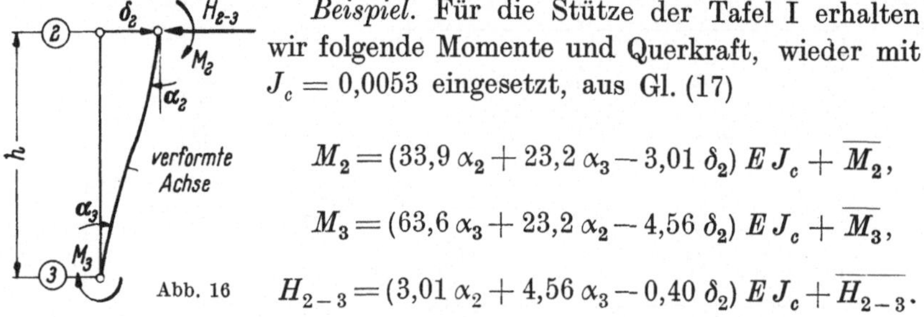

Abb. 16

Beispiel. Für die Stütze der Tafel I erhalten wir folgende Momente und Querkraft, wieder mit $J_c = 0,0053$ eingesetzt, aus Gl. (17)

$$M_2 = (33,9\,\alpha_2 + 23,2\,\alpha_3 - 3,01\,\delta_2)\,E\,J_c + \overline{M_2},$$

$$M_3 = (63,6\,\alpha_3 + 23,2\,\alpha_2 - 4,56\,\delta_2)\,E\,J_c + \overline{M_3},$$

$$H_{2-3} = (3,01\,\alpha_2 + 4,56\,\alpha_3 - 0,40\,\delta_2)\,E\,J_c + \overline{H_{2-3}}.$$

V. Belastungsglieder der Grundsysteme

a) Im Bogen

Die „Belastungsglieder", die wir mit $\overline{M_1}$, $\overline{M_2}$ und $\overline{H_{1-2}}$ bezeichnet haben, berechnen sich am totaleingespannten Bogen, der wie gesagt als statisch unbestimmtes Grundsystem betrachtet wird. Diese Belastungsglieder werden nach der Kraftmethode berechnet. Im folgenden werden die überzähligen Größen des totaleingespannten Bogens nach E. MÖRSCH, E. MELAN und M. RITTER ermittelt, wobei wir zur Vereinfachung die „starren Scheiben" benutzen.

1. *Allgemeiner Belastungsfall des symmetrischen Bogens*

Das statisch bestimmte Grundsystem ist der einfache Balken mit gebogener Achse, wobei $\overline{H}$ am Ende der starren Scheiben angreift (Abb. 17):

Die Momente des statisch bestimmten Grundsystemes sind mit dem Index „0" versehen. So erhalten wir für die zwei Momente $\overline{M_\mathrm{I}}$ und $\overline{M_\mathrm{II}}$, die man oft als Balkenmomente bezeichnet

$$\overline{M_\mathrm{I}} = \frac{\int M_0\, x\, dw \cdot \int x\, x'\, dw - \int M_0\, x'\, dw \cdot \int x^2\, dw}{\dfrac{1}{L}\{\int x^2\, dw \cdot \int x'^2\, dw - [\int x\, x'\, dw]^2\}}$$

$$\overline{M_\mathrm{II}} = \frac{\int M_0\, x'\, dw \cdot \int x\, x'\, dw - \int M_0\, x\, dw \cdot \int x^2\, dw}{\dfrac{1}{L}\{\int x^2\, dw \cdot \int x'^2\, dw - [\int x\, x'\, dw]^2\}} \qquad (18)$$

und für den Horizontalschub die bekannte Formel

$$\overline{H} = \frac{\int M_0\, y\, dw}{\int y^2\, dw + \int dw'} \tag{19}$$

mit den Werten

$$dw = \frac{ds}{EJ} \quad \text{und} \quad dw' = \frac{ds}{EF}\cos^2 \varphi.$$

Sämtliche Integrale erstrecken sich über die ganze gekrümmte Bogenachse. Für die praktische Rechnung wird man den Bogen im allgemeinen in kleine Elemente, und zwar in etwa 20 bis 24 Stück zerlegen und die Integration

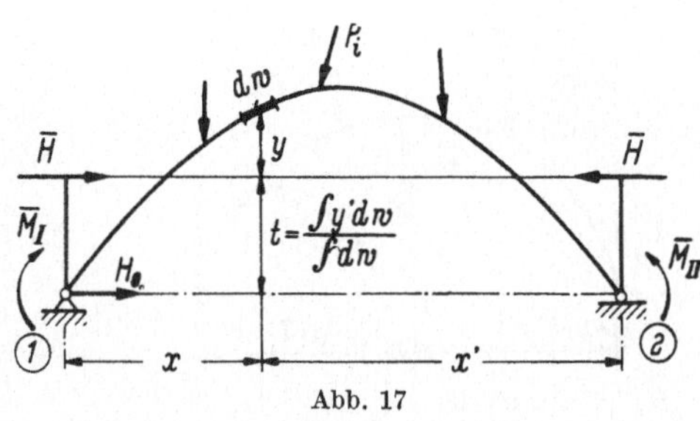

Abb. 17

numerisch ausführen müssen. Hierbei empfiehlt es sich, sämtliche elastischen „Gewichte‟ mit einem Vergleichswert $E J_c$ zu multiplizieren; somit werden $dw \to \varDelta w \dfrac{J_c}{J}$ und $dw' \to \varDelta w' \approx \varDelta s \dfrac{J_c}{F}$. Mit der Berechnung der drei Unbekannten erhalten wir die Belastungsglieder der Gln. (16), indem wir beim rechten Kämpfermoment die neu eingeführte Vorzeichenregel einhalten. Die Einspannungsmomente des Bogens werden

$$\overline{M}_1 = \overline{M}_I + H \cdot t; \qquad \overline{M}_2 = -\left(\overline{M}_{II} + H \cdot t\right). \tag{20}$$

Die horizontalen Auflagerreaktionen des Bogens in den zwei Punkten 1 und 2 sind

$$\overline{H}_1 = H_0 + \overline{H}; \qquad \overline{H}_2 = \overline{H}_1; \qquad \overline{H}_{1-2} = \overline{H}, \tag{21}$$

wobei das Auflager 1 als festes Lager des Grundsystemes gedacht wurde und dadurch die im einfachen Balken auftretende Horizontalkomponente H_0 bei schiefen äußeren Kräften entsteht.

Beispiel. Wir berechnen den Bogen gemäß Abb. 18, auf den zwei konzentrierte Kräfte P_1 und P_2 einwirken. Die Bogenform sei kreisförmig, und die Berechnung ist in der Tabelle 4 durchgeführt (s. S. 18).

Die Abb. 19 zeigt die M_0-Werte des einfachen Balkens.

Die überzähligen Größen des Systemes lauten, mit

$$N = \frac{1}{18{,}95}\left\{1165{,}2^2 - 797{,}6^2\right\} = 38\,100.$$

Die beiden Balkenmomente, gemäß Gl. (18)

$$\overline{M}_I = \frac{1}{38\,100}\left\{4110{,}9 \cdot 797{,}6 - 3934{,}22 \cdot 1165{,}2\right\} = -34{,}24\ \text{tm},$$

$$\overline{M}_{II} = \frac{1}{38\,100}\left\{3934{,}22 \cdot 797{,}6 - 4110{,}9 \cdot 1165{,}2\right\} = -43{,}36\ \text{tm},$$

sowie der Horizontalschub, gemäß Gl. (19)

$$\overline{H} = \frac{175{,}77}{19{,}14} = 9{,}183 \text{ t}.$$

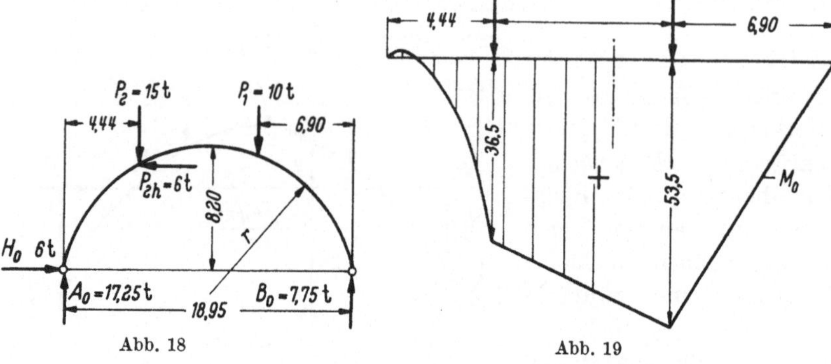

Abb. 18   Abb. 19

Somit folgen die Belastungsglieder aus den Gln. (20) und (21)

$$\overline{M}_1 = -34{,}34 + 9{,}183 \cdot 7{,}20 = +31{,}78 \text{ tm},$$

$$\overline{M}_2 = -(-43{,}36 + 9{,}183 \cdot 7{,}20) = -22{,}76 \text{ tm},$$

$$\overline{H}_1 = 6{,}0 + 9{,}18 = 15{,}18 \text{ t} \quad \overline{H}_2 = 9{,}18 \text{ t}.$$

Tabelle 4. *Für die Summen* $\Sigma M_0\, x\, \Delta w$, $\Sigma M_0\, x'\, \Delta w$ *und* $\Sigma M_0\, y\, \Delta w$

Element	x^m	x'^m	y^m	Δw^m	$M_0 \pm {}^m$	$M_0\, x \cdot \Delta w$	$M_0 \cdot x' \cdot \Delta w$	$M_0\, y \cdot \Delta w$
1	0,15	18,8	$-6{,}40$	0,0195	$-1{,}0$	-0	$-0{,}37$	$+0{,}13$
2	0,55	18,4	$-5{,}10$	0,0611	$-2{,}0$	$-0{,}07$	$-2{,}25$	$+0{,}62$
3	1,15	17,8	$-3{,}90$	0,1178	$+0{,}6$	$+0{,}08$	$+1{,}26$	$-0{,}28$
4	1,95	17,0	$-2{,}74$	0,2300	$+6{,}6$	$+2{,}96$	25,80	$-4{,}16$
5	2,85	16,1	$-1{,}70$	0,3610	16,0	16,40	93,00	$-9{,}84$
6	3,85	15,1	$-0{,}80$	0,5770	28,9	64,20	252,00	$-13{,}36$
7	5,00	13,95	$-0{,}08$	0,7770	38,0	147,80	411,00	$-2{,}36$
8	6,25	12,70	$+0{,}45$	0,941	40,6	239,00	485,00	$+17{,}20$
9	7,55	11,40	$+0{,}85$	1,083	43,5	356,00	538,00	40,00
10	8,85	10,10	1,00	1,300	46,5	535,00	610,00	60,50
11	10,10	8,85	1,00	1,300	49,2	646,00	566,00	64,00
12	11,40	7,55	0,84	1,083	52,1	644,00	426,00	47,40
13	12,70	6,25	0,45	0,941	48,0	574,00	282,70	20,35
14	13,95	5,00	$-0{,}08$	0,777	38,6	419,00	150,00	$-2{,}40$
15	15,10	3,85	$-0{,}80$	0,577	29,5	257,00	65,50	$-13{,}60$
16	16,10	2,85	$-1{,}70$	0,361	21,9	127,20	22,52	$-13{,}44$
17	17,00	1,95	$-2{,}74$	0,230	15,0	58,60	6,73	$-9{,}45$
18	17,80	1,15	$-3{,}90$	0,1178	8,8	18,46	1,19	$-4{,}05$
19	18,40	0,55	$-5{,}10$	0,0611	4,3	4,84	0,14	$-1{,}34$
20	18,80	0,15	$-6{,}40$	0,0195	1,2	0,44	0,00	$-0{,}15$
$t = 7{,}20$ m					Σ	4110,91	3934,22	175,77

2. *Eigengewicht der Konstruktion*

Diesen Fall berechnet man am besten nach der Methode von M. RIT-
TER[1], mit Hilfe der „Ergänzungskraft".

Das statisch bestimmte Grundsystem ist in diesem Falle der Drei-
gelenkbogen, und wir setzen voraus, daß man dessen Stützlinie kennt.

Im allgemeinen Fall stimmt die Stück-
linie des Bogens nicht mit seiner Bogenachse überein, was man hier voraus-
setzt (s. Abb. 20).

Für das Moment M_0 des einfachen
Balkens folgt

$$M_0 = H_g(y + t + v) \qquad (22)$$

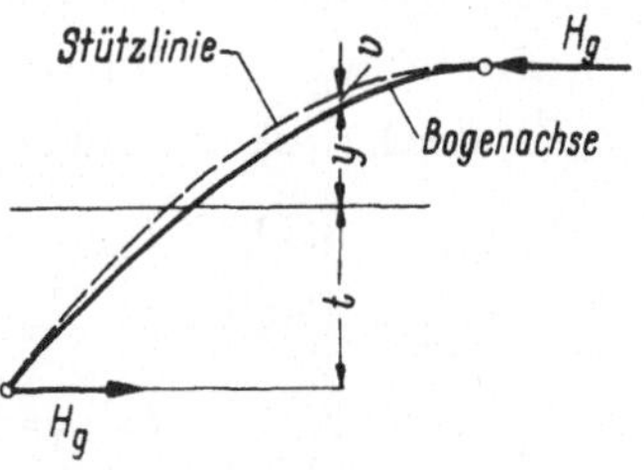

Abb. 20

und nach Gl. (18) die beiden Momente

$$\overline{M}_\mathrm{I} = + \overline{M}_\mathrm{II} = - H_g \frac{\int (t + y + v)\, x'\, dw}{\int x'\, dw} = - H_g\left(t + \frac{\int v\, x'\, dw}{\int x'\, dw}\right).$$

H_g ist der Horizontalschub des Dreigelenkbogens, und aus Symmetrie-
gründen finden wir

$$\int v\, x' \cdot dw = \frac{L}{2} \int v\, dw \quad \text{und} \quad \int x'\, dw = \frac{L}{2} \int dw$$

und somit den endgültigen Wert der Balkenmomente

$$\overline{M}_\mathrm{I} = \overline{M}_\mathrm{II} = - H_g\left(t + \frac{\int v\, dw}{\int dw}\right). \qquad (23)$$

Der Horizontalschub gibt nach Gl. (19)

$$\overline{H}_{1-2} = \frac{\int M_0\, y\, dw}{\int y^2\, dw + \int dw'} = H_g \frac{\int y^2\, dw + \int v\, y\, dw}{(1 + \mu)\int y^2\, dw} = H \frac{1 + \mu_v}{1 + \mu}, \qquad (24)$$

wobei

$$\mu = \frac{\int dw'}{\int y^2\, dw} \quad \text{und} \quad \mu_v = \frac{\int v\, y\, dw}{\int y^2\, dw} \qquad (25)$$

sind.

Die Ergänzungskraft definiert man als Differenz zwischen den Hori-
zontalschüben des Dreigelenkbogens und des vollständig eingespannten
Bogens, somit wird diese:

$$\Delta H = \overline{H}_{1-2} - H_g = - H_g \frac{\mu - \mu_v}{1 + \mu}. \qquad (26)$$

Die beiden Kämpfermomente, die unsere Belastungsglieder sind, werden
in diesem Falle der Eigengewichtsbelastung

$$\overline{M}_1 = - \overline{M}_2 = M_\mathrm{I} + H \cdot t = - H_g \frac{\int v\, dw}{\int dw} + \Delta H \cdot t. \qquad (27)$$

---

[1] M. RITTER: Vorlesung über massive Brücken.

Die Berechnung nach dieser Methode ist viel einfacher und genauer als durch die direkte Anwendung der allgemeinen Gln. (18) und (19).

Beispiel. Im Bogen der Tafel II (S. 193) bezeichnen wir die Gewichte des Aufbaues mit P_a und diejenigen des Bogens mit P_s, das durchschnittliche Raumgewicht des Aufbaues sei $\gamma = 1{,}9$ t/m^3, und dasjenige des Bogens $\gamma = 2{,}5$ t/m^3. Wir setzen vollen Aufbau voraus und berechnen den Bogen auf eine Breite von einem Meter.

Es werden die einzelnen Gewichte

$$P_{1s} = 5{,}80 \text{ t} \quad P_{6s} = 3{,}94 \text{ t} \quad P_{0a} = 3{,}60 \text{ t} \quad P_{5a} = 1{,}89 \text{ t}$$
$$P_{2s} = 5{,}99 \text{ t} \quad P_{7s} = 2{,}90 \text{ t} \quad P_{1a} = 4{,}39 \text{ t} \quad P_{6a} = 1{,}69 \text{ t}$$
$$P_{3s} = 6{,}62 \text{ t} \quad P_{8s} = 1{,}98 \text{ t} \quad P_{2a} = 3{,}37 \text{ t} \quad P_{7a} = 1{,}52 \text{ t}$$
$$P_{4s} = 5{,}82 \text{ t} \quad P_{9s} = 1{,}24 \text{ t} \quad P_{3a} = 2{,}70 \text{ t} \quad P_{8a} = 1{,}42 \text{ t}$$
$$P_{5s} = 4{.}94 \text{ t} \quad P_{10s} = 0{.}51 \text{ t} \quad P_{4a} = 2{.}23 \text{ t} \quad P_{9a} = 1{.}35 \text{ t}$$
$$P_{10a} = 0{,}60 \text{ t}.$$

Berechnung des H_g (Horizontalschub des Dreigelenkbogens).

$$H_g \cdot 8{,}20 = \varSigma\, G \cdot x = 1{,}11 \cdot 9{,}2 + 2{,}58 \cdot 8{,}24 + 3{,}40 \cdot 6{,}87 +$$
$$+ 4{,}42 \cdot 5{,}56 + 5{,}63 \cdot 4{,}4 + 6{,}83 \cdot 3{,}30 +$$
$$+ 8{,}05 \cdot 2{,}40 + 9{,}32 \cdot 1{,}57 + 9{,}36 \cdot 0{,}88 +$$
$$+ 10{,}19 \cdot 0{,}30 = 172{,}01$$

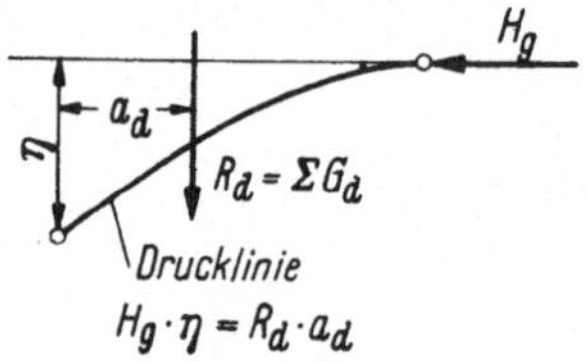

und es folgt

Abb. 21

$$H_g = \frac{172{,}01}{8{,}20} = 21 \text{ t.}$$

Die Abb. 21 stellt einen Teil des Bogens dar, bis zur Mitte: Die Ordinate η der Drucklinie erhält man aus der Bedingung, daß die Drucklinie momentenlos ist, somit werden

$$\eta = \frac{\varSigma\, G_d \cdot a_d}{H_g}. \tag{28}$$

$\eta_{10}:\ \varSigma\, G_d \cdot a_d = 1{,}11 \cdot 0{,}35 = \underline{0{,}3885}$

$\eta_9:\ \qquad\qquad = 1{,}11 \cdot 1{,}65 + 2{,}58 \cdot 0{,}65 = \underline{3{,}507}$

$\eta_8:\ \qquad\qquad = 1{,}11 \cdot 2{,}96 + 2{,}58 \cdot 1{,}96 + 3{,}4 \cdot 0{,}6 = \underline{10{,}386}$

$\eta_7:\ \qquad\qquad = 1{,}11 \cdot 4{,}2 + 2{,}58 \cdot 3{,}2 + 3{,}4 \cdot 1{,}85 + 4{,}42 \cdot 0{,}55 = \underline{21{,}63}$

$\eta_6:\ \qquad\qquad = 1{,}11 \cdot 5{,}3 + 2{,}58 \cdot 4{,}3 + 3{,}4 \cdot 2{,}96 + 4{,}42 \cdot 1{,}65 +$
$$+ 5{,}63 \cdot 0{,}5 = \underline{37{,}17}$$

$\eta_5:$
$$= 1{,}11 \cdot 6{,}35 + 2{,}58 \cdot 5{,}35 + 3{,}4 \cdot 4{,}00 + 4{,}42 \cdot 2{,}70 +$$
$$+ 5{,}63 \cdot 1{,}52 + 6{,}83 \cdot 0{,}45 = \underline{58{,}025}$$

$\eta_4:$
$$= 1{,}11 \cdot 7{,}24 + 2{,}58 \cdot 6{,}21 + 3{,}4 \cdot 4{,}86 + 4{,}42 \cdot 3{,}60 +$$
$$+ 5{,}63 \cdot 2{,}40 + 6{,}83 \cdot 1{,}32 + 8{,}05 \cdot 0{,}36 = \underline{81{,}927}$$

$\eta_3:$
$$= 1{,}11 \cdot 8{,}0 + 2{,}58 \cdot 6{,}99 + 3{,}4 \cdot 5{,}63 + 4{,}42 \cdot 4{,}36 +$$
$$+ 5{,}63 \cdot 3{,}18 + 6{,}83 \cdot 2{,}10 + 8{,}05 \cdot 1{,}15 + 9{,}32 \cdot 0{,}34 =$$
$$= \underline{110{,}06}$$

$\eta_2:$
$$= 1{,}11 \cdot 8{,}63 + 2{,}58 \cdot 7{,}64 + 3{,}4 \cdot 6{,}30 + 4{,}42 \cdot 5{,}00 +$$
$$+ 5{,}63 \cdot 3{,}84 + 6{,}83 \cdot 2{,}75 + 8{,}05 \cdot 1{,}80 + 9{,}32 \cdot 0{,}98 +$$
$$+ 9{,}36 \cdot 0{,}30 = \underline{139{,}67}$$

$\eta_1:$
$$= 1{,}11 \cdot 9{,}13 + 2{,}58 \cdot 8{,}11 + 3{,}40 \cdot 6{,}76 + 4{,}42 \cdot 5{,}50 +$$
$$+ 5{,}63 \cdot 4{,}32 + 6{,}83 \cdot 3{,}23 + 8{,}05 \cdot 2{,}28 + 9{,}32 \cdot 1{,}46 +$$
$$+ 9{,}36 \cdot 0{,}80 + 10{,}19 \cdot 0{,}20 = \underline{166{,}29}.$$

Werte η:

$$\eta_1 = 7{,}92 \qquad \eta_4 = 3{,}90 \qquad \eta_7 = 1{,}03$$
$$\eta_2 = 6{,}64 \qquad \eta_5 = 2{,}77 \qquad \eta_8 = 0{,}495$$
$$\eta_3 = 5{,}25 \qquad \eta_6 = 1{,}77 \qquad \eta_9 = 0{,}167$$
$$\eta_{10} = 0{,}018$$

Werte y der Drucklinie:

$$y_1 = 8{,}20 - 7{,}92 = 0{,}28 \qquad y_6 = 8{,}20 - 1{,}77 = 6{,}43$$
$$y_2 = 8{,}20 - 6{,}64 = 1{,}56 \qquad y_7 = 8{,}20 - 1{,}03 = 7{,}17$$
$$y_3 = 8{,}20 - 5{,}25 = 2{,}95 \qquad y_8 = 8{,}20 - 0{,}49 = 7{,}71$$
$$y_4 = 8{,}20 - 3{,}90 = 4{,}30 \qquad y_9 = 8{,}20 - 0{,}17 = 8{,}03$$
$$y_5 = 8{,}20 - 2{,}77 = 5{,}43 \qquad y_{10} = 8{,}20 - 0{,}02 = 8{,}18$$

Werte v zwischen Drucklinie und Bogenachse $v = y_P - y'$ (die Bogenachse ist kreisförmig):

$$v_1 = 0{,}78 - 0{,}80 = -\,0{,}52\ \mathrm{m} \qquad v_6 = 6{,}43 - 6{,}40 = +\,0{,}03\ \mathrm{m}$$
$$v_2 = 1{,}56 - 2{,}10 = -\,0{,}54\ \mathrm{m} \qquad v_7 = 7{,}17 - 7{,}12 = +\,0{,}05\ \mathrm{m}$$
$$v_3 = 2{,}95 - 3{,}30 = -\,0{,}35\ \mathrm{m} \qquad v_8 = 7{,}71 - 7{,}76 = +\,0{,}06\ \mathrm{m}$$
$$v_4 = 4{,}30 - 4{,}46 = -\,0{,}16\ \mathrm{m} \qquad v_9 = 8{,}03 - 8{,}04 = -\,0{,}01\ \mathrm{m}$$
$$v_5 = 5{,}43 - 5{,}50 = -\,0{,}07\ \mathrm{m} \qquad v_{10} = 8{,}18 - 8{,}20 = -\,0{,}02\ \mathrm{m}$$

Tabelle 5. Summen: $\sum v\,dw$ und $\sum v \cdot y \cdot \varDelta w$

Element	$\varDelta w$	y	v	$v \cdot \varDelta w$	$y \cdot v \cdot \varDelta w$
1	0,0195	$-6,40$	$-0,52$	$-0,0101$	$+0,0646$
2	0,0611	$-5,10$	$-0,54$	$-0,0330$	$+0,1684$
3	0,1178	$-3,90$	$-0,35$	$-0,0412$	$+0,1610$
4	0,2300	$-2,74$	$-0,16$	$-0,0368$	$+0,1010$
5	0,3610	$-1,70$	$-0,07$	$-0,0253$	$+0,0430$
6	0,5770	$-0,80$	$0,03$	$0,0173$	$-0,0138$
7	0,7770	$-0,08$	$0,05$	$0,0389$	$-0,0031$
8	0,9410	$+0,45$	$0,06$	$0,0565$	$+0,0254$
9	1,0830	$+0,85$	$-0,01$	$-0,0108$	$-0,0092$
10	1,3000	$+1,00$	$-0,02$	$-0,0260$	$-0,0260$
			$\sum$	$-0,0705$	$+0,5113$

Wir finden die Konstanten aus Gl. (25)

$$\mu = \frac{0,2382}{18,90} = 0,0126; \quad \mu_v = \frac{1,0226}{18,90} = 0,0542 .$$

den Horizontalschub aus Gl. (24) zu

$$\overline{H}_{1-2} = 21 \cdot \frac{1,0542}{1,0126} = \underline{21,83}\ \text{t},$$

sowie die Ergänzungskraft aus Gl. (26)

$$\varDelta H = 21,83 - 21,0 = \underline{0,83}\ \text{t}.$$

Die Kämpfermomente erhalten wir aus Gl. (27)

$$\overline{M}_1 = -\,\overline{M}_2 = -\,21\,\frac{(-0,141)}{10,93} + 0,83 \cdot 7,20 = \underline{6,251\ \text{tm}}$$

($\overline{M}_2$ trägt schon das Vorzeichen des Belastungsgliedes).

Bemerkung. Im Falle, daß die Bogenachse mit der Drucklinie für Eigengewicht des Dreigelenkbogens zusammenfällt, verschwinden die Glieder mit v, und die Belastungsglieder lauten

$$\overline{H}_{1-2} = \overline{H}_g\frac{1}{1+\mu} \quad \text{und} \quad \overline{M} = -\,\overline{M} = \varDelta H \cdot t. \tag{29}$$

3. Nutzlast-Einflußlinien

Die Wirkung der Nutzlast berechnen wir mit Hilfe der Einflußlinien. Wir benötigen dazu drei wichtige Einflußlinien des totaleingespannten Bogens, dies sind diejenigen der beiden Kämpfermomente, sowie die Einflußlinie des Horizontalschubes. Beim symmetrischen Bogen für die beiden Kämpfermomenteinflußlinien symmetrisch, d. h. es genügt für die Kämpfermomente eine einzige Einflußlinie zu konstruieren. Nach der Gl. (20) finden wir für das Kämpfermoment

$$\overline{M}_1 = \overline{M}_\mathrm{I} + \overline{H} \cdot t.$$

Somit setzt sich diese Einflußlinie aus zwei Teilen zusammen, aus derjenigen des Horizontalschubes, multipliziert mit t, und der Einflußlinie des sog. Balkenmomentes $\overline{M}_{\mathrm{I}}$. Die Berechnung erfolgt praktisch in Tabellen, oder es können fertige Formeln der Literatur zur Anwendung gelangen.

In unserem Beispiel wurden die betreffenden Einflußlinien in Tabellen berechnet. Die Integrale

$$\Sigma\, M_0\, x\, \varDelta w, \quad \Sigma\, M_0\, x'\, \varDelta w \quad \text{und} \quad \Sigma\, M_0\, y\, \varDelta w$$

sind für die verschiedenen Laststellen für $P = 1$ zu berechnen. Wir geben hier die drei Einflußlinien für $\overline{M}_{\mathrm{I}}$ des Balkenmomentes, für den Horizontalschub $\overline{H}$, sowie des Kämpfermomentes $\overline{M}_1 = \overline{M}_{\mathrm{I}} + \overline{H} \cdot t$ (s. Abb. 22).

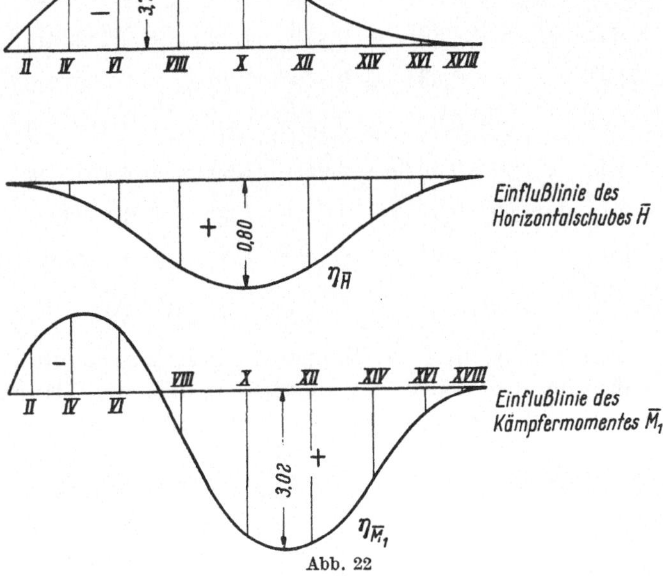

Abb. 22

Für die Ordinaten der Einflußlinie des Horizontalschubes $\overline{H}$ fanden wir in den einzelnen Schnitten die folgenden Werte

II: $\eta = 0{,}0094$;   III: $0{,}0356$;   IV: $0{,}084$;   V: $0{,}1744$;   VI: $0{,}309\,t$;

VII: $0{,}4795$;   VIII: $0{,}632$;   IX: $0{,}750$;   X: $0{,}796\,t$.

Ordinaten der Einflußlinie des Kämpfermomentes $\overline{M}_1$ gemäß der Formel

$$\overline{M}_1 = \overline{M}_{\mathrm{I}} + \overline{H} \cdot t.$$

Schnitt

II: $\eta_{\overline{M}_{\mathrm{I}}} = -0,8925 + 0,0094 \cdot 7,20 = -0,8248$ tm

III: $\quad = -1,527 \;+ 0,0356 \cdot 7,20 = -1,2710$ tm

IV: $\quad = -2,149 \;+ 0,084 \;\cdot 7,20 = -1,5440$ tm

V: $\quad = -2,823 \;+ 0,1744 \cdot 7,20 = -1,5660$ tm

VI: $\quad = -3,365 \;+ 0,3090 \cdot 7,20 = -1,1400$ tm

VII: $\quad = -3,696 \;+ 0,4795 \cdot 7,20 = -0,2460$ tm

VIII: $\quad = -3,736 \;+ 0,632 \;\cdot 7,20 = +0,8140$ tm

IX: $\quad = -3,500 \;+ 0,750 \;\cdot 7,20 = +1,900 \;$ tm

X: $\quad = -3,02 \;\;+ 0,796 \;\cdot 7,20 = +2,720 \;$ tm

XI: $\quad = -2,38 \;\;+ 0,750 \;\cdot 7,20 = +3,020 \;$ tm

XII: $\quad = -1,722 \;+ 0,632 \;\cdot 7,20 = +2,828 \;$ tm

XIII: $\quad = -1,118 \;+ 0,4795 \cdot 7,20 = +2,332 \;$ tm

XIV: $\quad = -0,634 \;+ 0,309 \;\cdot 7,20 = +1,591 \;$ tm

XV: $\quad = -0,313 \;+ 0,1744 \cdot 7,20 = +0,944 \;$ tm

XVI: $\quad = -0,1375 + 0,084 \;\cdot 7,20 = +0,466 \;$ tm

XVII: $\quad = -0,0565 + 0,0356 \cdot 7,20 = +0,1995$ tm

XVIII: $\quad = -0,0146 + 0,0094 \cdot 7,20 = +0,0533$ tm

4. *Temperaturänderung und Schwinden des Betons im Bogen*

Wir setzen voraus, daß die Temperaturänderung konstant ist in jedem Punkte der Oberfläche des Bogens. In diesem Falle sind die Balkenmomente $\overline{M}_{\mathrm{I}}$ und $\overline{M}_{\mathrm{II}}$ beide gleich Null, weil die Winkeländerungen α_t und β_t im einfachen Balken, als Funktionen der Momente, Null sind. Es bleibt allein die letzte Bogengleichung (19) übrig, die lautet

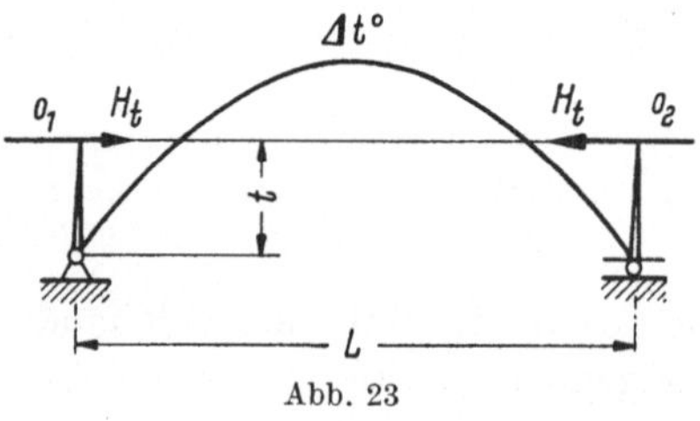

Abb. 23

$$\Delta_{0t} - H_t \cdot \Delta_3 = 0, \qquad (30)$$

welche sich auf den einfachen Balken mit starren Scheiben bezieht (s. Abb. 23).

Es bleibt somit gemäß nebenstehender Abbildung die Änderung der Distanz $O_1 O_2$ infolge einer Temperaturänderung zu bestimmen. Diese lautet

$$\Delta_{0t} = \omega \cdot \Delta t^{0} \cdot L. \qquad (31)$$

ω ist der lineare Ausdehnungskoeffizient und Δt^0 die Temperaturänderung, positiv für eine Erhöhung, und negativ für eine Verminderung der Temperatur. Das Schwinden des Betons setzen wir einer Temperaturverminderung gleich. Für den unbekannten Horizontalschub folgt

$$\overline{H}_t = \frac{w \cdot \Delta t^0 \cdot L}{\int y^2 \, dw + \int dw'}, \tag{32}$$

und die beiden Kämpfermomente infolge Temperaturänderung, mit $\overline{M}_\mathrm{I} = \overline{M}_\mathrm{II} = 0$ ergeben

$$\overline{M}_{1t} = \overline{H}_t \cdot t \quad \text{und} \quad \overline{M}_{2t} = -\overline{H}_t \cdot t. \tag{33}$$

In M_{2t} ist das Vorzeichen als Belastungsglied berücksichtigt.

Bemerkung. Das Schwinden des Betons setzen wir einer Temperaturabnahme von 25 °C gleich.

Beispiel. Wir bestimmen die Belastungsglieder des totaleingespannten Bogens der Tafel I (S. 193) für eine Temperaturabnahme von 25 °C. Der lineare Ausdehnungskoeffizient für den Beton beträgt $\omega = 0,000010$, $\Delta t^\circ = -25^\circ$. Es wird

$$\underline{\overline{H}_t} = \frac{+w \cdot \Delta t^0 \cdot L \cdot EJ_c}{\sum y^2 \, \Delta w + \sum \Delta w'} = -\frac{0,00001 \cdot 25 \cdot 18,95 \cdot 10600}{19,14} = \underline{-2,62 \, t}$$

und die zwei Kämpfermomente

$$\overline{M}_{1t} = -\overline{M}_{2t} = -2,62 \cdot 7,20 = -18,88 \text{ tm}$$

$(EJ_c = 2 \cdot 10^6 \cdot 0,0053 = 10\,600 \text{ tm}^2)$.

Zu beachten wäre neben dem Schwinden das zugehörige Kriechen, wodurch der Einfluß des ersteren weitgehend wieder aufgehoben wird (s. F. DISCHINGER, Bauing. 18/1937, S. 487 und K. SATTLER, Theorie der Verbundkonstruktionen S. 159ff., Berlin: Ernst und Sohn 1959).

b) Belastungsglieder der Säule

Wir berechnen auch hier wieder die Belastungsglieder in bezug auf das Grundsystem, in diesem Falle auf den totaleingespannten Balken 2 3. Die beiden Einspannungsmomente am Kopf und am Fuße berechnen sich nach der Kraftmethode, in welcher der einfache Balken das statisch bestimmte Grundsystem bildet.

1. Allgemeiner Fall der Belastung

Die Belastungsglieder oder Einspannungsmomente sind positiv angenommen für äußere Kräfte, die in der in Abb. 24 eingezeichneten Richtung wirken. V_0 ist die Auflagerreaktion in 2 des einfachen Balkens. Wir erhalten somit die beiden unbekannten Momente aus den folgenden

Gleichungen

$$\overline{M}_2 = \frac{\int M_0\, x\, dw \cdot \int x^2\, dw - \int M_0\, x'\, dw \cdot \int x\, x'\, dw}{\dfrac{1}{L}\left\{\int x^2\, dw \cdot \int x'^2\, dw - \left(\int x \cdot x'\, dw\right)^2\right\}},$$

$$\overline{M}_3 = \frac{\int M_0\, x\, dw \cdot \int x \cdot x'\, dw - \int M_0\, x'\, dw \cdot \int x^2\, dw}{\dfrac{1}{L}\left\{\int x^2\, dw \cdot \int x'^2\, dw - \left(\int x\, x'\, dw\right)^2\right\}},$$

$$(34)$$

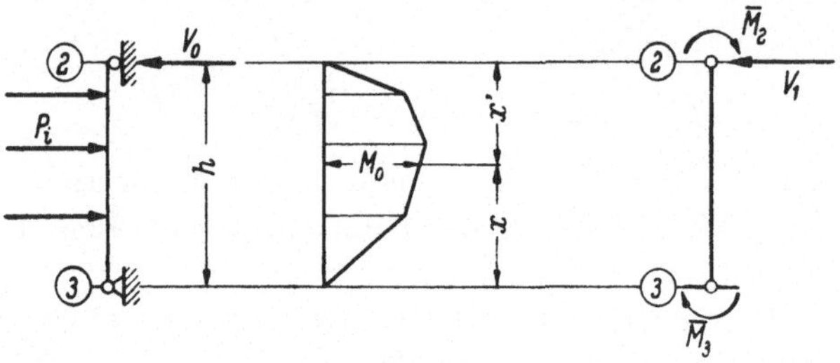

Abb. 24

und die Querkraft (herrührend allein aus den zwei Momenten)

$$V_1 = \frac{\overline{M}_3 + \overline{M}_2}{h}. \tag{35}$$

Das Belastungsglied der Horizontalkraft im Knotenpunkt 2 wird

$$\overline{H}_{2-3} = V_0 + V_1. \tag{36}$$

2. Eigengewicht der Säule

Das Eigengewicht der Stütze gibt allein Normalkräfte in der Stütze. Die elastischen Verformungen der Stütze infolge dieser Normalkraft sind zu klein, als daß sie in der Berechnung der Bogen berücksichtigt werden müssen. Das gleiche gilt auch für das Eigengewicht der Bogen, das auf die Stützen übertragen wird. Das Eigengewicht der Konstruktion bewirkt also keine Belastungsglieder in den Stützen.

3. Nutzlast oder bewegliche Last

Wir setzen bewegliche Lasten nur in den Bogen voraus, wobei auch diese Art von Belastung keine Belastungsglieder der Stützen verursachen.

4. Windbelastung

Die Windbelastung in Längsrichtung der Brücke wirkt als gleichmäßig verteilte Belastung auf den Pfeiler, wofür wir die Belastungsglieder nach den Gln. (34), (35), (36) berechnen können.

5. Temperaturänderung und Schwinden des Betons in den Stützen

In der Praxis ist es vorteilhaft, den Einfluß der Temperaturänderung in den Bogen von demjenigen der Stützen zu trennen. Diesen Einfluß auf die Stützen allein angewendet hat eine Vertikalverschiebung der Bogenauflager zur Folge. Im totaleingespannten Bogen erhält man durch diese Stützensenkungen Einspannungsmomente, welche also durch diesen Effekt die Belastungsglieder bilden. Ein Horizontalschub zufolge Stützensenkungen im symmetrischen Bogen entsteht nicht, was wir aus den Formeln ersehen können. Die Stützen selbst erhalten keine Belastungsglieder.

Zusammenfassend kann bemerkt werden, daß durch Vertikalverschiebungen der Bogenknotenpunkte nur Belastungsglieder in den Bogen entstehen. Die Abb. 25 zeigt die Verformung der Grundsysteme infolge einer Temperaturabnahme.

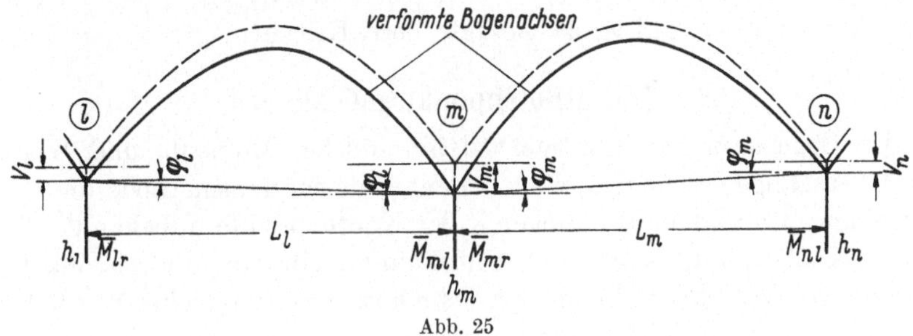

Abb. 25

Die vertikalen Senkungen der Säulenköpfe berechnen sich zu

$$v_m = \omega \cdot \varDelta t \cdot h_m; \quad v_l = \omega \cdot \varDelta t \cdot h_l; \quad v_n = \omega \cdot \varDelta t \cdot h_n. \tag{37}$$

h_i sind die diesbezüglichen Stützenlängen. Wir setzen hier eine Temperaturabnahme als positiv voraus, gleich der Schwindwirkung.

Die Winkeländerungen der Geraden durch die Knotenpunkte zweier anschließender Öffnungen werden

$$\varphi_l = -\frac{v_m - v_l}{L_l}; \qquad \varphi_m = \frac{v_m - v_n}{L_m}. \tag{38}$$

Somit werden die Belastungsglieder der zwei benachbarten Bogen:

a) Für die Öffnung $m \quad l$

$$\overline{M}_{ml} = -(a_{ml} - b_{m-l})\frac{v_m - v_l}{L_l}; \qquad \overline{M}_{lr} = -(a_{lr} - b_{m-l})\frac{v_m - v_l}{L_l};$$

$$\overline{H}_{m-l} = +(c_{m-l} - c_{l-m})\frac{v_m - v_l}{L_l}. \tag{38}$$

b) Für die Öffnung $m - n$

$$\overline{M}_{mr} = (a_{mr} - b_{m-n})\frac{v_m - v_n}{L_m}; \qquad \overline{M}_{nl} = (a_{nl} - b_{n-m})\frac{v_m - v_n}{L_n};$$

$$\overline{H}_{m-n} = (c_{m-n} - c_{n-m})\frac{v_m - v_n}{L_n}. \tag{39}$$

Für symmetrische Bogen folgt

$$c_{m-n} = c_{n-m}; \quad c_{m-l} = c_{l-m}$$

und die Horizontalkräfte

$$\overline{H}_{m-l} = \overline{H}_{m-n} = 0.$$

Beispiel. Gegeben

$$h_m = 15 \text{ m}, \; h_l = h_n = 0, \; \varDelta t = 25^0 \text{ (Abnahme)}.$$

Es wird

$$v_m = 0{,}00001 \cdot 1500 \cdot 25 = 0{,}375 \text{ cm} \tag{37}$$

und die Belastungsglieder

$$\overline{M}_{mr} = \overline{M}_{nl} = (3{,}29 - 2{,}32)\, EJ_c\, \frac{0{,}00375}{18{,}95} = 2{,}03 \text{ tm},$$

$$\overline{M}_{mr} = -\overline{M}_{ml} = -\overline{M}_{lr}.$$

Hier gilt auch das auf S. 25 Gesagte betr. Kriechen.

VI. Die Knotenpunktsgleichungen

Im Gegensatz zur Kraftmethode, in welcher Momente und Kräfte als Überzählige erscheinen, sind bei der Deformationsmethode die Verschiebungen δ und Verdrehungen α der Knotenpunkte unbekannt. Für jeden Knotenpunkt sind zwei Unbekannte, ein Knotendrehwinkel x und die Horizontalverschiebung δ des Knotens zu ermitteln. Wir haben also insgesamt zweimal so viele Unbekannte wie es elastische Knotenpunkte gibt. Für jeden Knotenpunkt sind somit zwei Gleichungen nötig, genannt „Knotenpunktsgleichungen". Die erste dieser Gleichungen wird dadurch gewonnen, daß die Endmomente der in den Knotenpunkt einlaufenden Stäbe im Gleichgewicht sind. Die zweite bildet das Gleichgewicht aller im Knotenpunkt wirkenden Horizontalkräfte. Jeder Knotenpunkt ist der Schnittpunkt von drei Stabachsen, von zwei Bogenachsen und einer Stützenachse.

Die *1. Knotenpunktsgleichung* spricht das Momentengleichgewicht am Knoten aus. Die Momente sind positiv, wenn sie bezüglich des abgetrennten Knotens im Gegenuhrzeigersinn drehen, s. Abb. 26a, oder vgl. die allgemeine Vorzeichenregel.

Die Endmomente der drei Stäbe des Knotenpunktes m lauten

$$M_{mr} = a_{mr} \cdot \alpha_m - b_{m-n} \cdot \alpha_n + c_{m-n}(\delta_m - \delta_n) + \overline{M}_{mr},$$

$$M_{ml} = a_{ml} \cdot \alpha_m - b_{m-l}\,\alpha_l + c_{m-l}(\delta_m - \delta_l) + \overline{M}_{ml}, \tag{67}$$

$$M_{mu} = a_{mu} \cdot \alpha_m + b_{m-o}\,\alpha_0 - c_{m-o}(\delta_m) + \overline{M}_{mu}.$$

Einsetzen in die Momentengleichgewichtsbedingung für den Knoten m

$$\sum_m M_m = M_{mr} + M_{ml} + M_{mu} = 0 \tag{68}$$

liefert schließlich mit den Abkürzungen

$$A_m = a_{mr} + a_{ml} + a_{mu},$$

$$\overrightarrow{M}_m = \overline{M}_{mr} + \overline{M}_{ml} + \overline{M}_{mu},$$

$$C_m = c_{m-n} + c_{m-l} - c_{m-o}.$$

Dieser Faktor kann negativ sein.

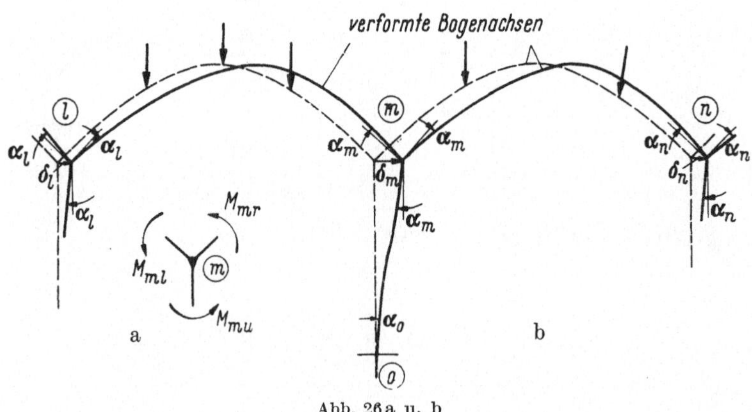

Abb. 26a u. b

Die erste Knotenpunktsgleichung des Knotens m

$$A_m \cdot \alpha_m - b_{m-n} \cdot \alpha_n - b_{m-l} \cdot \alpha_l + b_{m-o} \cdot \alpha_o + C_m \cdot \delta_m - {} $$
$$- c_{m-n} \cdot \delta_n - c_{m-l} \cdot \delta_l + \overline{M}_m = 0 \tag{72}$$

Ist die Stütze in ihrem Fußpunkt total eingespannt, so ist $\alpha_0 = 0$, so daß aus Gl. (72) die einfachere Form

$$A_m \cdot \alpha_m - \sum_{i \neq m} b_{m-i} \cdot \alpha_i + C_m \cdot \delta_m - \sum_{i \neq m} c_{m-i} \cdot \delta_i + \overline{M}_m = 0 \tag{73}$$

hervorgeht, wobei sich die Summen $\sum\limits_{i \neq m}$ auf die zwei benachbarten Punkte des Zentralknotenpunktes m erstrecken.

Die *2. Knotenpunktsgleichung* geht aus der Gleichgewichtsforderung hinsichtlich der auf den abgetrennten Knotenpunkt wirkenden Horizontalkräfte hervor.

Gemäß der Abb. 27 wirken die Horizontalkräfte der Bogen positiv als Druckkräfte, und in den Säulen sind die Querkräfte, wenn sie nach links gerichtet sind, positiv. Auf den abgetrennten Knoten wirken deshalb die Reaktionskräfte nach Abb. 28 als positive Kräfte. Die Gleichgewichtsbedingung der drei Kräfte lautet

$$\sum H_m = H_{m-n} - H_{m-l} - H_{m-o} = 0. \tag{74}$$

Für die drei Kräfte erhalten wir nach Abb. 27

$$H_{m-n} = c_{m-n} \cdot \alpha_m - c_{n-m} \cdot \alpha_n - d_{m-n}(\delta_n - \delta_m) + \overline{H_{m-n}}$$

$$H_{m\ l} = -c_{m-l} \cdot \alpha_m + c_{l-m} \cdot \alpha_l + d_{m-l}(\delta_l - \delta_m) + \overline{H_{m-l}}, \qquad (75)$$

$$H_{m-o} = c_{m-o} \cdot \alpha_m + c_{o-m} \cdot \alpha_o + d_{m-o}(-\delta_m) + \overline{H_{m-o}}.$$

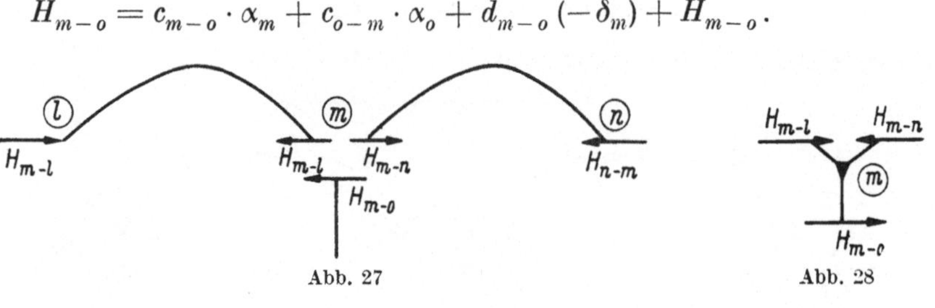

Abb. 27   Abb. 28

Diese Werte in die Gl. (74) eingesetzt liefert: die 2. Knotenpunktsgleichung

$$\boxed{C_m \cdot \alpha_m - \sum_{i \neq m} c_{i-m} \cdot \alpha_i + D_m \cdot \delta_m - \sum_{i \neq m} d_{m-i} \cdot \delta_i + \overline{H_m} = 0} \qquad (76)$$

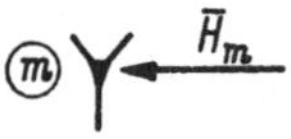

mit den Abkürzungen

Abb. 29

$$C_m = c_{m-n} + c_{m-l} - c_{m-o}, \qquad (77)$$

$$D_m = d_{m-n} + d_{m-l} + d_{m-o}. \qquad (78)$$

Die Summe der einzelnen Belastungsglieder gibt das Belastungsglied des Knotenpunktes

$$\overline{H_m} = \overline{H_{m-n}} - \overline{H_{m-l}} - \overline{H_{m-o}}. \qquad (79)$$

Das Belastungsglied des Knotenpunktes ist positiv nach links gerichtet (s. Abb. 29). Die Summen erstrecken sich wieder über alle angrenzenden Knotenpunkte des Zentralpunktes m.

Beispiele

1. Die Knotenpunktsgleichungen für eine Serie Bogen und Stützen, für welche im vorigen Beispiel die Festwerte berechnet wurden. Es handelt sich um die Systeme der Tafel I (S. 193).

Die verschiedenen Koeffizienten für den Knoten m lauten

$$A_m = (3{,}29 \ + 3{,}29 \ + 33{,}9 \ )EJ_c = 40{,}48 \ EJ_c,$$

$$C_m = (0{,}376 + 0{,}376 - \ 3{,}01)EJ_c = -2{,}258 \, EJ_c,$$

$$D_m = (0{,}052 + 0{,}052 + \ 0{,}40)EJ_c = \ 0{,}504 \, EJ_c.$$

Die Knotenpunktsgleichungen folgen aus den Gln. (72) und (76) für den Knoten m als Mittelpunkt

$$40{,}48\,\alpha_m - 2{,}33\,\alpha_l - 2{,}33\,\alpha_n - 2{,}258\,\delta_m - 0{,}376\,\delta_l - 0{,}376\,\delta_n$$
$$+ \frac{1}{EJ_c}\,M_m = 0,$$

$$- 2{,}26\,\alpha_m - 0{,}376\,\alpha_l - 0{,}376\,\alpha_n + 0{,}504\,\delta_m - 0{,}052\,\delta_l - 0{,}052\,\delta_n +$$
$$\frac{1}{EJ_c}\,\overline{H}_m = 0.$$

2. Zwei Bogen über einer Mittelstütze und totaler Einspannung in den beiden Endpunkten (s. Abb. 30). Die Bogenkonstanten sind dieselben

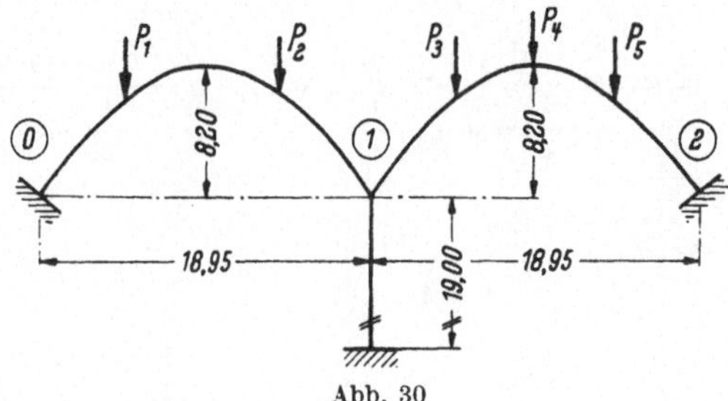

Abb. 30

wie im Beispiel 1. Die Gln. (72) und (76) für den Knoten 1 lauten, mit $\alpha_0 = \alpha_2 = \delta_0 = \delta_2 = 0$

(72): $$40{,}48\,\alpha_1 - 2{,}26\,\delta_1 + \frac{1}{EJ_c}\,\overline{M}_1 = 0,$$

(76): $$-2{,}26\,\alpha_1 + 0{,}504\,\delta_1 + \frac{1}{EJ_c}\cdot\overline{H}_1 = 0.$$

VII. Elastisch eingespannte Endfelder und Stützenfüße

a) Elastisch eingespannter Bogen am Ende der Serie

Die Drehelastizität des Auflagers (2) werde durch die „Bettungsziffer"

$$\varepsilon = - \frac{\alpha_2}{M_2} \tag{80}$$

charakterisiert.

Dann hat man mit Gl. (16), wonach

$$M_2 = a_2 \cdot \alpha_2 - b_{2-1} \cdot \alpha_1 + c_{2-1}(\delta_2 - \delta_1) + \overline{M}_2 \tag{16}$$

ist, nach Einsetzen von α_2 gemäß Gl. (80)

$$M_2 = - \frac{b_{2-1}}{(1 + a_2 \cdot \varepsilon)}\,\alpha_1 - \frac{c_{2-1}}{(1 + a_2 \cdot \varepsilon)}\,\delta_1 + \frac{1}{(1 + a_2 \cdot \varepsilon)}\,\overline{M}_2. \tag{81}$$

In gleicher Weise kann man den Winkel α_2 in den Knotenpunktsgleichungen für den Punkt 1 durch Gl. (80) ersetzen.

Gl. (16) für Punkt 1 liefert

$$M_1 = a_1 \cdot \alpha_1 - b_{1-2} \cdot \alpha_2 + c_{1-2} \cdot \delta_1 + \overline{M}_1.$$

Mit Gl. (80) und Gl. (81) erhält man für M_1

$$M_1 = \left(a_1 - \frac{b_{1-2}^2}{\left(\frac{1}{\varepsilon} + a_2\right)}\right)\alpha_1 + \left(c_{1-2} - \frac{b_{1-2} \cdot c_{2-1}}{\left(\frac{1}{\varepsilon} + a_2\right)}\right)\delta_1 + \overline{M}_1 + \frac{b_{1-2}}{\left(\frac{1}{\varepsilon} + a_2\right)}\overline{M}_2.$$

$$(82)$$

Wir führen folgende Abkürzungen ein

$$a_1' = a_1 - \frac{b_{1-2}^2}{\left(\frac{1}{\varepsilon} + a_2\right)}; \quad c_{1-2}' = c_{1-2} - \frac{b_{1-2} \cdot c_{2-1}}{\left(\frac{1}{\varepsilon} + a_2\right)},$$

$$\overline{M}_1' = \overline{M}_1 + \frac{b_{1-2}}{\left(\frac{1}{\varepsilon} + a_2\right)}\overline{M}_2,$$

$$(83)$$

$$b_{1-2}' = \frac{b_{2-1}}{1 + a_2 \cdot \varepsilon}, \quad c_{2-1}' = \frac{c_{2-1}}{1 + a_2 \cdot \varepsilon}, \quad \overline{M}_2' = \frac{1}{1 + a_2 \cdot \varepsilon}\overline{M}_2 \quad (84)$$

und für den Horizontalschub findet man folgende Koeffizienten

$$d_{1-2}' = d_{1-2} - \frac{c_{2-1}^2}{\left(\frac{1}{\varepsilon} + a_2\right)}; \quad \overline{H}_{1-2}' = \overline{H}_{1-2} + \frac{c_{2-1}}{\left(\frac{1}{\varepsilon} + a_2\right)}\overline{M}_2. \quad (85)$$

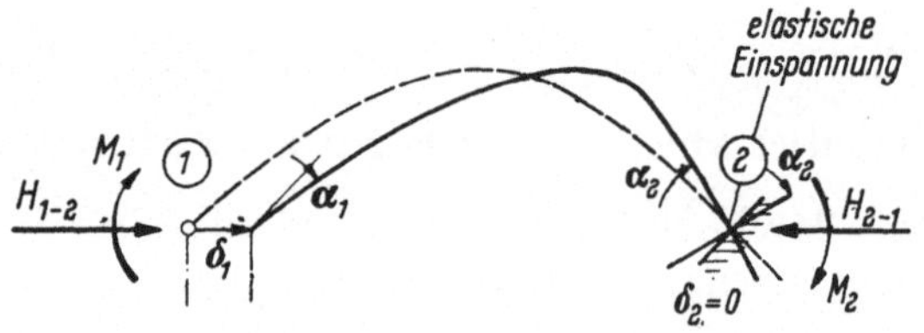

Abb. 31

Damit ergeben sich die Werte für Momente und Horizontalschub mit den neuen Koeffizienten und mit Ausschluß des Winkels α_2 (s. Abb. 31)

$$\left.\begin{aligned}
M_1 &= a_1' \cdot \alpha_1 + c_{1-2}' \, \delta_1 + \overline{M}_1' \\
M_2 &= -b_{2-1}' \, \alpha_1 - c_{2-1}' \, \delta_1 + \overline{M}_2' \\
H_{1-2} &= c_{1-2}' \cdot \alpha_1 + d_{1-2}' \cdot \delta_1 + \overline{H}_{1-2}'
\end{aligned}\right\}. \qquad (86)$$

Koeffizienten für zwei Extremfälle

1. $\varepsilon = 0$ totale Einspannung des Auflagers 2,
2. $\varepsilon = \infty$ gelenkige Lagerung in 2.

Koeffizienten	$\varepsilon = 0$	$\varepsilon = \infty$	
$a_1' =$	a_1	$a_1 - \dfrac{b_{1-2}^2}{a_2}$	Koeffizienten des Momentes M_1
$c_{1-2}' =$	c_{1-2}	$c_{1-2} - \dfrac{b_{1-2} \cdot c_{2-1}}{a_2}$	
$\overline{M}_1' =$	$\overline{M}_1$	$\overline{M}_1 + \dfrac{b_{1-2}}{a_2}\,\overline{M}_2$	
$b_{2-1}' =$	b_{2-1}	0	Koeffizienten des Momentes M_2
$c_{2-1}' =$	c_{2-1}	0	
$M_2' =$	$\overline{M}_2$	0	
$c_{1-2}' =$	c_{1-2}	$c_{1-2} - \dfrac{b_{1-2} \cdot c_{1-2}}{a_2}$	Koeffizienten des Horizontalschubes H_{1-2}
$d_{1-2}' =$	d_{1-2}	$d_{1-2} - \dfrac{c_{2-1}^2}{a_2}$	
$\overline{H}_{1-2}' =$	$\overline{H}_{1-2}$	$\overline{H}_{1-2} + \dfrac{c_{2-1}}{a_2} \cdot \overline{M}_2$	

b) Elastisch eingespannte Säule in ihren Fußpunkten

Gemäß Abb. 32 ist die Stütze 2–3 elastisch eingespannt im Fußpunkte 3. Man kann deshalb wieder den Fußwinkel α_3 in Abhängigkeit des Einspannungsgrades und des Momentes M_3 ausdrücken:

$$\alpha_3 = -\,\varepsilon \cdot M_3. \tag{87}$$

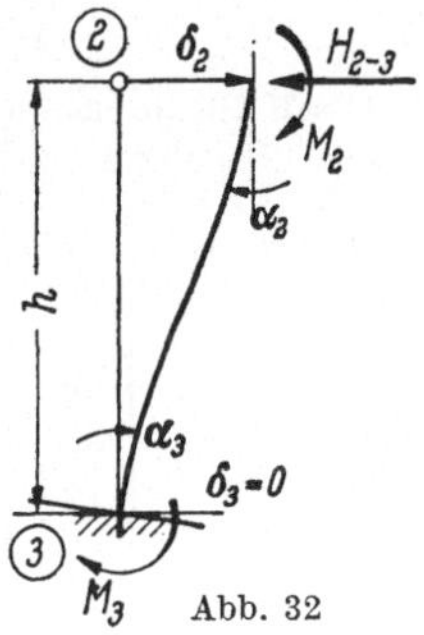

Aus Gl. (17) erhält man durch Ersetzung des Winkels α_3 aus Gl. (87)

$$M_3 = \frac{b_{3-2}}{1 + a_3 \cdot \varepsilon} \cdot \alpha_2 - \frac{c_{3-2}}{1 + a_3 \cdot \varepsilon}\,\delta_2 + \frac{1}{1 + a_3 \cdot \varepsilon}\,\overline{M}_3. \tag{88}$$

Durch die gleichen Substitutionen und mit den Gln. (87) und (89) erhält man das Moment M_2 und die Querkraft H_{2-3} in der folgenden Form

$$M_2 = \left(a_2 - \frac{b_{2-3}^2}{\left(\frac{1}{\varepsilon} + a_2\right)}\right)\alpha_2 - \left(c_{2-3} - \frac{b_{2-3} \cdot c_{3-2}}{\left(\frac{1}{\varepsilon} + a_3\right)}\right)\delta_2 + \overline{M}_2 - \frac{b_{2-3}}{\left(\frac{1}{\varepsilon} + a_3\right)}\,\overline{M}_3, \tag{89}$$

$$H_{2-3} = \left(c_{2-3}\,\frac{c_{3-2} \cdot b_{3-2}}{\left(\frac{1}{\varepsilon} + a_3\right)}\right) \cdot \alpha_2 - \left(d_{2-3} - \frac{c_{3-2}^2}{\left(\frac{1}{\varepsilon} + a_3\right)}\right)\delta_2 + \overline{H}_{2-3} -$$

$$- \frac{c_{3-2}}{\left(\frac{1}{\varepsilon} + a_3\right)}\,\overline{M}_3. \tag{90}$$

Abb. 32

Schreibt man wieder deren Koeffizienten in abgekürzter Form

$$a_2' = a_2 - \frac{b_{2-3}^2}{\left(\dfrac{1}{\varepsilon} + a_3\right)}, \quad c_{2-3}' = c_{2-3} - \frac{b_{2-3}\cdot c_{3-2}}{\left(\dfrac{1}{\varepsilon} + a_3\right)}, \quad \overline{M}_2' = \overline{M}_2 - \frac{b_{2-3}}{\left(\dfrac{1}{\varepsilon} + a_3\right)}\overline{M}_3,$$

$$\tag{91}$$

$$b_{3-2}' = \frac{b_{3-2}}{1 + a_3\cdot\varepsilon}, \quad c_{3-2}' = \frac{c_{3-2}}{1 + a_3\cdot\varepsilon}, \quad \overline{M}_3' = \frac{1}{1 + a_3\cdot\varepsilon}\overline{M}_3, \tag{92}$$

$$c_{2-3}' = c_{2-3} - \frac{c_{3-2}\cdot b_{3-2}}{\left(\dfrac{1}{\varepsilon} + a_3\right)}, \quad d_{2-3}' = d_{2-3} - \frac{c_{3-2}'}{\left(\dfrac{1}{\varepsilon} + a_3\right)},$$

$$\overline{H}_{2-3}' = \overline{H}_{2-3} - \frac{c_{2-2}}{\left(\dfrac{1}{\varepsilon} + a_3\right)}\overline{M}_3, \tag{93}$$

so erhält man die Momente und die Querkraft

$$\boxed{\begin{aligned}
M_2 &= a_2'\cdot\alpha_2 - c_{2-3}'\cdot\delta_2 + \overline{M}_2' \\
M_3 &= b_{3-2}'\cdot\alpha_2 - c_{3-2}'\cdot\delta_2 + \overline{M}_3' \\
H_{2-3} &= c_{2-3}'\cdot\alpha_2 - d_{2-3}'\cdot\delta_2 + \overline{H}_{2-3}'
\end{aligned}} \qquad . \tag{94}$$

Koeffizienten der zwei Extremfälle

1. $\varepsilon = 0$ totale Einspannung der Stütze im Fußpunkt 3,
2. $\varepsilon = \infty$ gelenkige Lagerung in 3.

Koeffizienten	$\varepsilon = 0$	$\varepsilon = \infty$	
$a_2' =$	a_2	$a_2 - \dfrac{b_{2-3}'}{a_3}$	
$c_{2-3}' =$	c_{2-3}	$c_{2-3} - \dfrac{b_{2-3}\cdot c_{3-2}}{a_3}$	Koeffizienten des Momentes M_2
$M_2' =$	$\overline{M}_2$	$\overline{M}_2 - \dfrac{b_{3-2}}{a_3}\cdot\overline{M}_3$	
$b_{3-2}' =$	b_{3-2}	0	
$c_{3-2}' =$	c_{3-2}	0	Koeffizienten des Momentes M_3
$\overline{M}_3' =$	$\overline{M}_3$	0	
$c_{2-3}' =$	c_{2-3}	$c_{2-3} - \dfrac{c_{3-2}\cdot b_{3-2}}{a_3}$	
$d_{2-3}' =$	d_{2-3}	$d_{2-3} - \dfrac{c_{3-2}^2}{a_3}$	Koeffizienten der Querkraft H_{2-3}
$H_{2-3}' =$	$\overline{H}_{2-3}$	$\overline{H}_{2-3} - \dfrac{c_{3-2}}{a_3}\cdot\overline{M}_3$	

VIII. Allgemeines Auflösungsverfahren der Knotenpunktsgleichungen für viele Öffnungen

Wir setzen total eingespannte Stützenfüße voraus. Sollten diese jedoch elastisch eingespannt sein, dann sind die Koeffizienten nach Kap. VII anzuwenden. Unsere Gleichungen sind sog. „Dreiknotenpunktsgleichungen", d. h. alle drei Paare Verformungen kommen in ihren drei aufeinanderfolgenden Knotenpunkten als Unbekannte in zwei Gleichungen vor. Trennt man die Verschiebungen δ_i von den Drehungen α_i, so erhält man eine „Dreiverschiebungsgleichung", entsprechend der CLAPEYRONschen Dreimomentengleichung des durchlaufenden Balkens. Es ist zu bemerken, daß die horizontalen Verschiebungen δ_i von weit größerer Bedeutung sind als die Winkel α_i.

1. Berechnungsstufe:

In der 2. Knotenpunktsgleichung (76) setzen wir alle Drehwinkel α_i Null, und erhalten

$$D_m \cdot \delta_m' - \sum_{i \neq m} d_{m-i} \cdot \delta_i' + \overline{H}_m = 0. \tag{95}$$

Die Verschiebungen δ_i' aus diesem Gleichungssystem sind angenäherte Werte und wir nennen sie „Primärwerte". Die Gl. (95) hat die Struktur einer Dreimomentengleichung. Die „Primärwerte" aus Gl. (95) setzen wir jetzt in die erste Knotenpunktsgleichung (73) des Punktes m als „Belastungsglieder", und lösen diese nach den Unbekannten „Primärwerten" α_i' auf. Für den Knotenpunkt m lautet diese Gl. (73) somit

$$A_m \cdot \alpha_m' - \sum_{i \neq m} b_{m-i} \cdot \alpha_i' + B_{om}' = 0. \tag{96}$$

Das „Belastungsglied" B_{om}' ist somit eine Funktion der Primärwerte δ_i' und lautet

$$B_{om}' = C_m \cdot \delta_m' - \sum_{i \neq m} c_{m-i} \cdot \delta_i' + \overline{M}_m. \tag{97}$$

Auch die Gln. (96) haben die Form der CLAPEYRONschen Dreimomentengleichung. Die beiden Gleichungssysteme (95) und (96) lösen wir nach dem Verfahren von B. ULRICH[1] mit Hilfe der „Übergangszahlen" auf. Die Methode ULRICH wird später für diesen Fall abgeleitet. Da die Werte δ_i' und α_i' nur angenähert sind und die vollständigen Gln. (72) und (76) nicht erfüllen, ist es nötig mit einem 2. Berechnungsgang diese zu verbessern.

2. Berechnungsstufe:

Die gefundenen Werte α_i' setzen wir mit $\overline{H}_m$ zusammen in die 2. Knotenpunktsgleichung als Belastungsglieder ein, und den δ_i' sind ihre Kor-

---

[1] ULRICH, B.: Die Berechnung der Stockwerksrahmen. Mitteilungen aus dem Institut für Baustatik, ETH, Zürich 1946.

rektionen δ_i'' beizufügen. Die besser angenäherten Werte sind nun $\delta_i' + \delta_i''$.

Die verbesserte Gl. (95) lautet somit

$$D_m(\delta_m' + \delta_m'') - \sum_{i \neq m} d_{m-i}\,(\delta_i' + \delta_i'') + C_{om}' + \overline{H}_m = 0. \qquad (98)$$

Von dieser subtrahieren wir nun die Gl. (95)

$$D_m \cdot \delta_m' - \sum_{i \neq m} d_{m-i} \cdot \delta_i' + \overline{H}_m = 0 \qquad (95)$$

und erhalten eine neue Gleichung für die Korrektionen δ_i'' als Unbekannte

$$D_m \cdot \delta_m'' - \sum_{i \neq m} d_{m-i} \cdot \delta_i'' + C_{om}' = 0. \qquad (99)$$

Diese ist wieder eine „Dreiverschiebungsgleichung'' mit dem Belastungsglied C_{om}' in Funktion der Primärwerte α_i', die aus den Gln. (96) gewonnen wurden

$$C_{om}' = C_m \cdot \alpha_m' - \sum_{i \neq m} c_{i-m} \cdot \alpha_i'. \qquad (100)$$

Zur Verbesserung der α_i'-Werte ziehen wir die 1. Knotenpunktsgleichung heran und setzen dort $(\delta_i' + \delta_i'')$ als Belastungsglieder ein. Die Gl. (73) muß erfüllt sein durch ihre verbesserten Winkel $(\alpha_i' + \alpha_i'')$. Sie lautet

$$A_m(\alpha_m' + \alpha_m'') - \sum_{i \neq m} b_{m-i}(\alpha_i' + \alpha_i'') + C_m(\delta_m' + \delta_m'') -$$
$$- \sum_{i \neq m} c_{m-i}(\delta_i' + \delta_i'') + \overline{M}_m = 0. \qquad (101)$$

Von dieser subtrahieren wir Gl. (96)

$$A_m \cdot \alpha_m' - \sum_{i \neq m} b_{m-i} \cdot \alpha_i' + C_m \cdot \delta_m' - \sum_{i \neq m} c_{m-i} \cdot \delta_i' + \overline{M}_m = 0 \quad (96)$$

und es ergibt sich eine Gleichung für die Korrekturen α_i''

$$A_m \cdot \alpha_m'' - \sum_{i \neq m} b_{m-i} \cdot \alpha_i'' + B_{om}'' = 0. \qquad (102)$$

Dieses Gleichungssystem ist wieder nach den unbekannten Verbesserungen α_i'' aufzulösen. Das Belastungsglied als Funktion von δ_i'' lautet

$$B_{om}'' = C_m \cdot \delta_m'' - \sum_{i \neq m} c_{m-i} \cdot \delta_i''. \qquad (103)$$

Der Berechnungsgang muß so lange durchgeführt werden, bis die Verbesserungen den Genauigkeitsansprüchen genügen. Die endgültigen Verformungen findet man durch Superposition der Primärwerte mit ihren Korrektionen

$$\alpha_m = \alpha_m' + \alpha_m'' + \alpha_m''' + \cdots; \quad \delta_m = \delta_m' + \delta_m'' + \delta_m''' + \cdots. \qquad (104)$$

Die Konvergenz des Auflösungsverfahrens ist nicht sehr gut, jedoch ist seine wiederholte Auflösung sehr einfach nach der Methode der Übergangszahlen von B. Ulrich. Es sind ungefähr fünf Berechnungsgänge notwendig, um hinreichende Genauigkeiten zu erhalten. Schließlich muß die Kontrolle des Gleichgewichtes der Momente und Horizontalkräfte in den einzelnen Knotenpunkten die Genauigkeit bestätigen.

Auflösung des abgekürzten Gleichungssystemes der δ_i' Gl. (95)

Wir behandeln die Methode Ulrich nur kurz für die praktische Anwendung in unserem Falle. Für ein genaueres Studium der Methode wird auf die Arbeit von B. Ulrich: Die Berechnung der Stockwerksrahmen oder auf den Anhang verwiesen. Im Beispiel, das der Theorie folgt, wird die numerische Anwendung ausführlich behandelt. Die abgekürzte Knotenpunktsgleichung für den Mittelpunkt (m) lautet

$$D_m \cdot \delta_m' - d_{m-l} \cdot \delta_l' - d_{m-n} \cdot \delta_n' + \overline{H}_m = 0. \tag{105}$$

Für die Berechnung der Übergangszahlen werden sämtliche Belastungsglieder (bis auf eines) Null gesetzt, und für die sich hiermit ergebenden Verschiebungswerte δ definieren wir als Übergangszahl fortschreitend vom Knoten (n) nach Knoten (m) und von (m) nach (l)

$$\overleftarrow{\mu_{n-m}} = \frac{\delta_m'}{\delta_n'} \quad \text{und} \quad \overleftarrow{\mu_{m-l}} = \frac{\delta_l'}{\delta_m'}. \tag{106}$$

Wir führen diese Konstanten in ein Netz ein, welches in diesem Falle eine Gerade ist, und das Tragsystem mit seinen Knotenpunkten symbolisch abbildet, vgl. Abb. 33. Hier werden auch die übrigen Konstanten, welche der Öffnung sowie dem Knoten zugehören, eingetragen.

Führen wir die Werte aus Gl. (106) in die Gl. (105) ein (diese mit $\overline{H}_m = 0$), so erhält man

$$D_m \cdot \delta_m' - d_{m-l} \cdot \mu_{m-l} \cdot \delta_m' - d_{m-n} \cdot \delta_n' = 0, \tag{107}$$

so daß für die Übergangszahl $\overleftarrow{\mu_{n-m}}$

$$\overleftarrow{\mu_{n-m}} = \frac{\delta_m'}{\delta_n'} = \frac{d_{m-n}}{D_m' - \mu_{m-l} \cdot d_{m-l}} \tag{108}$$

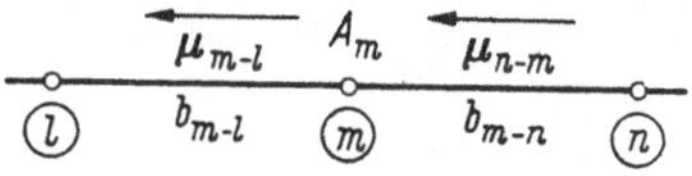

Abb. 33

hervorgeht.

Gl. (108) stellt die Übergangszahl in der Richtung $n-m$ dar in Abhängigkeit von derjenigen des Feldes $m-l$. Wir finden so der Reihe nach sämtliche Übergangszahlen für Belastungsglieder, die von rechts nach links weitergeleitet werden. Mit der Bestimmung dieser Übergangszahlen beginnen wir am linken Ende der Bogenserie.

Die „Primärlösung" für den Knotenpunkt m lautet

$$\overline{\delta}_m' = -\frac{\overline{H}_m}{D_m - d_{m-l} \cdot \mu_{m-l} - d_{m-n} \cdot \mu_{m-n}}, \tag{109}$$

wo $\bar{H}_m$ das Belastungsglied darstellt; dieses Glied wird ersetzt in den weiteren Berechnungsstufen durch die entsprechenden Glieder: C'_{om}, C''_{om} usw. bei der Berechnung der Korrektionen der δ', mit dem gleichen Nenner stets für die Primärlösungen.

Für die Weiterleitung der Primärlösungen durch das Gitter von links nach rechts benötigt man die entsprechenden Übergangszahlen in der

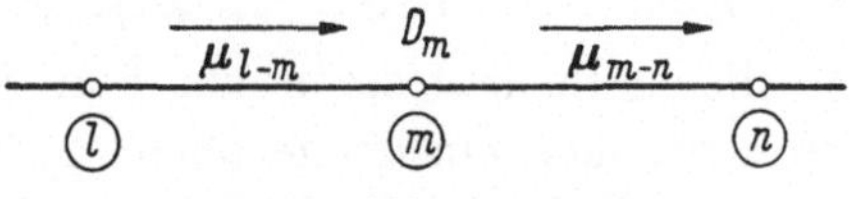

Abb. 34

anderen Richtung, es wird z. B. gemäß Abb. 34 die Übergangszahl

$$\overrightarrow{\mu_{l-m}} = \frac{\delta'_m}{\delta'_l} = \frac{d_{l-m}}{D_m - \mu_{m-n} \cdot d_{m-n}}. \tag{110}$$

Auflösung des abgekürzten Gleichungssystems der α' der Gl. (96)

Auch für das dreigliedrige Gleichungssystem (96) lassen sich die Übergangszahlen berechnen. Indem man die Belastungsglieder Null setzt, hat man

$$A_m \cdot \alpha'_m - b_{m-l} \cdot \alpha'_l - b_{m-n} \cdot \alpha'_n = 0. \tag{111}$$

Mit den aus Gl. (111) berechenbaren Drehwinkeln werden die Übergangszahlen in der Form

$$\overleftarrow{\mu_{n-m}} = \frac{\alpha'_m}{\alpha'_n} \quad \text{und} \quad \overleftarrow{\mu_{m-l}} = \frac{\alpha'_l}{\alpha'_m} \tag{112}$$

definiert.

Die Übergangszahlen sowie die übrigen Koeffizienten werden in das Gitter der α-Werte eingetragen.

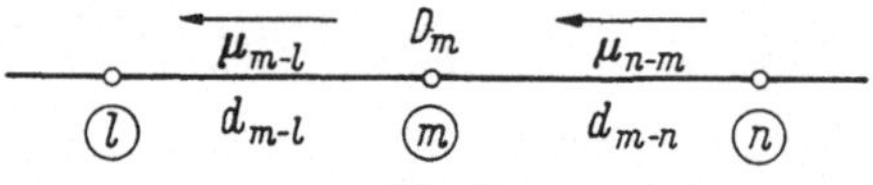

Abb. 35

Einsetzen von Gl. (112) in Gl. (111) liefert

$$A_m \cdot \alpha'_m - b_{m-l} \cdot \mu_{m-l} \cdot \alpha'_m - b_{m-n} \cdot \alpha'_n = 0 \tag{113}$$

und damit für die Übergangszahl

$$\overleftarrow{\mu_{n-m}} = \frac{\alpha'_m}{\alpha'_n} = \frac{b_{m-n}}{A_m - \alpha_{m-l} \cdot b_{m-l}}. \tag{114}$$

In entsprechender Weise werden die Drehwinkel-Übergangszahlen $\overleftarrow{\mu_{l-m}}$ gefunden. Die Primärlösung für den Knoten (m) wird

$$\bar{\alpha}'_m = - \frac{E'_{om}}{A_m - \mu_{m-l} \cdot b_{m-l} - \mu_{m-n} \cdot b_{m-n}}. \tag{115}$$

Es sei hier noch zu bemerken, daß im allgemeinen: $\overrightarrow{\mu_{m-n}} \neq \overleftarrow{\mu_{n-m}}$. Für die Berechnung der Verbesserungen der α' ersetzen wir in der Gl. (115) das Belastungsglied durch die entsprechenden B''_{om}, B'''_{om}.

Zusammenfassung. Man berechnet die Übergangszahlen für die zwei Arten von Verschiebungen α_i und δ_i für die beiden Richtungen der Weiterleitung ($\overrightarrow{\mu_{m-n}}$ und $\overleftarrow{\mu_{n-m}}$ z. B.). Danach bestimmt man die Belastungsglieder und die Primärlösungen der 1. Berechnungsstufe. Diese werden mit Hilfe der Übergangszahlen durch das Gitter nach rechts und links weitergeleitet. Von den Resultaten der 1. Stufe werden die neuen Primärlösungen berechnet und auf demselben Wege die Korrektionen der 2. Stufe bestimmt usw. Das folgende Beispiel wird die Theorie noch besser bekannt machen.

Allgemeines Beispiel. Wir nehmen ein System von fünf gleichen Bogen an, jeder mit der Spannweite $L = 18,95$ m und der Pfeilhöhe von $f = 8,20$ m. Die vier Zwischenstützen haben gleiche Höhe $H = 19,0$ m. Die Dimensionen von Bogen und Stützen werden nach Tafel I angenommen. Somit können wir die Festwerte aus den früheren Beispielen entnehmen. Die Fußpunkte der Säulen sind vollständig eingespannt.

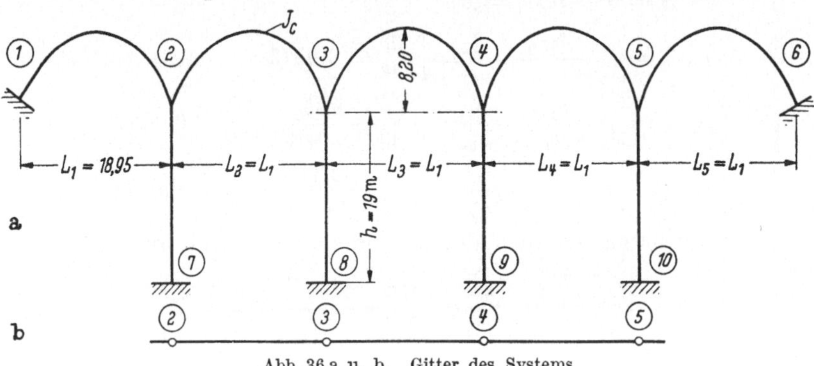

Abb. 36 a u. b.   Gitter des Systems

1. Die Festwerte der Bogen sind

$$a_1 = a_2 = 3,29\ EJ_c; \quad b_{1-2} = b_{2-1} = 2,33\ EJ_c;$$

$$c_{1\ 2} = c_{2\ 1} = 0,376\ EJ_c; \quad d_{1\ 2} = d_{2\ 1} = 0,0523\ EJ_c,$$

für alle Bogen gelten somit die gleichen Werte.

2. Die Festwerte der Säulen

$$a_2 = 33,9\ EJ_c; \quad a_7 = 63,6\ EJ_c; \quad b_{2-7} = b_{7-2} = 23,2\ EJ_c;$$

$$c_{2-7} = 3,01\ EJ_c; \quad c_{7-2} = 4,56\ EJ_c; \quad d_{2-7} = 0,40\ EJ_c.$$

3. Übergangszahlen der δ' und deren Korrektionen

$$D_m = (2 \cdot 0,0523 + 0,40)\ EJ_c = 0,5046\ EJ_c. \tag{78}$$

Übergangszahlen

$$\delta_1 = 0 \to \overleftarrow{\mu_{2-1}} = 0,$$

$$\overleftarrow{\mu_{3-2}} = \frac{d_{2-3}}{D_2 - \mu_{2-1} \cdot d_{2-1}} = \frac{0{,}0523\ EJ_c}{0{,}5046\ EJ_c} = 0{,}104,$$

$$\overleftarrow{\mu_{4-3}} = \frac{d_{3-4}}{D_3 - \mu_{3-2} \cdot d_{3-2}} = \frac{0{,}0523}{(0{,}5046 - 0{,}104 \cdot 0{,}0523)} = 0{,}105,$$

$$\overleftarrow{\mu_{5-4}} = \frac{d_{4-5}}{D_4 - \mu_{4-3} \cdot d_{4-3}} = \frac{0{,}0523}{(0{,}5046 - 0{,}105 \cdot 0{,}0523)} = 0{,}105.$$

Im Gitter der Abb. 36 b führen wir die Übergangszahlen der δ' ein.

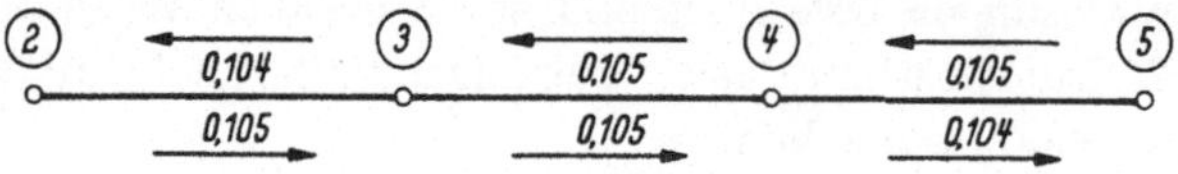

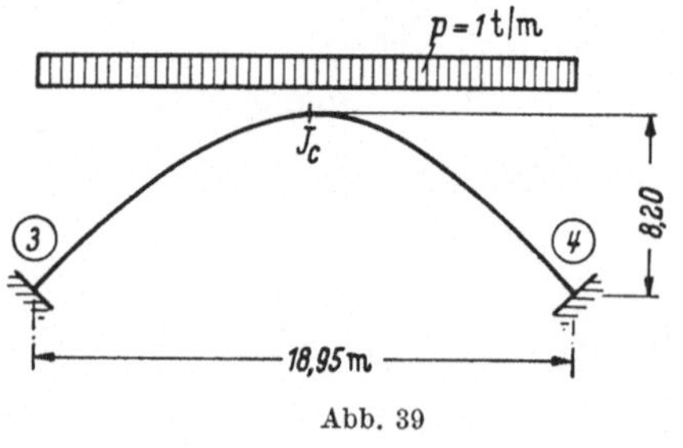

Abb. 37. Gitter der Übergangszahlen

4. **Übergangszahlen der α' und deren Korrektionen.**

$$A_m = (2 \cdot 3{,}29 + 33{,}9)\ EJ_c = 40{,}48\ EJ_c.$$

Übergangszahlen

$$\alpha_1 = 0 \to \overleftarrow{\mu_{2-1}} = 0,$$

$$\overleftarrow{\mu_{3-2}} = \frac{b_{2-3}}{A_2 - \mu_{2-1} \cdot b_{2-1}} = \frac{2{,}33}{40{,}48} = 0{,}0575,$$

$$\overleftarrow{\mu_{4-3}} = \frac{b_{3-4}}{A_3 - \mu_{3-2} \cdot b_{3-2}} = \frac{2{,}33}{40{,}48 - 0{,}0575 \cdot 2{,}33} = 0{,}0577,$$

$$\overleftarrow{\mu_{5-4}} = \frac{b_{4-5}}{A_5 - \mu_{4-3} \cdot b_{4-3}} = \frac{2{,}33}{40{,}48 - 0{,}0577 \cdot 2{,}33} = 0{,}0577.$$

Gitter der Übergangszahlen der α' und deren Korrektionen.

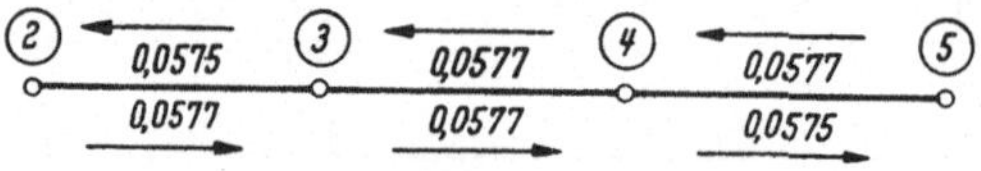

Abb. 38

5. **Berechnung für einen bestimmten Belastungsfall.** Wir nehmen eine Belastung von $p = 1{,}0\ \text{t/m}$ in der Öffnung 3—4 an, alle übrigen Felder seien unbelastet. (Für diese Methode ist die Belastungsanordnung unbeschränkt.)

Die Belastungsglieder der belasteten Öffnung lauten

$$\overline{H}_{3-4},\ \overline{M}_3\ \text{und}\ -\overline{M}_4.$$

Abb. 39

Diese Werte sind der Horizontalschub und die beiden Kämpfermomente des vollständig eingespannten Bogens und berechnen sich nach dem

Kap. V. Wir erhalten

$$\overline{H}_{3-4} = 5{,}48 \text{ t}, \quad \overline{M}_3 = - \overline{M}_4 = 3{,}00 \text{ tm}.$$

6. Auflösung der Gleichungssysteme (95) und (96).

1. Berechnungsstufe:

Primärlösungen der δ': Einzig die zwei Knotenpunkte 3 und 4 haben Belastungsglieder. Gemäß Gl. (109) folgt

$$\overline{\delta}'_3 = - \frac{\overline{H}_3}{D_3 - \mu_{3-2} \cdot d_{3-2} - \mu_{3-4} \cdot d_{3-4}} = - \frac{5{,}48 \cdot (EJ_c)^{-1}}{(0{,}5046 - 0{,}104 \cdot 0{,}0523 - 0{,}105 \cdot 0{,}0523)}$$

$$= \frac{-11{,}1}{EJ_c},$$

$$\overline{\delta}'_4 = - \frac{\overline{H}_4}{D_4 - \mu_{4-3} \cdot d_{4-3} - \mu_{4-5} \cdot d_{4-5}} = + \frac{11{,}1}{EJ_c}$$

(das Belastungsglied $\overline{H}_4$ ist negativ).

Da die übrigen Öffnungen keine Belastung haben, sind $\overline{\delta}'_2 = \overline{\delta}'_5 = 0$.

Auflösung des Gleichungssystems, Lösungen δ' [Gl. (95)]

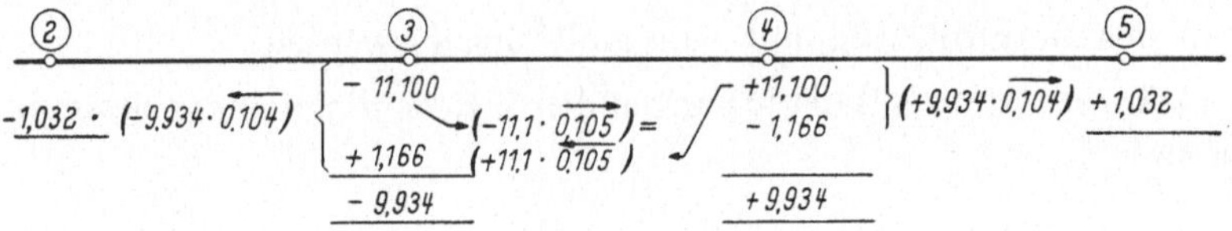

Es folgen die angenäherten Werte der ersten Stufe

$$\delta'_2 = - \delta'_5 = - 1{,}032 \frac{1}{EJ_c}; \quad \delta'_3 = - \delta'_4 = - 9{,}934 \frac{1}{EJ_c}.$$

Auflösung des Gleichungssystems, Lösungen α' (96)

$$C_m = (2 \cdot 0{,}376 - 3{,}01) \cdot EJ_c = - 2{,}258 \, EJ_c.$$

Belastungsglieder B'_{0m}, gemäß Gl. (97)

$$B'_{02} = 2{,}258 \cdot 1{,}032 + 0{,}376 \cdot 9{,}934 = 6{,}05 = - B'_{05},$$

$$B'_{03} = 2{,}258 \cdot 9{,}934 - 0{,}376 \cdot 9{,}934 + 0{,}376 \cdot 1{,}032$$

$$+ 3{,}00 - 22{,}05 = - B'_{04}.$$

Primärlösungen α', gemäß Gl. (115)

$$\overline{\alpha}'_2 = - \frac{B'_{02}}{A_2 - \mu_{2-1} \cdot b_{2-1} - \mu_{2-3} \cdot b_{2-3}} = \frac{-6{,}05 \cdot (EJ_c)^{-1}}{40{,}48 - 0{,}04577 \cdot 2{,}33} = - \frac{0{,}15}{EJ^\circ} = - \alpha'_5$$

$$\overline{\alpha}'_3 = - \frac{B'_{03}}{A_3 - \mu_{3-2} \cdot b_{3-2} - \mu_{3-4} \cdot b_{3-4}} = \frac{-22{,}05 \cdot (EJ_c)^{-1}}{40{,}48 - 0{,}0577 \cdot 2{,}33 - 0{,}0575 \cdot 2{,}33}$$

$$= - 0{,}548 \, (EJ_c)^{-1} = - \alpha'_4.$$

Auflösung der Gleichungen der α'

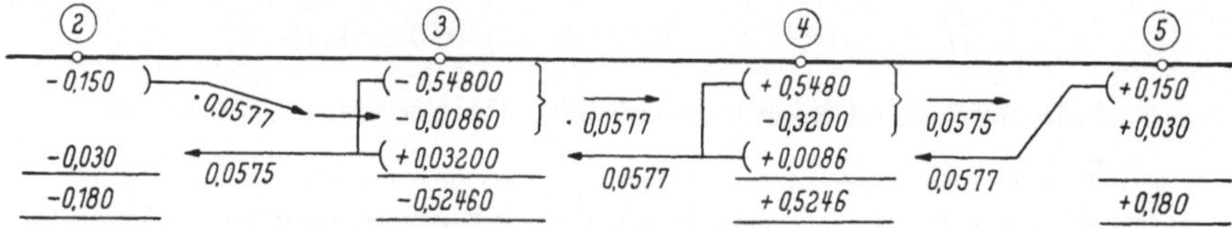

1. Weiterleitung der Primär- und der weitergeleiteten Werte nach rechts. 2. Der gleiche Vorgang von rechts nach links.

Beispiel für die Berechnung des α'_3:

1. Primärlösung: $\overline{\alpha}'_3$ $\qquad = -0{,}5480$

2. Weiterleitung nach rechts der Primärlösung:

$$\overline{\alpha}'_2 = -0{,}150 \cdot \overrightarrow{0{,}0577} \qquad = -0{,}0086$$

3. Weiterleitung nach links der Primärlösung $\overline{\alpha}'_4$ zusammen mit dem weitergeleiteten Wert von rechts kommend:

$$(0{,}548 + 0{,}0086) \cdot \overleftarrow{0{,}0577} \qquad = +0{,}0320$$

Winkel α'_3 als Lösung von Gl. (96): $\qquad = -0{,}5246$

Jedes Resultat muß mit $\dfrac{1}{EJ_c}$ multipliziert werden.

Wir erhalten somit die Lösungen des 1. Rechnungsganges zusammenfassend

$$\alpha'_3 = -\alpha'_4 = -\frac{0{,}5246}{EJ_c} \; ; \qquad \alpha'_2 = -\alpha'_5 = -\frac{0{,}180}{EJ_c} \, .$$

2. Berechnungsstufe

Erste Korrektionen der Werte δ' und α'. Belastungsglieder C''_{om} gemäß Gl. (100)

$$C'_{02} = 2{,}258 \cdot 0{,}180 + 0{,}376 \cdot 0{,}5246 = 0{,}6027 \, ,$$

$$C'_{08} = 2{,}258 \cdot 0{,}5246 - 0{,}376 \cdot 0{,}5246 + 0{,}376 \cdot 0{,}180 = 1{,}053 \, .$$

Primärlösungen der δ''

$$\delta''_2 = -\frac{0{,}6027}{0{,}4991} = -1{,}21\,\frac{1}{EJ_c} \; ; \qquad \delta''_5 = -\,\delta''_2 \; ;$$

$$\overline{\delta}''_3 = -\frac{1{,}053}{0{,}4937} = -2{,}135\,\frac{1}{EJ_c} \; ; \qquad \overline{\delta}''_4 = -\,\overline{\delta}''_3 \, .$$

Auflösung des Gleichungssystems der δ'' Gl. (99)

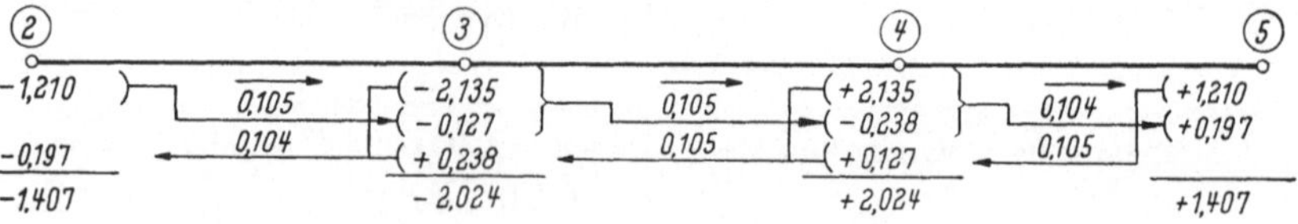

Verbesserungen der Werte α'

Belastungsglieder B''_{om}

$$B''_{02} = 2{,}250 \cdot 1{,}407 + 0{,}376 \cdot 2{,}024 = 3{,}94 = -B''_{05},$$

$$B''_{03} = 2{,}258 \cdot 2{,}024 + 0{,}376 \cdot 1{,}407 - 0{,}376 \cdot 2{,}024 = 4{,}329 = -B''_{04}.$$

Primärlösungen $\overline{\alpha}''$

$$\overline{\alpha}''_2 = -\frac{3{,}94}{40{,}35} = -0{,}0976\,(EJ_c)^{-1} = -\overline{\alpha}''_5,$$

$$\overline{\alpha}''_3 = -\frac{4{,}329}{40{,}21} = -0{,}1076\,(EJ_c)^{-1} = -\overline{\alpha}''_4.$$

Auflösung der Gleichungen der α'' *Gl. (102)*

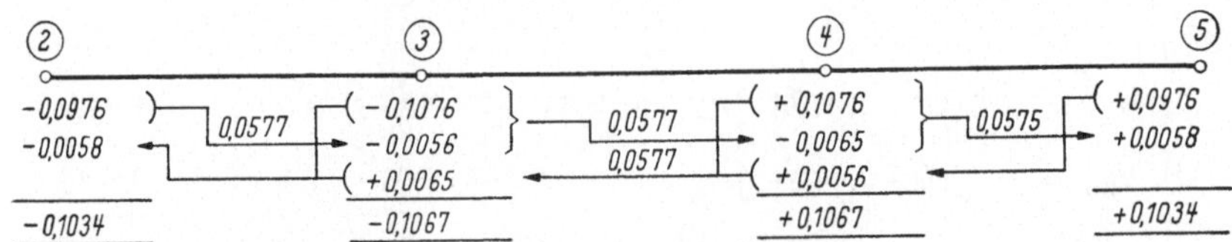

In dieser Weise folgen die weiteren Berechnungsstufen. Die endgültige
Werte der Verschiebungen erhalten wir durch Superposition der Lösungen aller Berechnungsgänge

	δ_2	δ_3	α_2	α_3
1. Stufe	$-1{,}0320$	$-9{,}9340$	$-0{,}1800$	$-0{,}5246$
2. Stufe	$-1{,}4070$	$-2{,}0240$	$-0{,}1034$	$-0{,}1067$
3. Stufe	$-0{,}5930$	$-0{,}4860$	$-0{,}0395$	$-0{,}0283$
4. Stufe	$-0{,}2126$	$-0{,}1423$	$-0{,}0137$	$-0{,}0089$
5. Stufe	$-0{,}0726$	$-0{,}0423$	$-0{,}0046$	$-0{,}0027$
6. Stufe	$-0{,}0241$	$-0{,}0146$	$-0{,}0015$	$-0{,}0009$
7. Stufe	$-0{,}0081$	$-0{,}0049$	$-0{,}0005$	$-0{,}0003$
8. Stufe	$-0{,}0025$	$-0{,}0016$	0	0
Resultat:	$-3{,}3519$	$-12{,}6497$	$-0{,}3432$	$-0{,}6724\left(\dfrac{1}{EJ_c}\right)$

Mit dem 5. Rechnungsgang erhält man schon zufriedenstellende
Werte. Die Konvergenz der verbesserten Werte ist nicht gut, jedoch ist
die Berechnung sehr einfach und kann rasch durchgeführt werden, weil
sich die Nennerwerte und Übergangszahlen nicht ändern. In diesem
Spezialfalle der symmetrischen Belastung wäre es natürlich einfacher,
das Gleichungssystem nach den vier Unbekannten direkt aufzulösen.
Jedoch im Falle einer beliebigen unsymmetrischen Last hätten wir acht
Unbekannte, und je größer die Anzahl der Unbekannten, um so einfacher ist diese Methode. Man hat auch den Vorteil, daß einfache Be-

rechnungshilfsmittel, wie z. B. der Rechenschieber, bei dieser Methode angewendet werden können.

6. Momente und Horizontalkräfte in den Knotenpunkten für den vorliegenden Belastungsfall: Nach den Gln. (67) und (75).

a) Momente [Gl. (67)]

$$M_{2r} = -3{,}29 \cdot 0{,}3432 + 2{,}33 \cdot 0{,}6724 + 0{,}376 \cdot 9{,}30 = 3{,}937 \text{ tm}$$

② $$M_{2l} = -3{,}29 \cdot 0{,}3432 + \qquad\qquad 0 - 0{,}376 \cdot 3{,}35 = -2{,}389 \text{ tm}$$

$$M_{2u} = -33{,}9 \cdot 0{,}3432 + \qquad\qquad 0 + 3{,}01 \cdot 3{,}35 = -1{,}550 \text{ tm}$$

Kontrolle des Gleichgewichtes $\Sigma = 0$

$$M_{3r} = -3{,}29 \cdot 0{,}6724 - 2{,}33 \cdot 0{,}6724 - 0{,}376 \cdot 25{,}3 + 3{,}00$$

③ $$= -10{,}305$$

$$M_{3l} = -3{,}29 \cdot 0{,}6724 + 2{,}33 \cdot 0{,}3432 - 0{,}376 \cdot 9{,}30 = -4{,}915$$

$$M_{3u} = -33{,}9 \cdot 0{,}6724 + \qquad\qquad 0 + 3{,}01 \cdot 12{,}65 = +15{,}23$$

Kontrolle des Gleichgewichtes $\Sigma = 0$

b) Horizontalkräfte [Gl. (75)]

$$H_{2-1} = \qquad 0{,}376 \cdot 0{,}3432 + 0{,}0523 \cdot 3{,}35 \qquad\qquad = 0{,}304 \text{ t}$$

② $$H_{2-3} = -0{,}376 \cdot 0{,}3432 + 0{,}376 \cdot 0{,}6724 + 0{,}0523 \cdot 9{,}30 = 0{,}612 \text{ t}$$

$$H_{2-7} = -3{,}01 \quad \cdot 0{,}3432 + 0{,}40 \quad \cdot 3{,}35 \qquad\qquad = 0{,}308 \text{ t}$$

Gleichgewichtsbedingung $\Sigma = 0$

$$H_{3-2} = \qquad 0{,}376 \cdot 0{,}6724 - 0{,}376 \cdot 0{,}3432 + 0{,}0523 \cdot 9{,}30 = 0{,}612 \text{ t}$$

$$H_{3-4} = -0{,}376 \cdot 0{,}6724 - 0{,}376 \cdot 0{,}6724 - 0{,}0523 \cdot 25{,}3$$

③ $$+ 5{,}48 = 3{,}650 \text{ t}$$

$$H_{3-8} = -3{,}01 \cdot 0{,}6724 + 0{,}40 \cdot 12{,}65 \qquad\qquad = 3{,}035 \text{ t}$$

Gleichgewichtsbedingung $\Sigma = 0$

Die Momente in den Endpunkten 1 und 6, sowie die Einspannungsmomente der Stützenfüße 7, 8, 9, 10 berechnen sich nach den Gln. (94), wobei die Einspannungsgrade für vollkommene Einspannung $\varepsilon = 0$ gesetzt werden.

Bogen 1—2 und 5—6 [Gl. (94)]

$$M_{6l} = -M_{1r} = -2{,}33 \cdot 0{,}3432 - 0{,}376 \cdot 3{,}352 = -2{,}059 \text{ tm}$$

Stützen Gl. (94)

$$M_7 = -M_{10} = 23{,}3 \, (-0{,}3432) + 4{,}58 \cdot 3{,}3519 = \quad 7{,}38 \text{ tm}$$

$$M_8 = -M_9 = 23{,}3 \, (-0{,}6724) + 4{,}58 \cdot 12{,}65 = \quad 42{,}21 \text{ tm}$$

IX. Spezialfälle: Knotenpunktsgleichungen und Unbekannte

a) Zwei symmetrische Bogen auf einer Mittelstütze

Wir setzen totale Einspannung voraus in allen Endpunkten 0, 2 und 3. Für *symmetrische Belastung* erhalten wir die Deformationen des Zentralknotenpunktes $\alpha_1 = \delta_1 = 0$. Es ist also nur die Berechnung des Grundsystems erforderlich, welche auch die Resultate für das gegebene System liefert.

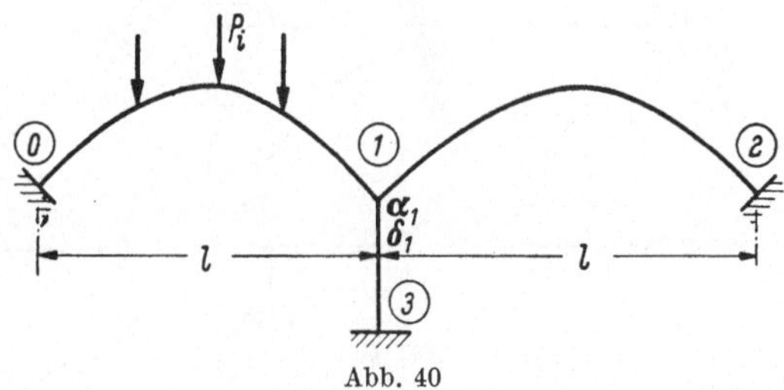

Abb. 40

Wir behandeln somit den unsymmetrischen Belastungsfall, d. h. unsymmetrisch in bezug auf das ganze Tragsystem. Die einzigen Unbekannten sind die zwei Deformationen des Knotenpunktes 1: α_1 und δ_1. Die Knotenpunktsgleichungen für diesen Knoten 1 erhalten wir aus den Gln. (73) und (76)

$$A_1 \cdot \alpha_1 + C_1 \cdot \delta_1 + \overline{M}_1 = 0,$$
$$C_1 \cdot \alpha_1 + D_1 \cdot \delta_1 + \overline{H}_1 = 0,$$

$$(116)$$

woraus die Unbekannten zu

$$\alpha_1 = \frac{\overline{M}_1 \cdot D_1 - C_1 \overline{H}_1}{C_1^2 - A_1 \cdot D_1}; \qquad \delta_1 = \frac{A_1 \cdot \overline{H}_1 - C_1 \overline{M}_1}{C_1^2 - A_1 D_1} \qquad (117)$$

folgen.

Die verschiedenen Momente werden

$$M_{0r} = b_{0-1} \cdot \alpha_1 - c_{0-1} \cdot \delta_1 + \overline{M}_{0r},$$
$$M_{1l} = a_{1l} \quad \cdot \alpha_1 + c_{1-0} \cdot \delta_1 + \overline{M}_{1l},$$
$$M_{1r} = a_{1r} \quad \cdot \alpha_1 + c_{1-2} \cdot \delta_1 + \overline{M}_{1r},$$
$$M_{1u} = a_{1u} \quad \cdot \alpha_1 - c_{1-3} \cdot \delta_1$$

$$(118)$$

und die Horizontalkräfte des Knotens 1

$$H_{1-2} = \quad c_{1-2} \cdot \alpha_1 + d_{1-2} \cdot \delta_1 + \overline{H}_{1-2},$$
$$H_{1-0} = -c_{1-0} \cdot \alpha_1 - d_{1-0} \cdot \delta_1 + \overline{H}_{1-0},$$
$$H_{1-3} = \quad c_{1-3} \cdot \alpha_1 - d_{1-3} \cdot \delta_1.$$

$$(119)$$

b) Drei gleiche Bogen über zwei gleichen Stützen

1. Symmetrische Belastung in bezug auf das ganze Tragsystem

Die Knotenpunktsgleichungen für den Knoten 1 lauten

$$A_1 \cdot \alpha_1 - b_{1-2} \cdot \alpha_2 + C_1 \cdot \delta_1 - c_{1-2}\,\delta_2 + \overline{M}_1 = 0,$$

$$C_1 \cdot \alpha_1 - c_{2-1} \cdot \alpha_2 + D_1 \cdot \delta_1 - d_{1-2} \cdot \delta_2 + \overline{H}_1 = 0. \tag{120}$$

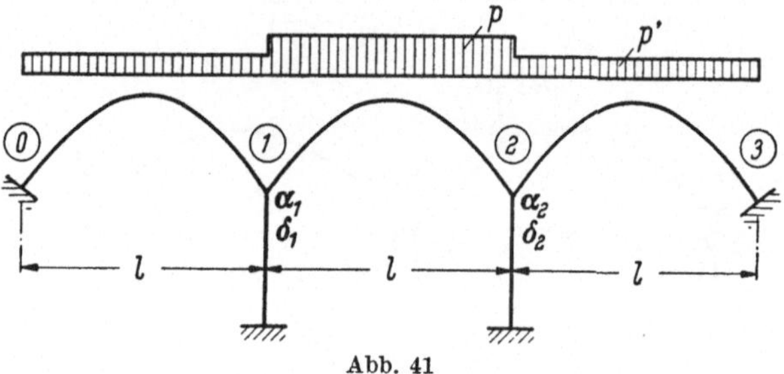

Abb. 41

Aus der Symmetrie erhalten wir

$$\alpha_1 = -\alpha_2; \quad \delta_1 = -\delta_2$$

und die Unbekannten werden

$$\alpha_1 = \frac{\overline{M}_1\,(D_1 + d_{1-2}) - (C_1 + c_{2-1})\,\overline{H}_1}{(C_1 + c_{2-1})^2 - (A_1 + b_{1-2})\,(D_1 + d_{1-2})};$$

$$\delta_1 = \frac{\overline{H}_1\,(A_1 + b_{1-2}) - (C_1 + c_{1-2})\,\overline{M}_1}{(C_1 + c_{2-1})^2 - (A_1 + b_{1-2})\,(D_1 + d_{1-2})}. \tag{121}$$

Die Stabendmomente sind

$$M_{0r} = -b_{0-1} \cdot \alpha_1 - c_{0-1} \cdot \delta_1 + \overline{M}_{0r},$$

$$M_{1r} = (a_{1r} + b_{1-2})\,\alpha_1 + 2\,c_{1-2} \cdot \delta_1 + \overline{M}_{1r},$$

$$M_{1l} = a_{1l} \cdot \alpha_1 + c_{1-0} \cdot \delta_1 + \overline{M}_{1l},$$

$$M_{1u} = a_{1u} \cdot \alpha_1 - c_{1-4} \cdot \delta_1 \tag{122}$$

und die Horizontalkräfte im Knoten 1

$$H_{1-0} = -c_{1-0} \cdot \alpha_1 - d_{1-0} \cdot \delta_1 + \overline{H}_{1-0},$$

$$H_{1-2} = 2\,c_{1-2} \cdot \alpha_1 - 2\,d_{1-2} \cdot \delta_1 + \overline{H}_{1-2}, \tag{123}$$

$$H_{1-4} = c_{1-4} \cdot \alpha_1 - d_{1-4} \cdot \delta_1.$$

2. Unsymmetrische Belastung

In diesem Falle erhalten wir vier Gleichungen mit vier Unbekannten zur Auflösung.

Die Knotenpunktsgleichungen für 1 lauten

$$A_1 \cdot \alpha_1 - b_{1-2} \cdot \alpha_2 + C_1 \cdot \delta_1 - c_{1-2} \cdot \delta_2 + \overline{M}_1 = 0,$$

$$C_1 \cdot \alpha_1 - c_{2-1} \cdot \alpha_2 + D_1 \cdot \delta_1 - d_{1-2} \cdot \delta_1 + \overline{H}_1 = 0,$$

$$(124)$$

sowie für den Knoten 2

$$A_2 \cdot \alpha_2 - b_{2-1} \cdot \alpha_1 + C_2 \cdot \delta_2 - c_{2-1} \cdot \delta_1 + \overline{M}_2 = 0,$$

$$C_2 \cdot \alpha_2 - c_{1-2} \cdot \alpha_1 + D_2 \cdot \delta_2 - d_{2-1} \cdot \delta_1 + \overline{H}_2 = 0.$$

$$(125)$$

Wir lösen dieses Gleichungssystem auf nach den vier Unbekannten. Wir können in diesem Falle auch durch eine Umgruppierung der Kräfte einen symmetrischen Zustand und einen antimetrischen erhalten, so daß wir zweimal zwei Gleichungen mit zwei Unbekannten aufzulösen haben und die beiden Teilresultate superponieren.

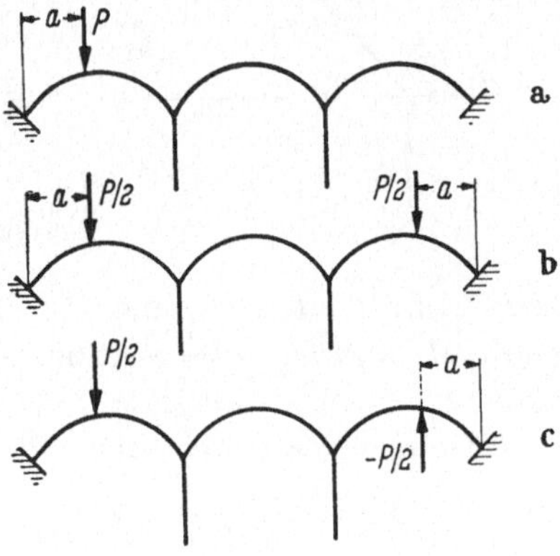

Der gegebene unsymmetrische Belastungszustand sei in Abb. 42a abgebildet.

Die Abb. 42b zeigt einen symmetrischen Belastungszustand mit zwei Unbekannten; wegen der Symmetrie folgt

$$\alpha_1 = -\alpha_2; \quad \delta_1 = -\delta_2.$$

In Abb. 42c ist der antimetrische Belastungszustand mit $\pm\, P/2$ auf den Träger wirkend skizziert.

Abb. 42

Da in diesem Falle $\alpha_1 = \alpha_2$ und $\delta_1 = \delta_2$ ist, vereinfacht sich das Gleichungssystem zu zwei Gleichungen mit zwei Unbekannten.

Die beiden Zustände der Abb. 42b und c sind zu superponieren, um den Ausgangszustand der Abb. 42a zu erhalten.

X. Innere Schnittkräfte in einer beliebigen Sektion F

a) Im Bogen

Wir denken uns einen beliebigen Bogen der Serie herausgenommen, abgetrennt in seinen Kämpfern und in einen „einfachen Balken mit gekrümmter Stabachse" verwandelt. Dann werden die Kämpfermomente M_{mr} und M_{nl} sowie der Horizontalschub H_{m-n} als äußere Kräfte betrachtet. Im Querschnitt F berechnen wir die Schnittkräfte, also das Moment M, die Normalkraft N und die Querkraft Q. Wir führen hier wieder die gebräuchlichen Vorzeichenregeln der Statik ein und geben dem rechten Kämpfermoment M_{nl} ein positives Vorzeichen, wenn es im

Gegenuhrzeigersinn dreht. Die Normalkraft N sei positiv als Druckkraft. Es seien M_0, N_0 und Q_0, Moment, Normal- und Querkraft im Schnitte F infolge der äußeren Lastgruppe $(P_1, \ldots, P_n)$ in bezug auf den „einfachen Balken mit gekrümmter Stabachse". Da es notwendig ist, mehrere Schnitte zu untersuchen, ist es zweckmäßig für die drei Arten von Schnittkräften die entsprechenden Flächen zu zeichnen.

Das einfachste ist, die Berechnung für horizontale und vertikale Kräfte getrennt durchzuführen. Die Auflagerkräfte seien H_0, A_0 und B_0. Von jeder äußeren Kraft, die auf den Träger wirkt, kennen wir deren

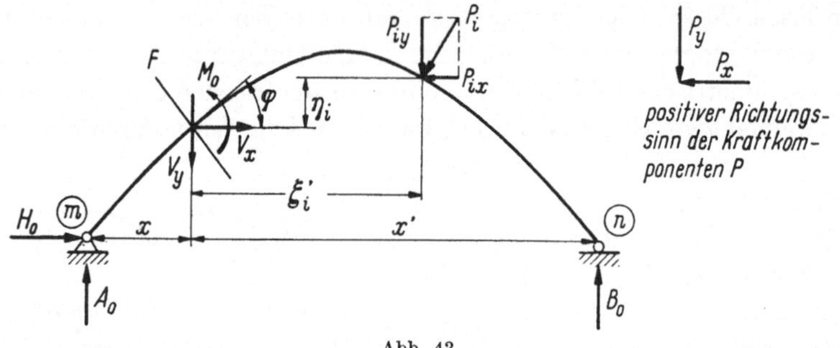

Abb. 43

zwei Komponenten P_{ix} und P_{iy}. Schließlich finden wir in F zwei Momente M_x und M_y, zwei Sektionskräfte V_y und V_x, vertikal und horizontal.

Zusammengesetzt erhalten wir für diese[1]:

$$M_y = B_0 \cdot x' - \sum_n^F P_{iy} \cdot \xi_i' , \qquad M_x = \sum_n^F P_{ix} \cdot \eta_i ,$$

$$V_y = - B_0 + \sum_n^F P_{iy} , \qquad V_x = - \sum_n^F P_{ix} . \tag{126}$$

Im Spezialfall mit nur lotrechten äußeren Kräften erhalten wir:

$$M_y = B_0 \cdot x' - \sum_n^F P_i \cdot \xi_i'; \qquad M_x = 0;$$

$$V_y = - B_0 + \sum_n^F P; \qquad V_x = 0. \tag{127}$$

Mit den Hilfswerten aus Gl. (126) oder Gl. (127) bestimmen wir sehr einfach die gesuchten Schnittkräfte in F:

$$\boxed{\begin{aligned} M_0 &= M_y + M_x \\ N_0 &= - V_x \cdot \cos \varphi + V_y \sin \varphi \\ Q_0 &= V_y \cdot \cos \varphi + V_x \sin \varphi \end{aligned}} . \tag{128}$$

---

[1] Die an den Summenzeichen eingetragenen Buchstaben n und F bringen zum Ausdruck, daß vom Lager B ausgehend die Lastwirkungen jeweils bis zur betrachteten Schnittstelle F zu summieren sind.

Im Spezialfall der vertikalen äußeren Lasten werden:

$$M_0 = M_y; \quad N_0 = + V_y \cdot \sin \varphi; \quad Q_0 = V_y \cdot \cos \varphi. \tag{129}$$

Superposition der statisch Unbestimmten

Den inneren Schnittkräften M_0, N_0, V_0 von Gl. (128) sind diejenigen, hervorgerufen aus den statisch unbestimmten Größen M_{mr}, M_{nl} und H_{m-n} zu überlagern.

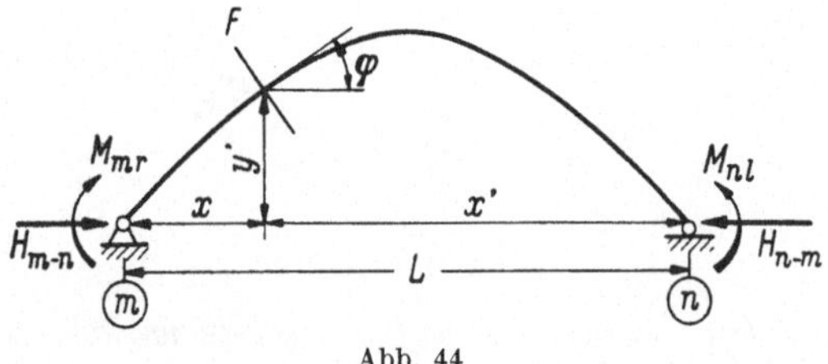

Abb. 44

Die Überlagerung dieser Werte gibt gemäß Abb. 44 auf den einfachen Balken bezogen, die folgenden Schlußresultate:

$$M = M_0 + M_{mr} \frac{x'}{L} + M_{nl} \frac{x}{L} - H_{m-n} \cdot y' ,$$

$$N = N_0 - \frac{M_{mr} - M_{nl}}{L} \sin \varphi + H_{m-n} \cdot \cos \varphi , \tag{130}$$

$$Q = Q_0 - \frac{M_{mr} - M_{nl}}{L} \cos \varphi - H_{m-n} \cdot \sin \varphi .$$

Kernpunktsmomente im Querschnitt F

Die Randspannungen σ_1 und σ_2 im Querschnitt F berechnen sich vorteilhaft mit Hilfe der Kernpunktsmomente. Vor allem für die bewegliche Last sind die Kernpunktsmomente zur Bestimmung der ungünstigsten Laststellung wichtig.

Normalspannung am oberen Rande des Bogens σ_1

Der Bezugspunkt der Momente aller äußeren Kräfte ist der untere Kernpunkt K_1 des Querschnittes, somit erhalten wir das Kernpunktsmoment bezüglich dieses Punktes, gemäß Abb. 45

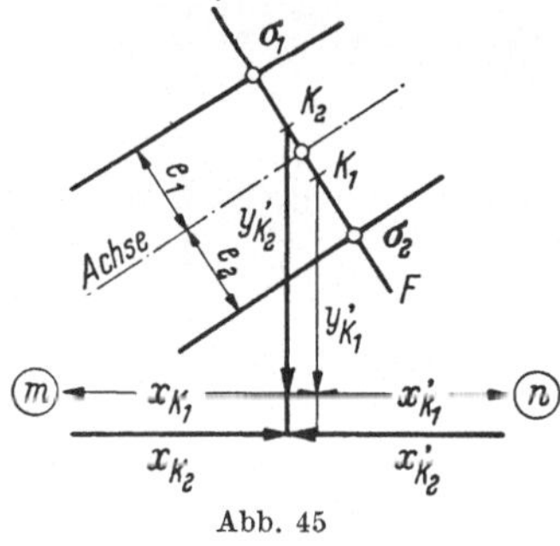

Abb. 45

$$M_{K_1} = M_{0K_1} + M_{mr} \frac{x'_{K_1}}{L} + M_{nl} \frac{x_{K_1}}{L} - H_{m-n} \cdot y'_{K_1}. \tag{131}$$

Für die Normalspannung σ_1 findet man:

$$\sigma_1 = \frac{M_{K_1}}{J_x} \cdot e_1 = \frac{M_{K_1}}{W_1}. \tag{132}$$

Normalspannung σ_2 am unteren Rande des Querschnittes

In diesem Fall ist der Bezugspunkt der Momente aller äußeren Kräfte der obere Kernpunkt K_2, und gemäß Abb. 45 erhalten wir für dieses Moment:

$$M_{K_2} = M_{0K_2} + M_{mr}\frac{x'_{K_2}}{L} + M_{nl}\frac{x_{K_2}}{L} - H_{m-n} \cdot y'_{K_2}. \tag{133}$$

Die Normalspannung σ_2 folgt:

$$\sigma_2 = -\frac{M_{K_2}}{J_x} \cdot e_2 = -\frac{M_{K_2}}{W_2}. \tag{134}$$

b) In der Stütze

Die Kräfte, die auf die Säule wirken

Im Knotenpunkt m oder im Säulenkopf geben die anschließenden zwei Bogen Reaktionskräfte auf die Stütze ab. Wir betrachten diese Kräfte als äußere Kräfte, die auf die Stütze einwirken. Als Kräfte wirken:

1. Die zwei Auflagerdrücke der beiden Bogen A_m und B_m, das Eigengewicht G der Säule.

2. Die Querkraft der Stütze oder die Horizontalkraft als Differenz der beiden Bogenschübe, H_{m-o}.

3. Das Moment M_{mu}, am Säulenkopfe angreifend, auch als Differenzmoment der beiden Kämpfermomente.

4. Äußere Belastung, z. B. vom Wind herrührend. Diesen Fall betrachten wir getrennt.

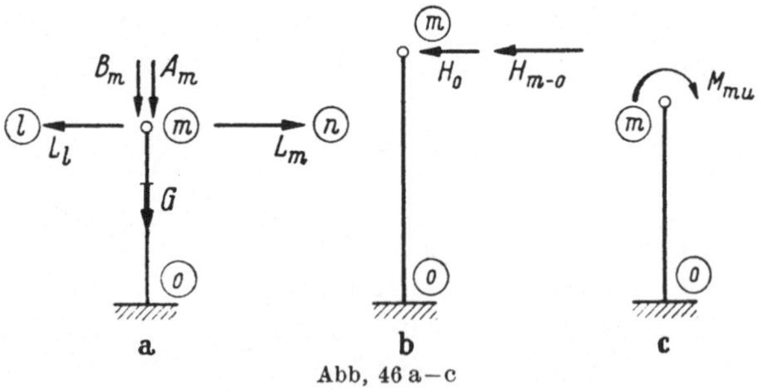

Abb. 46 a—c

Die zwei Vertikalkräfte lauten bezüglich der zwei Bogen $(l-m)$ und $(m-n)$:

$$\begin{aligned}
A_m &= A_0 - \frac{M_{mr} - M_{nl}}{L_m}, \\
B_m &= B_0 + \frac{M_{lr} - M_{ml}}{L_l}.
\end{aligned} \tag{135}$$

Die Momentenvorzeichen sind positiv, gemäß Abb. 44 angenommen. A_0 und B_0 sind die Auflagerdrücke der einfachen Balken. G ist das Eigengewicht der Stütze.

Die Differenzkraft der Bogenschübe H_{m-o} gemäß Gl. (75).

H_o ist die horizontale Auflagerkraft des einfachen Balkens im festen Auflager. Für äußere vertikale Kräfte ist $H_o = 0$. Die totale Querkraft ist somit:

$$\Delta H_s = H_{m-o} + \dot{H}_o. \tag{136}$$

Das Moment M_{mu}, als Differenz der beiden Kämpfermomente der Bogen, gemäß Gl. (67).

Schnittkräfte in einer beliebigen Sektion F der Stütze

Im Querschnitt F erhalten wir somit die folgenden drei Schnittkräfte:

$$
\boxed{
\begin{aligned}
M &= M_{mu} - \Delta H_s \cdot x' \\
N &= A_m + B_m + \Delta G \\
Q &= \Delta H = H_{m-o} + H_o
\end{aligned}
}
\qquad
\begin{aligned}
&\text{(Moment)} \\
&\text{(Normalkraft)} \\
&\text{(Querkraft).}
\end{aligned}
\tag{137}
$$

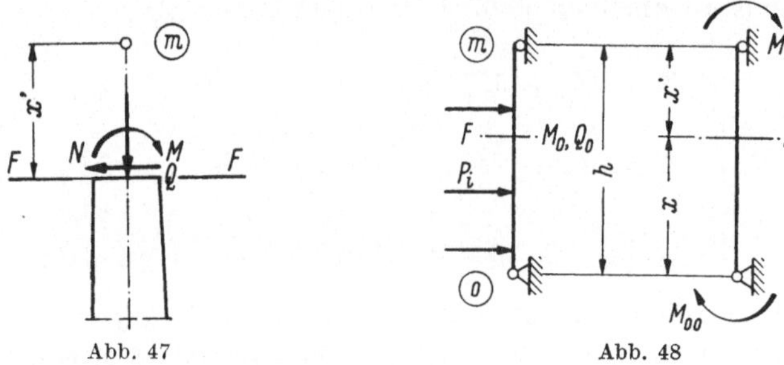

Äußere Kräfte, die auf die Säule wirken

Im einfachen Balken $(m - o)$ wirken im Querschnitt F die inneren Kräfte M_o, Q_o (Moment und Querkraft). Die zwei Stützenmomente M_{mu} und M_{oo} sind dem Belastungszustand des einfachen Balkens zu überlagern.

Schließlich finden wir im Querschnitt F die folgenden Schnittkräfte:

$$
\begin{aligned}
M &= -\left(M_o + M_{mu}\,\frac{x}{h} + M_{oo}\,\frac{x'}{h}\right), \\
Q &= Q_o + \frac{M_{mu} + M_{oo}}{h}.
\end{aligned}
\tag{138}
$$

XI. Eigengewicht der Konstruktion
a) Allgemeiner Fall

In diesem Falle setzen wir wie früher eine symmetrische Bogenform voraus, so daß die äußeren Eigengewichtsbelastungen symmetrisch auf den Bogen wirken. Wir setzen jedoch unsymmetrische Einspannung voraus, d. h. die unbekannten Momente M_{mr} und M_{nl} sind ungleich. Dies rührt von unsymmetrischen Deformationen δ, α der Knotenpunkte her (z. B. haben die Bogen ungleiche Öffnungen, oder ungleiche Stützen). Die statisch unbestimmten Größen M_{mr}, M_{nl} und H_{m-n} sind bekannt, mit Hilfe der Knotenpunktsgleichungen berechnet.

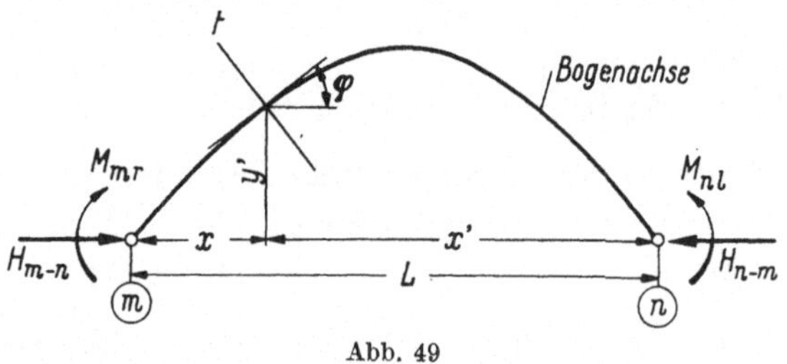

Abb. 49

Für die Berechnung der Normalspannungen im Querschnitt F benötigen wir das Moment M und die Normalkraft N in derselben Sektion. Gemäß den allgemeinen Gln. (130) findet man:

$$M = M_o + M_{mr}\frac{x'}{L} + M_{ne}\frac{x}{e} - H_{m-n}\cdot y',$$

$$N = N_o - \frac{M_{mr} - M_{nl}}{L}\sin\varphi + H_{m-n}\cdot\cos\varphi. \tag{139}$$

Vereinfachung der Berechnung für das Moment

Führen wir in den Knotenpunkten m und n die folgenden Distanzen ein als starre Scheiben:

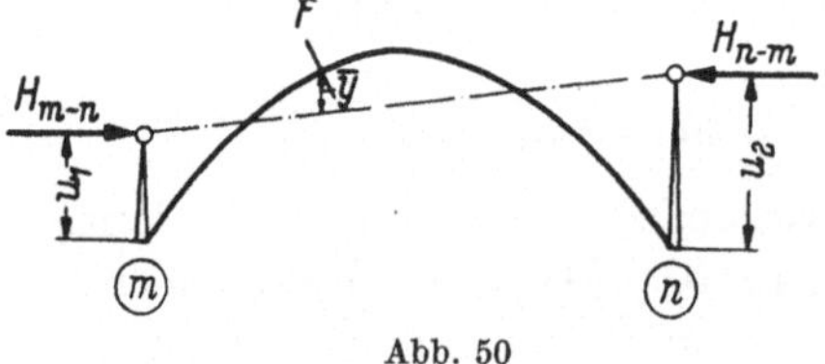

Abb. 50

$$u_1 = \frac{M_{mr}}{H_{m-n}} \quad \text{und} \quad u_2 = \frac{M_{nl}}{H_{m-n}}. \tag{140}$$

In den Endpunkten dieser starren Scheiben greife die Horizontalkraft H_{m-n} an (Abb. 50). Das Moment in F läßt sich also vereinfachen zu:

$$M = M_o - H_{m-n}\cdot y. \tag{141}$$

Wieder ist das Moment M_{nl} positiv im eingezeichneten Sinne wirkend, für die Bestimmung der inneren Kräfte (Abb. 49). Beziehen wir die

Berechnung wieder auf die Drucklinie des Dreigelenkbogens als Ausgangs-
kurve. H_g ist der Horizontalschub dieses Dreigelenkbogens infolge des
Eigengewichtes der Konstruktion. In bezug auf die Drucklinie des
Dreigelenkbogens wird:

$$M_0 = H_g\,(y' + v). \tag{142}$$

Setzen wir M_o aus Gl. (142) in die Gl. (141), so folgt für das Moment in F,
infolge des Eigengewichts der Konstruktion:

$$\boxed{M = H_g\,(y' + v) - H_{m-n} \cdot \overline{y}}\;. \tag{143}$$

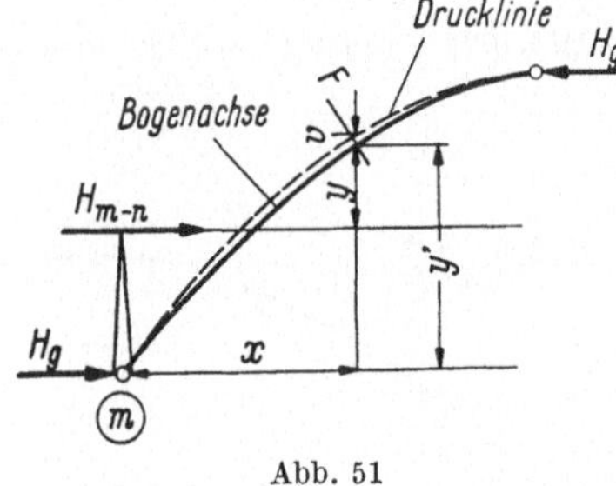

Abb. 51

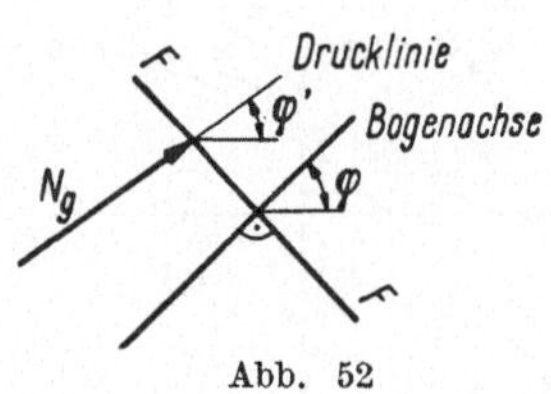

Abb. 52

Diese Formel ersetzt die allgemeine
Gl. (139).

Vereinfachung für die Normalkraft

Aus der allgemeinen Gl. (139) erhält man mit Gl. (140), in bezug auf
den einfachen Balken:

$$\underline{N} = N_o - \frac{u_1 - u_2}{L}\,H_{m-n} \cdot \sin\varphi + H_{m-n} \cdot \cos\varphi$$

$$= N_o + H_{m-n}\left[\cos\varphi - \frac{u_1 - u_2}{L}\sin\varphi\right] = N_o + H_{m-n} \cdot \lambda_\varphi. \tag{144}$$

Die Gl. (144) können wir schon in praktischen
Fällen gebrauchen. Gehen wir jedoch von der Drucklinie des Dreigelenkbogens aus, und sei in dieser N_g die
Normalkraft in der Sektion F, gemäß Abb. 52, so
können wir Gl. (144) umformen in

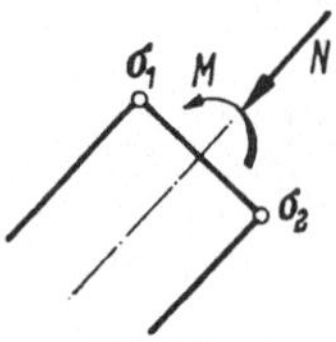

$$N = N_o + H_g\cos\varphi - H_g \cdot \cos\varphi + H_{m-n} \cdot \lambda_\varphi,$$

Abb. 53

wobei $N_o + H_g \cdot \cos\varphi$ die Projektion von N_g auf die Bogenachse bedeutet, somit wird:

$$N_0 + H_g\cos\varphi = N_g\cos(\varphi - \varphi') \tag{145}$$

und wir finden die abgeänderte Formel bezüglich der Drucklinie des Dreigelenkbogens

$$\boxed{N = N_g\cos(\varphi - \varphi') - H_g \cdot \cos\varphi + H_{m-n} \cdot \lambda_\varphi}\;. \tag{146}$$

Normalspannungen σ_1 und σ_2 im Querschnitt F

Gemäß der allgemeinen Theorie gilt:

$$\sigma_1 = \frac{N}{F} + \frac{M}{W_1}; \quad \sigma_2 = \frac{N}{F} - \frac{M}{W_2}. \tag{147}$$

Die Einführung der Kernpunktsmomente für Eigengewicht bringt hier keinen Vorteil.

b) Bogen, in welchen die Knotenpunkte sich nicht verformen

Der Bogen $m - n$ ist somit vollständig eingespannt. Diese Aufgabe lösen wir vorteilhaft mit der Methode der Ergänzungskraft nach M. RITTER. Wir setzen den allgemeinen Fall voraus, wo die Bogenachse nicht

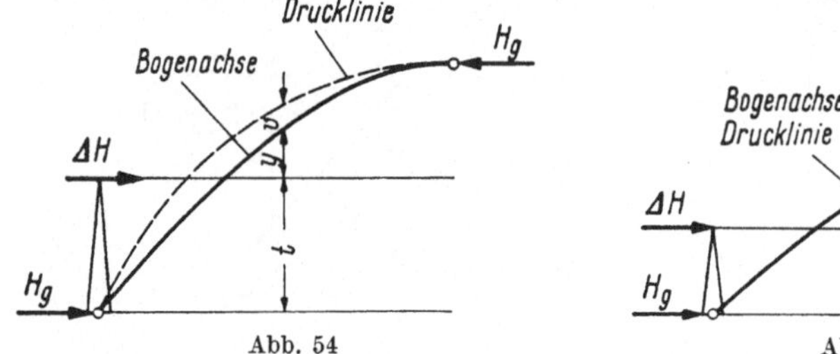

Abb. 54

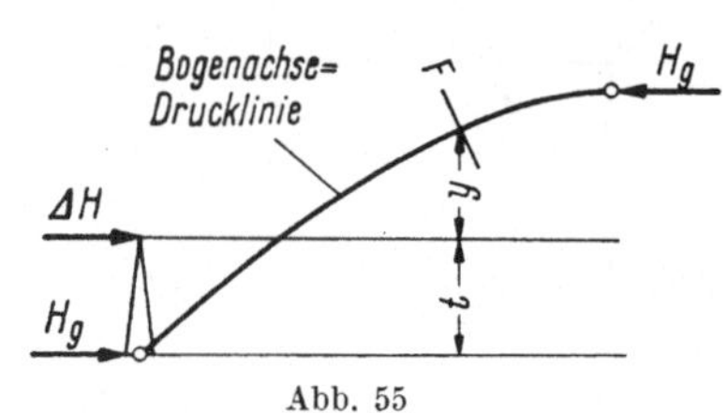

Abb. 55

mit der Drucklinie des Dreigelenkbogens übereinstimmt. v ist wieder der Unterschied der zwei Ordinaten. H_g ist der Horizontalschub des Dreigelenkbogens, vgl. Abb. 54.

Die verschiedenen Werte erhalten wir zu:

$$\Delta H = H - H_g = - H_g \frac{\mu - \mu_v}{1 + \mu}, \tag{148}$$

wobei

$$\mu = \frac{\int v\, y\, dw}{\int y^2\, dw} \quad \text{und} \quad \mu = \frac{\int dw'}{\int y^2\, dw} \tag{149}$$

sind.

Das Biegemoment im Querschnitt F in bezug auf die Bogenachse wird:

$$M = H_g \left(v - \frac{\int v\, dw}{\int dw} \right) - \Delta H \cdot y, \tag{150}$$

sowie die Normalkraft in F:

$$N = N_g \left(\cos (\varphi - \varphi') \right) + \Delta H \cdot \cos \varphi. \tag{151}$$

Die Randspannungen erhalten wir direkt aus:

$$\sigma_1 = \frac{N}{F} + \frac{M}{W_1} \quad \text{und} \quad \sigma_2 = \frac{N}{F} - \frac{M}{W_2} \tag{152}$$

mit Berücksichtigung der Abb. 53.

Spezialfall

Wir setzen voraus, daß die Bogenachse mit der Drucklinie übereinstimmt (s. Abb. 55). Wir erhalten, wenn wir $v = 0$ setzen, für Moment und Normalkraft in F aus den Gln. (150) und (151):

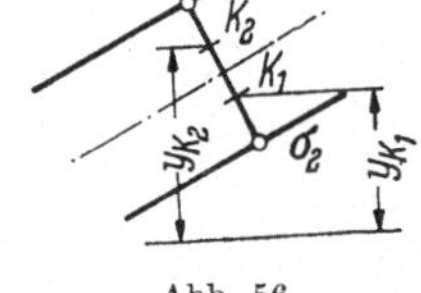

Abb. 56

$$M = - \Delta H \, y, \qquad (153)$$

$$N = N_g + \Delta H \cdot \cos \varphi \qquad (154)$$

Für die Randspannungen finden wir mit Hilfe der Kernpunkte in bezug auf Abb. 56:

$$\sigma_1 = \frac{N_g}{F} - \frac{\Delta H \, y_{k1}}{W_1}; \quad \sigma_2 = \frac{N_g}{F} + \frac{\Delta H \, y_{k2}}{W_2}. \qquad (155)$$

XII. Die Einflußlinien

1. Allgemeines

Die Grundeinflußlinien des durchlaufenden Systemes werden als Biegelinien berechnet, dabei setzen wir voraus, daß wir die entsprechenden Einflußlinien des Grundsystemes kennen, d. h. diejenigen des totaleingespannten Bogens, oder der totaleingespannten Stütze. In Kap. V (S. 23) haben wir z. B. die Grundeinflußlinien für den totaleingespannten Bogen berechnet, die als Ausgangspunkt für das durchlaufende System gelten.

Die im Beginn aufgestellten Vorzeichenregeln müssen hier verlassen werden, und es werden jeweils die Drehwinkel, Verschiebungen, Momente und Kräfte als positiv angenommen, so daß sie der Form der Biegelinie entsprechen. Für einen beliebigen Bogen sind stets drei Einflußlinien als Grundeinflußlinien zu bestimmen. Es sind dies die beiden Kämpfermomente am linken und rechten Ende des Bogens, sowie der Horizontalschub. Alle übrigen Einflußlinien des Bogens können mit Hilfe von diesen drei abgeleitet werden. Für eine beliebige Säule sind für deren Berechnung die Einflußlinien des Kopf- und Fußmomentes, sowie diejenige der Querkraft notwendig. Alle diese sechs Einflußlinien werden hier einzeln behandelt.

In allen Abbildungen dieses Kapitels, welche Einflußlinien darstellen, sind stets die Punkte der Bogenachse auf die Horizontale der Knotenpunkte projektiert, und von dieser Linie als Grundlinie die Einflußordinaten abgetragen.

2. Die Einflußlinie des linken Kämpfermomentes der Öffnung $(m - n)$

Wir nennen das betreffende Moment M_{mr}.

Die gesuchte Einflußlinie erhält man folgendermaßen: Im linken Auflagerpunkt des Bogens $(m - n)$ bringen wir ein Gelenk an, s. Abb. 57.

Die rechte Seite des durch das Gelenk abgetrennten Teiles verformen
wir, indem wir ein unbekanntes Moment M_{mr} angreifen lassen, welches
den Drehwinkel α_m erzeugt. Den linken Teil drehen wir im entgegengesetzten Sinne um den Winkel α_m', der durch das Moment M_m erzeugt
wird. Dieses Moment zerlegt sich andererseits in seine zwei Teile M_{ml}
und M_{mu}. Gemäß R. LAND ist nun nach Abb. 57a die Bedingung,
daß die so entstandene Biegelinie gleich der Einflußlinie für M_{mr}
sein soll,

$$\boxed{\alpha_m' + \alpha_m = 1}\ . \tag{156}$$

Das Gleichgewicht der Momente im Knoten m erfordert

$$M_{mr} - M_m = M_{mr} - (M_{ml} + M_{mu}) = 0, \tag{157}$$

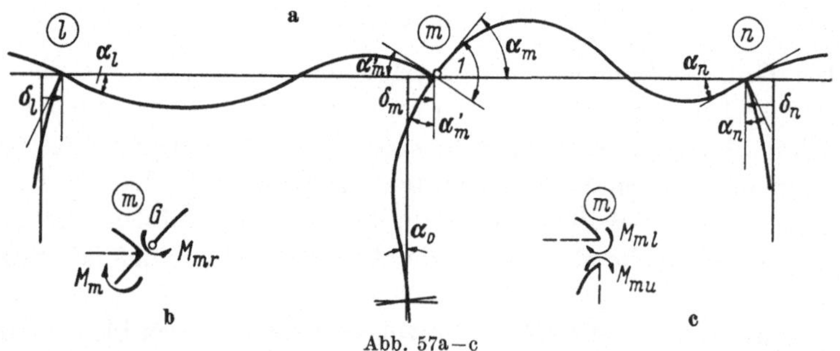

Abb. 57a—c

wobei die drei Momente in Abhängigkeit der Verformungen sich in der
Form

$$M_{mr} = a_{mr} \cdot \alpha_m - b_{m-n} \cdot \alpha_n - c_{m-n}(\delta_m + \delta_n),$$
$$M_{ml} = a_{ml} \cdot \alpha_m' - b_{m-l} \cdot \alpha_l + c_{m-l}(\delta_m - \delta_l), \tag{158}$$
$$M_{mu} = a_{mu} \cdot \alpha_m' - b_{m-o} \cdot \alpha_o - c_{m-o}\,\delta_m$$

darstellen.

Hier nehmen wir an, daß alle Verformungen positiv sind, wenn sie
im Sinne der Abb. 57a gerichtet sind.

Die erste Knotenpunktsgleichung für (m) finden wir, indem wir die
Werte aus Gl. (158) in die Gl. (157) einsetzen. Somit wird:

$$\boxed{\begin{aligned} &- \alpha_m' \cdot A_m + a_{mr} + b_{m-l} \cdot \alpha_l - b_{m-n} \cdot \alpha_n + b_{m-o} \cdot \alpha_o - \\ &- C_m \cdot \delta_m - c_{m-n} \cdot \delta_n + c_{m-l} \cdot \delta_l = 0 \end{aligned}}\ . \tag{159}$$

Die zweite Knotenpunktsgleichung erhalten wir durch das Gleichgewicht
der Horizontalkräfte, die im Knoten m wirken.

Abb. 58 weist diese Kräfte mit positiven Wirkungssinn.
Diese drei Horizontalkräfte sind gemäß

$$H_{m-n} = -c_{m-n} \cdot \alpha_m + c_{n-m} \cdot \alpha_n + d_{m-n}(\delta_m + \delta_n),$$
$$H_{m-l} = -c_{m-l} \cdot \alpha'_m + c_{l-m} \cdot \alpha_l - d_{m-l}(\delta_m - \delta_l), \qquad (160)$$
$$H_{m-o} = +c_{m-o} \cdot \alpha'_m - c_{o-m} \cdot \alpha_o - d_{m-o} \cdot \delta_m$$

von den Verformungen abhängig.

Das Gleichgewicht der Horizontalkräfte gemäß Abb. 58 gibt:

$$H_{m-n} - H_{m-l} - H_{m-o} = 0. \qquad (161)$$

Wie früher setzen wir:

$$\alpha_m = 1 - \alpha'_m \qquad (156)$$

und die Werte von Gl. (160) in
Gl. (161) ein, und erhalten die
zweite Knotenpunktsgleichung des
Knotens m:

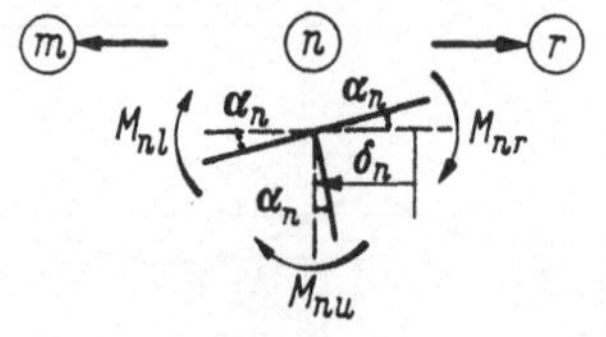

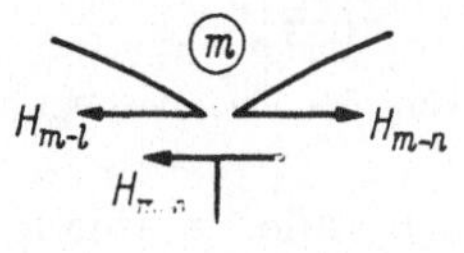

Abb. 58   Abb. 59

$$C_m \cdot \alpha'_m - c_{m-n} + c_{n-m} \cdot \alpha_n - c_{l-m} \cdot \alpha_l + c_{m-o} \cdot \alpha_o + \\ + D_m \cdot \delta_m + d_{m-n} \cdot \delta_n - d_{m-l} \cdot \delta_l = 0 \qquad (162)$$

Wir untersuchen nun das Gleichgewicht des Knotens n.

Gemäß Abb. 59 folgen die Momente der drei Stäbe, die in den Knoten n einmünden:

$$M_{nl} = a_{nl} \cdot \alpha_n - b_{n-m} \cdot \alpha_m + c_{n-m}(\delta_n + \delta_m),$$
$$M_{nr} = a_{nr} \cdot \alpha_n - b_{n-r} \cdot \alpha_r + c_{n-l}(\delta_n - \delta_r), \qquad (163)$$
$$M_{nu} = a_{nu} \cdot \alpha_n - b_{n-o} \cdot \alpha_{o'} - c_{n-o'} \cdot \delta_n.$$

Die Gleichgewichtsbedingung lautet

$$M_{n-l} + M_{nr} + M_{nu} = 0 \qquad (164)$$

Abb. 60

und mit Gl. (156) hat man schließlich die erste
Knotenpunktsgleichung des Knotens n:

$$A_n \cdot \alpha_n - \sum_{i \neq n} b_{n-i} \cdot \alpha_i + C_n \cdot \delta_n + c_{n-m} \cdot \delta_m - c_{n-r} \cdot \delta_r = 0. \qquad (165)$$

Das Gleichgewicht der Horizontalkräfte im Knoten n lautet nach Abb. 60.

$$H_{n-r} - H_{n-m} - H_{n-o'} = 0, \qquad (166)$$

wobei:

$$H_{n-r} = - c_{n-r} \cdot \alpha_n + c_{r-n} \cdot \alpha_r + d_{n-r} (\delta_r - \delta_n),$$

$$H_{n-m} = + c_{n-m} \cdot \alpha_n - c_{m-n} \cdot \alpha_m + d_{n-m} (\delta_m + \delta_n), \quad (167)$$

$$H_{n-o'} = - c_{n-o'} \cdot \alpha_n + c_{o'-n} \cdot \alpha_{o'} + d_{n-o'} \cdot \delta_n$$

sind; aus Gl. (166) folgt damit schließlich die zweite Knotenpunktsgleichung des Punktes n:

$$\boxed{\begin{aligned} &C_n \cdot \alpha_n - c_{r-n} \cdot \alpha_r - c_{m-n} \cdot \alpha_m + c_{o'-n} \cdot \alpha_{o'} + \\ &+ D_n \cdot \delta_n + d_{n-m} \cdot \delta_m - \delta_{r'} \cdot d_{n-r} = 0 \end{aligned}} \qquad (168)$$

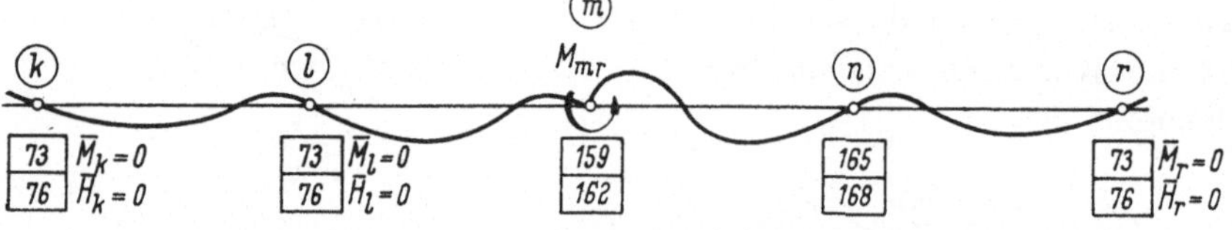

Abb. 61. Gleichungsschema für die Einflußlinie des Momentes M_{mr}

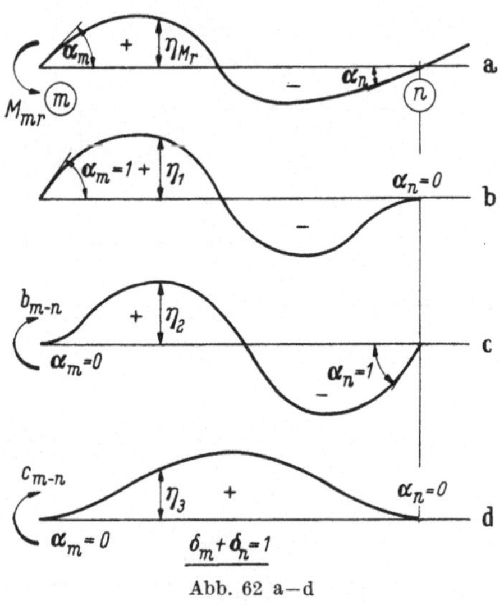

Abb. 62 a—d

Für alle weiteren Knotenpunkte gelten die allgemeinen Gln. (168), (73) und (76) mit den Belastungsgliedern $\bar{M}_r = \bar{H}_r = 0$.

Auswertung der Einflußlinie für M_{mr}

Da wir nun die Einflußlinien der zwei Kämpfermomente und des Horizontalschubes des totaleingespannten Bogens (Grundsystem) kennen, und die Knotenpunktsverformungen der endgültigen Einflußlinie mit Hilfe des Gleichungsschemas der Abb. 61 berechnet haben, gehen wir nun über zur stufenweisen Berechnung der Ordinaten der gesuchten Einflußlinie. Die Ordinate eines beliebigen Punktes der Einflußlinie der Öffnung $m - n$ erhalten wir durch Superposition ihrer Teilordinaten. Es folgt:

$$\eta_{Mr} = \alpha_m \cdot \eta_1 + \alpha_n \cdot \eta_2 + (\delta_m + \delta_n) \cdot \eta_3. \qquad (169)$$

Die Verformungen α_m, α_n, δ_m und δ_n erhielten wir durch die Auflösung des Gleichungssystemes der Abb. 61. Die entsprechenden Ordinaten η_1, η_2 und η_3 finden wir aus der Abb. 62 bezüglich des Grundsystemes des totaleingespannten Bogens.

Die Vorzeichen richten sich nach den η, und zwar sind diese positiv angenommen, wenn die Ausbuchtung der Biegelinie nach oben geschieht, vgl. Abb. 62. Das Moment M_{mr} ist somit positiv, wenn es den in Abb. 62 eingezeichneten Richtungssinn hat.

3. Die Einflußlinie des rechten Kämpfermomentes der Öffnung $(m-n)$

Wir nennen das betreffende Moment M_{nl}.

Zusammenfassung der Knotenpunktsgleichungen
Eine Ableitung der Formeln erübrigt sich in diesem Falle.

1. Knotenpunkt n:
Erste Knotenpunktsgleichung aus dem Gleichgewicht der Momente

$$\left.\begin{aligned} -\alpha_n' \cdot A_n + a_{nl} + b_{n-r} \cdot \alpha_r - b_{n-m} \cdot \alpha_m + b_{n-o} \cdot \alpha_o - \\ -\delta_n \cdot C_n - c_{n-m} \cdot \delta_m + c_{n-r} \cdot \delta_r = 0 \end{aligned}\right\} \quad (159')$$

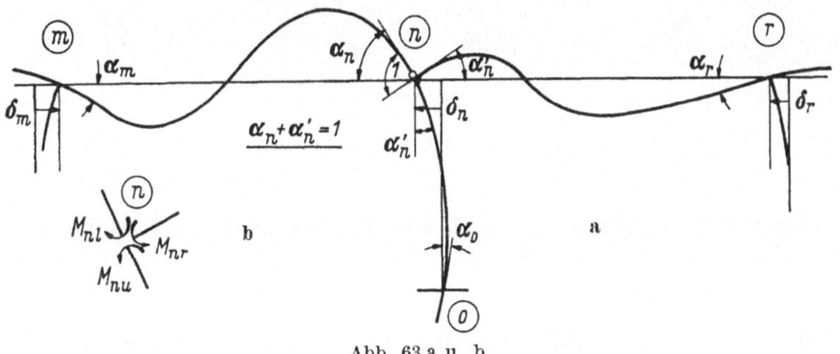

Abb. 63 a u. b

Zweite Knotenpunktsgleichung aus dem Gleichgewicht der Horizontalkräfte

$$\left.\begin{aligned} C_n \cdot \alpha_n' \quad c_{n-m} \quad | \quad c_{m-n} \cdot \alpha_m - c_{n-r} \cdot \alpha_r - c_{o-n} \cdot \alpha_o + \\ + D_n \cdot \delta_n + d_{n-m} \cdot \delta_m - d_{n-r} \cdot \delta_r = 0 \end{aligned}\right\} \quad (162')$$

2. Knoten m:
Erste Knotenpunktsgleichung

$$A_m \cdot \alpha_m - \sum_{i \,\pm\, m} b_{m-i} \cdot \alpha_i + C_m \cdot \delta_m + c_{m-n} \cdot \delta_n - c_{l-m} \cdot \delta_l = 0. \quad (165')$$

Zweite Knotenpunktsgleichung

$$C_m \cdot \alpha_m - c_{l-m} \cdot \alpha_l - c_{m-n} \cdot \alpha_n + c_{o'-m} \cdot \alpha_{o'} +$$
$$+ D_m \cdot \delta_m + d_{m-n} \cdot \delta_n - d_{m-l} \cdot \delta_l = 0. \tag{168'}$$

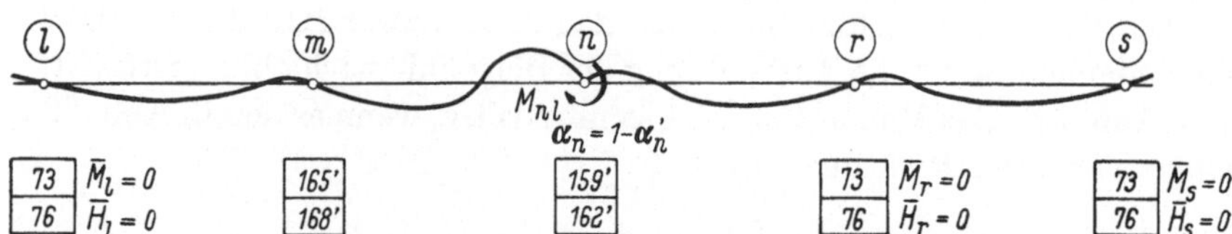

Abb. 64. Gleichungsschema für die Einflußlinie des Momentes M_{nl}

Für die Bestimmung der laufenden Ordinaten der Einflußlinie gebrauchen wir wieder die Gl. (169):

$$\eta = \alpha_m \cdot \eta_1 + \alpha_n \cdot \eta_2 + (\delta_m + \delta_n) \cdot \eta_3. \tag{169}$$

Für die Vorzeichen gelten dieselben Regeln wie in Ziffer 2 (S. 55).

Beispiel. Wir konstruieren die Einflußlinie des Momentes M_{1r} des Mittelfeldes gemäß Abb. 65. Die Festwerte sind dem allgemeinen Beispiel des vorangehenden Kapitels zu entnehmen.

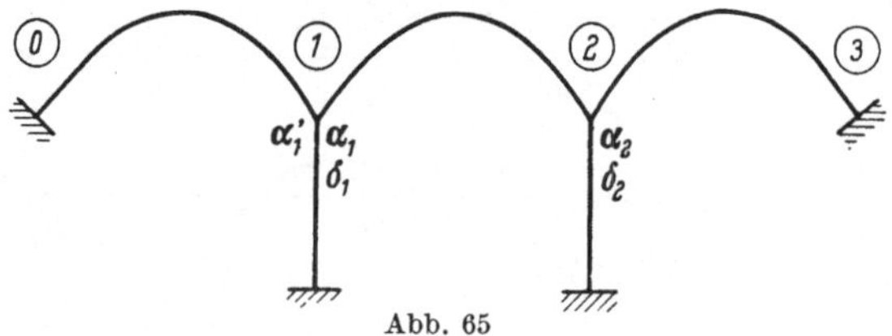

Abb. 65

Für die Aufstellung der Knotenpunktsgleichungen verwenden wir das Gleichungsschema der Abb. 61.

Die Knotenpunktsgleichungen für den Knoten 1 lauten:

$$(159) \quad - 40{,}48\,\alpha_1' + 3{,}29 \quad - 2{,}32 \quad \alpha_2 + 2{,}26 \quad \delta_1 - 0{,}376\,\delta_2 = 0$$

$$(162) \quad - \quad 2{,}26\,\alpha_1' - 0{,}376 \quad + 0{,}376\,\alpha_2 + 0{,}505\,\delta_1 + 0{,}052\,\delta_2 = 0$$

und die entsprechenden des Knotens 2:

$$(165) \quad + 40{,}48\,\alpha_2 - 2{,}32 \quad \alpha_1 - 2{,}26 \quad \delta_2 + 0{,}376\,\delta_1 = 0,$$

$$(168) \quad - \quad 2{,}26\,\alpha_2 - 0{,}376\,\alpha_1 + 0{,}505\,\delta_2 + 0{,}052\,\delta_1 = 0.$$

Die Lösungen der unbekannten Deformationen werden:

$$\alpha_1 = 0{,}867; \quad \alpha_1' = 0{,}133; \quad \alpha_2 = 0{,}092; \quad \delta_1 = 1{,}164; \quad \delta_2 = 0{,}924.$$

Mit diesen Werten können wir die Einflußlinie konstruieren. Die entsprechenden Einflußlinien des Grundsystemes sind der Abb. 22 entnommen.

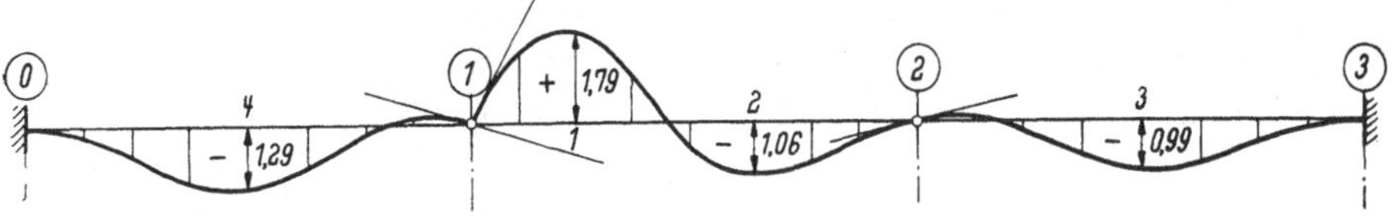

Abb. 66. Einflußlinie des Momentes M_{1r}

4. Die Einflußlinie des Horizontalschubes H_{m-n} des Bogenfeldes $m - n$

Die Abb. 68 weist diese gesuchte Einflußlinie für das Hauptfeld und die beiden anschließenden Felder auf. Wir setzen die Vorzeichen für die Deformationen der Knotenpunkte positiv voraus, wenn sie den Richtungssinn der Abb. 68 besitzen.

Für die Öffnung $m - n$ ist die gesuchte Einflußlinie zusammengesetzt aus zwei verschiedenen Biegelinien oder Einflußlinien. Die erste ist die Einflußlinie des Schubes $\overline{H}_{m-n}$ des totaleingespannten Bogens $m - n$, oder diese ist auch identisch mit der Biegelinie des Grundsystemes,

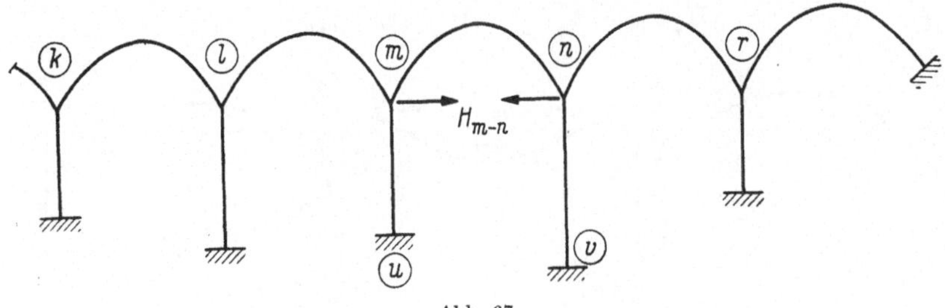

Abb. 67

wenn wir die zwei Kämpfer m und n gegeneinander in horizontaler Richtung verschieben um den Wert $\Delta = 1$, und gleichzeitig die Winkeländerungen Null halten (s. Abb. 69).

Die Zwangskräfte, die durch diese Verformung entstehen, im Grundsystem sind: der Horizontalschub $\overline{H} = d_{m-n}$, die Momente $\overline{M}_m = c_{m-n}$

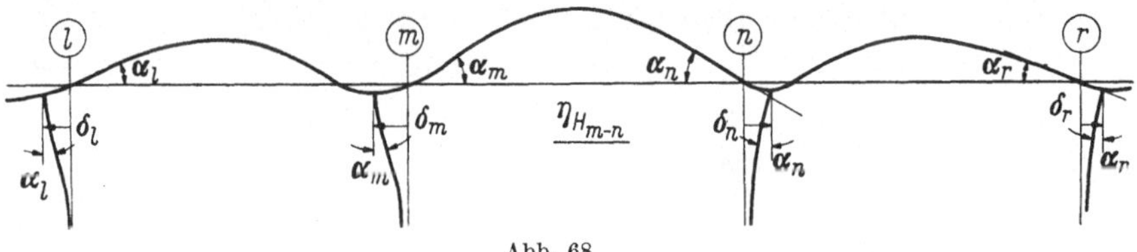

Abb. 68

und $\overline{M}_n = c_{n-m}$, und für den symmetrischen Bogen sind bekanntlich $c_{m-n} = c_{n-m}$. Die zweite Biegelinie erhalten wir, indem wir diese Zwangskräfte am Grundsystem in entgegengesetztem Richtungssinne auf das Tragsystem einwirken lassen. Diese so gewonnene Biegelinie ist außerhalb der Öffnung $m - n$ die gesuchte Einflußlinie für H_{m-n}. Wir sehen diese Einflußlinie eingezeichnet in Abb. 70.

Für die Berechnung der Biegelinie der Abb. 70 führen wir die Kräfte und Momente der Abb. 71 als äußere Kräfte ein, d. h. diese sind unsere Belastungsglieder für die allgemeinen Knotenpunktsgleichungen (73) und (76).

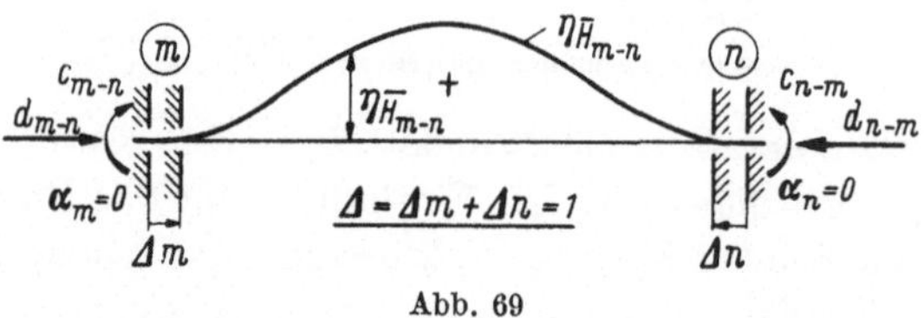

Abb. 69

Für den Knotenpunkt m finden wir:

$$\overline{H}_m = - d_{m-n}, \qquad \overline{M}_m = - c_{m-n},$$

und für den Knotenpunkt n folgt: $\qquad\qquad\qquad\qquad\qquad$ (170)

$$\overline{\overline{H}}_n = - d_{m-n}, \qquad \overline{\overline{M}}_n = - c_{n-m}.$$

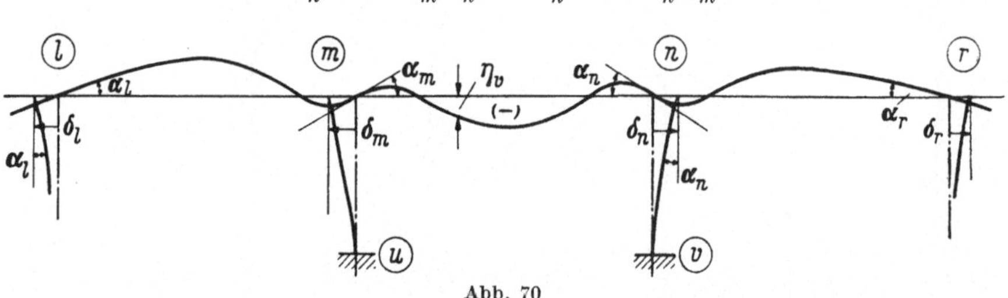

Abb. 70

Man bemerke, daß die im ersten Kapitel abgeleiteten Vorzeichenregeln hier ungültig sind. Für den rechten Teil des Knotens n stimmen die Vorzeichen mit den allgemeinen Regeln überein, deswegen sind auch für diesen Knoten die Belastungsglieder negativ. Für den linken Teil von m und für diesen Punkt selbst ist die Vorzeichenregel direkt entgegengesetzt der allgemein abgeleiteten.

Mit diesen Bemerkungen können wir somit direkt die Knotenpunktsgleichungen aus den Gln. (73) und (76) ableiten.

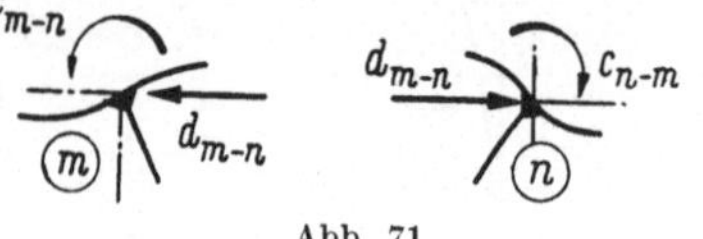

Abb. 71

Für den Knotenpunkt m finden wir:

$$A_m \cdot \alpha_m - b_{m-l} \cdot \alpha_l + b_{m-n} \cdot \alpha_n + b_{m-u} \cdot \alpha_u + c_m \cdot \delta_m -$$
$$- c_{m-l} \cdot \delta_l + c_{m-n} \cdot \delta_n - c_{m-n} = 0 \qquad\qquad (171)$$

$$C_m \cdot \alpha_m - c_{m-l} \cdot \alpha_l + c_{m-n} \cdot \alpha_n - c_{m-u} \cdot \alpha_u + D_m \cdot \delta_m -$$
$$- d_{m-l} \cdot \delta_l + d_{m-n} \cdot \delta_n - d_{m-n} = 0. \qquad\qquad (172)$$

Man beachte auch in den Gln. (171) und (172) für das entgegengesetzte Vorzeichen bezüglich den allgemeinen Gleichungen. Für den Knotenpunkt n gelten die entsprechenden Gleichungen:

$$A_n \cdot \alpha_n - b_{n-r} \cdot \alpha_r + b_{n-m} \cdot \alpha_m + b_{n-v} \cdot \alpha_v + C_n \cdot \delta_n -$$
$$- c_{n-r} \cdot \delta_r + c_{n-m} \cdot \delta_m - c_{n-m} = 0 \tag{173}$$

$$C_n \cdot \alpha_n - c_{n-r} \cdot \alpha_r + c_{n-m} \cdot \alpha_m - c_{n-v} \cdot \alpha_v + D_n \cdot \delta_n -$$
$$- d_{n-r} \cdot \delta_r + d_{n-m} \cdot \delta_m - d_{n-m} = 0. \tag{174}$$

Für alle anderen Knotenpunkte gelten die allgemeinen Gln. (73) und (76) ohne Belastungsglieder.

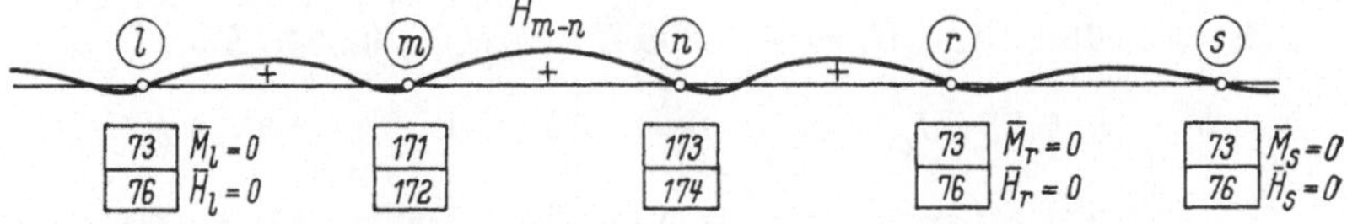

Abb. 72. Gleichungsschema für die Einflußlinie des Horizontalschubes H_{m-n}

Ausarbeitung der Einflußlinie für H_{m-n}. Für die Öffnung $m - n$ setzt sich die endgültige Einflußlinie aus den zwei Teileinflußlinien der Abb. 69 und 70 zusammen. Wir erhalten somit für eine beliebige Ordinate des Feldes $m - n$:

$$\eta_{H_{m-n}} = \eta_{\bar{H}_{m-n}} + \eta_v \tag{175}$$

oder in Funktion der einzelnen Knotenpunktsverformungen ausgedrückt:

$$\eta_{H_{m-n}} = [1 - (\delta_m + \delta_n)] \cdot \eta_{H_{m-n}} + \alpha_m \cdot \eta_1 + \alpha_n \cdot \eta_2. \tag{176}$$

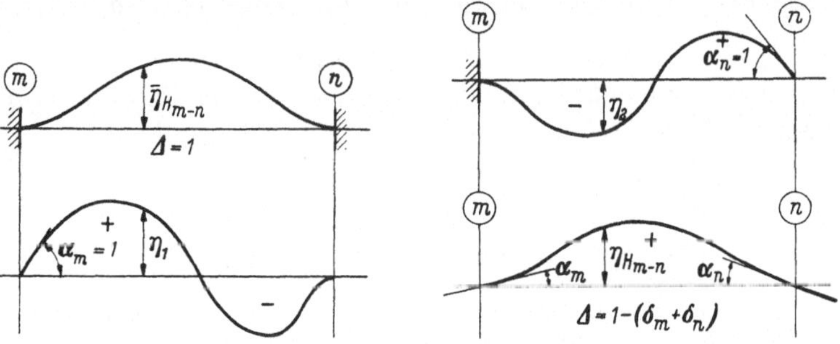

Abb. 73 u. 74. Superpositionsschema für die Öffnung $m-n$

Biegungslinie des Grundsystemes infolge der horizontalen Verschiebungen der Knotenpunkte um $\varDelta = 1$ oder Einflußlinie des Horizontalschubes H_{m-n} des Grundsystemes

Biegungslinie des Grundsystemes infolge $\alpha_m = 1$ oder Einflußlinie des Momentes $\overline{M}_{mr}$ des Grundsystemes

Biegelinie des Grundsystemes infolge $\alpha_n = 1$ oder Einflußlinie des Kämpfermomentes M_{nl} des Grundsystemes.

Definitive Einflußlinie des Horizontalschubes H_{m-n} in der Öffnung $m-n$ des durchlaufenden Bogens gemäß Gl. (176)

Für alle anderen Öffnungen gilt die allgemeine Formel:

$$\eta_{H_{m-n}} = \alpha_n \cdot \eta_1 + \alpha_r \cdot \eta_2 + (\delta_n + \delta_r) \cdot \eta_3. \tag{177}$$

Beispiel. Wir berechnen die Einflußlinie des Horizontalschubes H_{3-4} des in der Abb. 75 dargestellten durchlaufenden Bogenträgers über zehn Öffnungen. Die Festwerte der einzelnen Bogen und Stützen sind dem allgemeinen Beispiel der vorangehenden Kapitels zu entnehmen. Zur Auflösung des Gleichungssystems der Knotenpunktsverformungen wenden wir das im Kap. IX behandelte Verfahren an. Für gleiche Bogen und Stützen, deren Fußpunkte totaleingespannt sind, erhalten wir die folgenden Konstanten wie früher:

$$A_i = 40{,}480\,EJ_c, \quad C_i = -\,2{,}258\,EJ_c, \quad D_i = 0{,}5046\,EJ_c,$$

$$b_{i-k} = 2{,}33\,EJ_c, \quad c_{i-k} = 0{,}376\,EJ_c, \quad d_{i-k} = 0{,}0523\,EJ_c.$$

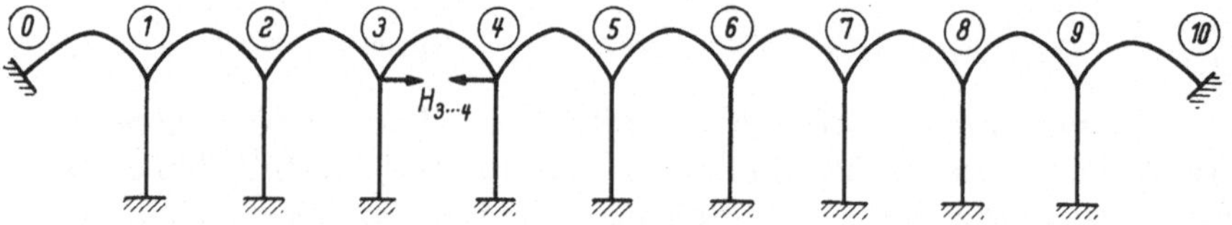

Abb. 75

Als Gleichungsschema für die Biegelinie der Abb. 70 dient uns die Abb. 72. Für den Punkt 3 erhalten wir z. B. die Knotenpunktsgleichungen (171) und (172), diese lauten für unseren Fall:

$$A_3 \cdot \alpha_3 - b_{3-2} \cdot \alpha_2 + b_{3-4} \cdot \alpha_4 + C_3 \cdot \delta_3 - c_{3-2} \cdot \delta_2 + c_{3-4} \cdot \delta_4 - c_{3-4} = 0,$$

$$C_3 \cdot \alpha_3 - c_{3-2} \cdot \alpha_2 + c_{3-4} \cdot \alpha_4 + D_3 \cdot \delta_3 - d_{3-2} \cdot \delta_2 + d_{3-4} \cdot \delta_4 - d_{3-4} = 0.$$

Für den Knotenpunkt 4 sind die Gleichungen symmetrisch. Für alle weiteren Knotenpunkte gelten die allgemeinen Gln. (73) und (76) ohne Belastungsglieder, diese lauten für einen beliebigen Punkt:

$$A_i \cdot \alpha_i - b_{i-h} \cdot \alpha_h - b_{i-k} \cdot \alpha_k + C_i \cdot \delta_i - c_{i-h} \cdot \delta_h - c_{i-k} \cdot \delta_k = 0, \tag{73}$$

$$C_i \cdot \alpha_i - c_{i-h} \cdot \alpha_h - c_{i-k} \cdot \alpha_k + D_i \cdot \delta_i - d_{i-h} \cdot \delta_h - \delta_{i-k} \cdot \delta_k = 0. \tag{76}$$

Bei der folgenden Anwendung des betreffenden Auflösungsverfahrens mit den Übergangszahlen sei festgestellt, daß sämtliche Koeffizienten $b_{3-4} = b_{4-3}$, $c_{3-4} = c_{4-3}$, $d_{3-4} = d_{4-3}$ negativ eingesetzt werden in sämtlichen Formeln der Methode, wo sie immer auch vorkommen. Das gleiche gilt selbstverständlich auch für die Belastungsglieder der Gln. (171) und (172) in der ersten Berechnungsstufe, denn es ist ja $\overline{M}_3 = \overline{M}_4 = -\,c_{3-4}$, $\overline{H}_3 = \overline{H}_4 = -\,d_{3-4}$.

1. Übergangszahlen der δ' und deren Korrekturen

$$\mu_{2-1} = \frac{d_{2-1}}{D_2 - \mu_{1-0} \cdot d_{1-0}} = \frac{0,0523}{0,5046} = 0,1036,$$

$$\mu_{3-2} = \frac{d_{2-3}}{D_3 - \mu_{2-1} \cdot d_{2-1}} = \frac{0,0523}{0,5046 - 0,1036 \cdot 0,0523} = 0,1048,$$

$$\mu_{4-3} = \frac{-d_{4-3}}{D_4 - \mu_{3-2} \cdot d_{3-2}} = \frac{-0,0523}{0,5046 - 0,1048 \cdot 0,0523} = -0,1048,$$

$$\mu_{5-4} = \frac{d_{5-4}}{D_5 - \mu_{4-3} \cdot (-d_{4-2})} = \frac{0,0523}{0,5046 - (-0,1048)\,(-0,0523)} = 0,1048$$

usw.

Schema oder Gitter der Übergangszahlen der δ'-Werte

1	0,1036 →	2	0,1048 →	3	← -0,1048	4	0,1048 →	5	← 0,1048	6	0,1048 →	7	← 0,1048	8	0,1048 →	9

0,1048 →   0,1048 →   -0,1048 →   0,1048 →   0,1048 →   0,1048 →   0,1048 →   0,1036 →

2. Übergangszahlen der α' und deren Korrekturen

$$\mu_{2-1} = \frac{b_{2-1}}{A_1 - \mu_{1-0} \cdot b_{1-0}} = \frac{2,33}{40,48} = 0,0576,$$

$$\mu_{3-2} = \frac{b_{2-2}}{A_2 - \mu_{2-1} \cdot b_{2-1}} = \frac{2,33}{40,48 - 0,0576 \cdot 2,33} = 0,0577,$$

$$\mu_{4-3} = \frac{-b_{4-3}}{A_3 - \mu_{3-2} \cdot b_{3-2}} = \frac{-2,33}{40,48 - 0,0577 \cdot 2,33} = -0,0577,$$

$$\mu_{5-4} = \frac{b_{5-4}}{A_4 - \mu_{4-3} \cdot (-b_{4-3})} = \frac{2,33}{40,48 - 0,0577 \cdot 2,33} = 0,0577$$

usw.

Schema oder Gitter der Übergangszahlen der α'-Werte

1	0,0576 →	2	0,0577 →	3	← -0,0577	4	0,0577 →	5	← 0,0577	6	0,0577 →	7	← 0,0577	8	0,0577 →	9

0,0577 →   0,0577 →   -0,0577 →   0,0577 →   0,0577 →   0,0577 →   0,0577 →   0,0576 →

1°. Stufe: Primärlösungen der δ'-Werte

Alle Primärlösungen $\delta_i' = 0$, außer δ_3' und δ_4', diese lauten

$$\delta_3' = -\frac{-d_{3-4}}{D_3 - \mu_{3-2} \cdot d_{3-2} - \mu_{3-4}(-d_{3-4})} = \frac{0,0523}{(0,5046 - 0,1048 \cdot 0,0523 \cdot 2)}$$

$$= +106 \cdot 10^{-3},$$

$$\delta_4' = -\frac{-d_{4-3}}{D_{4-3} - \mu_4 \cdot d_{4-5} - \mu_{4-3} \cdot (-d_{4-3})} = +106 \cdot 10^{-3}.$$

Weiterleitung der δ' (Primärlösungen) durch das Gitter

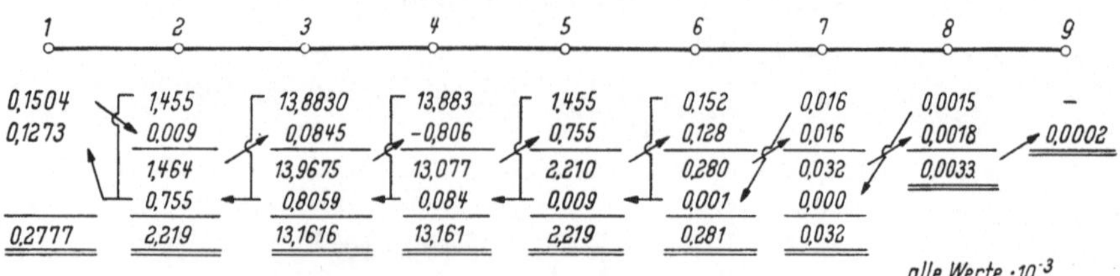

Belastungsglieder B'_{oi} für die Winkel α':

$$B'_{01} = -1{,}03 \cdot 2{,}258 - 0{,}376 \cdot 9{,}94 \qquad\qquad = -\;\;\;6{,}065 \cdot 10^{-3},$$

$$B'_{02} = -9{,}94 \cdot 2{,}258 - 0{,}376\,(1{,}03 + 94{,}89) \qquad = -\;\;58{,}53 \;\cdot 10^{-3},$$

$$B'_{03} = -94{,}89 \cdot 2{,}258 - 0{,}376\,(9{,}94 - 94{,}89) \qquad = -558{,}26 \;\cdot 10^{-3},$$

$$B'_{04} = -94{,}89 \cdot 2{,}258 - 0{,}376\,(-94{,}89 + 9{,}94) \quad = -558{,}26 \;\cdot 10^{-3},$$

$$B'_{05} = -9{,}94 \cdot 2{,}258 - 0{,}376\,(94{,}89 + 1{,}04) \qquad = -\;\;58{,}53 \;\cdot 10^{-3},$$

$$B'_{06} = -1{,}04 \cdot 2{,}258 - 0{,}376\,(9{,}94 + 0{,}11) \qquad = -\;\;\;6{,}126 \cdot 10^{-3},$$

$$B'_{07} = -0{,}11 \cdot 2{,}258 - 0{,}376\,(1{,}04 + 0{,}010) \qquad = -\;\;\;0{,}643 \cdot 10^{-3},$$

$$B'_{08} = -0{,}01 \cdot 2{,}25 - 0{,}376\,(0{,}11 + 0) \qquad\quad = -\;\;\;0{,}060 \cdot 10^{-3},$$

$$B'_{09} = \qquad\qquad\qquad\qquad\qquad\qquad\qquad = -\qquad\;\;0 \cdot 10^{-3}.$$

Primärlösungen der Winkel α'_i

$$\alpha'_{01} = \;\;\;6{,}065/40{,}346 = \;\;\;0{,}1504 \cdot 10^{-3},$$

$$\alpha'_{02} = \;\;58{,}53\;/40{,}211 = \;\;\;1{,}455 \;\;\cdot 10^{-3},$$

$$\alpha'_{03} = 558{,}26\;/40{,}211 = 13{,}883 \;\;\cdot 10^{-3},$$

$$\alpha'_{04} = \qquad\qquad\qquad = 13{,}883 \;\;\cdot 10^{-3},$$

$$\alpha'_{05} = \qquad\qquad\qquad = \;\;\;1{,}455 \;\;\cdot 10^{-3},$$

$$\alpha'_{06} = \;\;\;6{,}126/40{,}211 = \;\;\;0{,}1524 \cdot 10^{-3},$$

$$\alpha'_{07} = \;\;\;0{,}643/40{,}211 = \;\;\;0{,}016 \;\;\cdot 10^{-3},$$

$$\alpha'_{08} = \;\;\;0{,}060/40{,}211 = \;\;\;0{,}0015 \cdot 10^{-3}.$$

Weiterleitung der α' (Primärlösungen) durch das Gitter

2°. Stufe: Primärlösungen der Korrekturen, δ''-Werte

$$C'_{01} = -\,2{,}258 \cdot 0{,}2777 - 0{,}376 \cdot 2{,}219 \qquad\qquad = -\ 1{,}4613 \cdot 10^{-3},$$

$$C'_{02} = -\,2{,}258 \cdot 2{,}219 - 0{,}376\,(0{,}2777 + 13{,}1616) \quad = -\ 10{,}064\ \cdot 10^{-3},$$

$$C'_{03} = -\,2{,}258 \cdot 13{,}1616 - 0{,}376\,(2{,}219 + 13{,}161) \quad = -\ 25{,}605\ \cdot 10^{-3},$$

$$C'_{04} = -\,2{,}258 \cdot 13{,}161 - 0{,}376\,(-\,13{,}1616 + 2{,}219) = -\ 25{,}605\ \cdot 10^{-3},$$

$$C'_{05} = -\,2{,}258 \cdot 2{,}219 - 0{,}376\,(13{,}161 + 0{,}281) \quad = -\ 10{,}064\ \cdot 10^{-3},$$

$$C'_{06} = -\,2{,}258 \cdot 0{,}281 - 0{,}376\,(2{,}219 + 0{,}032) \qquad = -\ 1{,}480\ \cdot 10^{-3},$$

$$C'_{07} = -\,2{,}258 \cdot 0{,}032 - 0{,}376\,(0{,}281 + 0{,}0033) \quad = -\ 0{,}179\ \cdot 10^{-3},$$

$$C'_{08} = -\,2{,}258 \cdot 0{,}0033 - 0{,}376\,(0{,}032 + 0{,}0002) = -\ 0{,}019\ \cdot 10^{-3},$$

$$C'_{09} = -\,2{,}258 \cdot 0{,}0002 - 0{,}376 \cdot 0{,}0033 \qquad = -\ 0{,}0015 \cdot 10^{-3}.$$

Primärwerte der Korrekturen δ''

$$\delta''_1 = \ 1{,}4613/0{,}4991 = \ 2{,}928 \cdot 10^{-3} \qquad\qquad \delta''_7 = 0{,}363 \cdot 10^{-3}$$

$$\delta''_2 = 10{,}064\ /0{,}4936 = 20{,}389 \cdot 10^{-3} = \delta''_5 \qquad \delta''_8 = 0{,}038 \cdot 10^{-3}$$

$$\delta''_3 = 25{,}605\ /0{,}4936 = 51{,}874 \cdot 10^{-3} = \delta''_4 \qquad \delta''_9 = 0{,}003 \cdot 10^{-3}$$

$$\delta''_6 = \ 1{,}480\ /0{,}4936 = \ 2{,}998 \cdot 10^{-3} \qquad\qquad \text{usw.}$$

Weiterleitung der δ''-Werte durch das Gitter

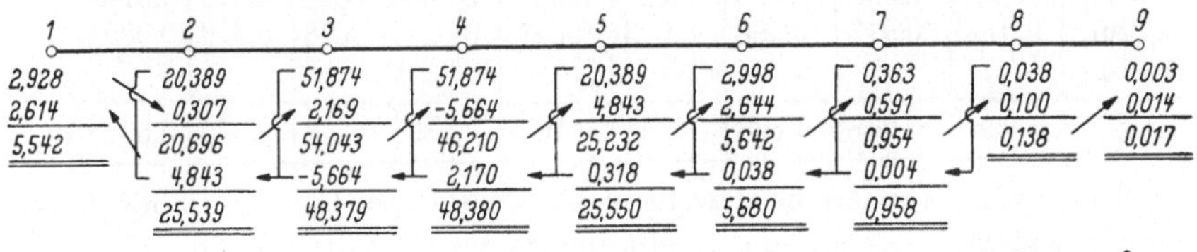

alle Werte $\cdot 10^{-3}$

Primärlösungen der Winkelkorrekturen: α''-Werte

$$\alpha''_{01} = [-\,2{,}258 \cdot 5{,}542 - 0{,}376 \cdot 25{,}539]\,\frac{1}{40{,}346} = 0{,}5482 \cdot 10^{-3},$$

$$\alpha''_{02} = [-\,2{,}258 \cdot 25{,}539 - 0{,}376\,(5{,}542 + 48{,}379)]\,\frac{1}{40{,}211} = 1{,}9383 \cdot 10^{-3},$$

$$\alpha''_{03} = [-\,2{,}258 \cdot 48{,}379 - 0{,}376\,(25{,}539 - 48{,}380)]\,\frac{1}{40{,}211} = 2{,}5031 \cdot 10^{-3}.$$

usw.

Weiterleitung der α''-Werte durch das Gitter

1	2	3	4	5	6	7	8	9
0,548	1,938	2,503	2,503	1,940	0,567	0,108	0,017	0,002
0,119	0,032	0,114	−0,151	0,136	0,120	0,040	0,009	0,001
0,667	1,970	2,617	2,352	2,076	0,687	0,148	0,026	0,003
	0,136	−0,151	0,114	0,033	0,006	0,001		
	2,106	2,466	2,466	2,109	0,693	0,149		

alle Werte $\cdot 10^{-3}$

Die Weiterführung der Berechnung gibt schließlich die folgenden Werte:

	δ_1	δ_2	δ_3	δ_4	δ_5	δ_6	δ_7	δ_8	δ_9
1. Stufe	1,030	9,994	94,890	94,800	9,940	1,040	0,110	0,010	—
2. Stufe	5,540	25,539	48,379	48,380	25,550	5,680	0,958	0,138	0,017
3. Stufe	5,955	13,520	11,025	11,036	13,598	6,392	1,909	0,436	0,079
4. Stufe	3,659	6,068	3,435	3,461	6,152	4,272	1,895	0,625	0,160
5. Stufe	1,874	2,653	1,302	1,359	2,838	2,468	1,410	0,603	0,195
6. Stufe	0,894	1,172	0,525	0,611	1,368	1,365	0,936	0,517	0,192
7. Stufe	0,413	0,523	0,219	0,303	0,687	0,749	0,578	0,350	0,155
8. Stufe	0,186	0,233	0,087	0,158	0,349	0,412	0,346	0,221	0,108
9. Stufe	0,083	0,101	0,030	0,090	0,190	0,229	0,201	0,140	0,070
Σ	19,634	59,803	159,892	160,198	60,672	22,607	8,343	3,040	$0,976 \cdot 10^{-3}$

	α_1	α_2	α_3	α_4	α_5	α_6	α_7	α_8	α_9
1. Stufe	0,278	2,219	13,162	13,161	2,219	0,281	0,032	0,003	0,000
2. Stufe	0,667	2,106	2,466	2,466	2,109	0,693	0,149	0,026	0,003
3. Stufe	0,514	0,979	0,656	0,659	0,991	0,569	0,206	0,056	0,012
4. Stufe	0,285	0,434	0,227	0,231	0,449	0,349	0,175	0,065	0,019
5. Stufe	0,141	0,191	0,089	0,098	0,211	0,196	0,122	0,066	0,020
6. Stufe	0,066	0,085	0,037	0,046	0,103	0,108	0,078	0,045	0,019
7. Stufe	0,030	0,038	0,015	0,023	0,051	0,060	0,048	0,029	0,014
8. Stufe	0,014	0,017	0,006	0,013	0,027	0,033	0,028	0,019	0,009
9. Stufe									
Σ	1,995	6,069	16,658	16,696	6,160	2,289	0,838	0,309	$0,096 \cdot 10^{-3}$

Die zwei Tabellen geben die schlußendlichen Lösungen des Gleichungssystemes nach neun Rechnungsgängen. Will man die Einflußlinie nur für die angrenzenden zwei Öffnungen berechnen, z. B. für eine Gruppenlast, dann genügen fünf Rechnungsgänge für die Genauigkeit. Die großen Störungen liegen in den weitest abgelegenen Feldern, wie es die Werte zeigen, so daß, um diese zu erfassen, mehrere Rechnungsgänge erforderlich sind. In etwa acht Stunden ist es jedoch möglich, die neun Rechnungsgänge durchzuführen, und es kann dabei das einfachste Hilfsmittel, der Rechenschieber, benutzt werden[1].

5. Die Einflußlinie des Kopfmomentes M_{mu} der Säule $m-o$

Gemäß Abb. 77 führen wir im Säulenkopf m der Säule $m-o$ ein Gelenk G ein, und verbiegen die Stütze um den Winkel α_m sowie das übrige Bogensystem um α_m', so daß

$$\alpha_m + \alpha_m' = 1 \tag{178}$$

ist, so ist die daraus entstandene Biegelinie gleich der gesuchten Einflußlinie für das Moment M_{mu}.

---

[1] Die Abbildung zu der betr. Einflußlinie (Abb. 76) folgt auf S. 69.

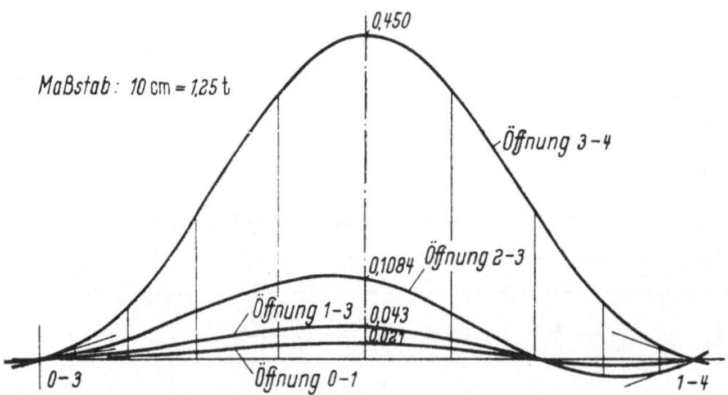

Einflußlinie des Horizontalschubes H_{3-4}:

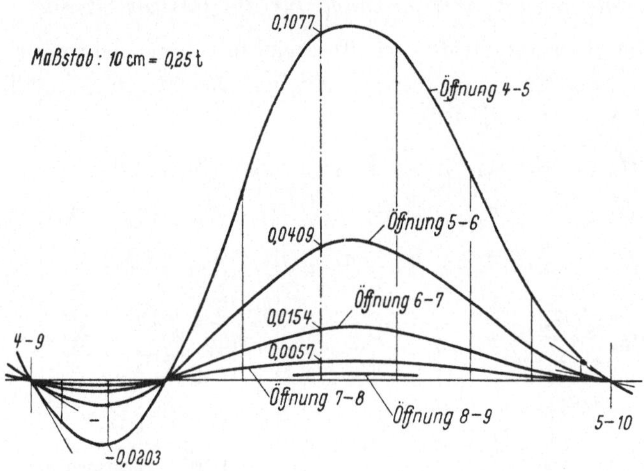

Abb. 76

Erste Knotenpunktsgleichung des Knotens m

Das Gleichgewicht der Momente folgt aus Abb. 77b. Es wird:

$$M_{mu} - M_m = M_{mu} - (M_{ml} + M_{mr}) = 0 \qquad (179)$$

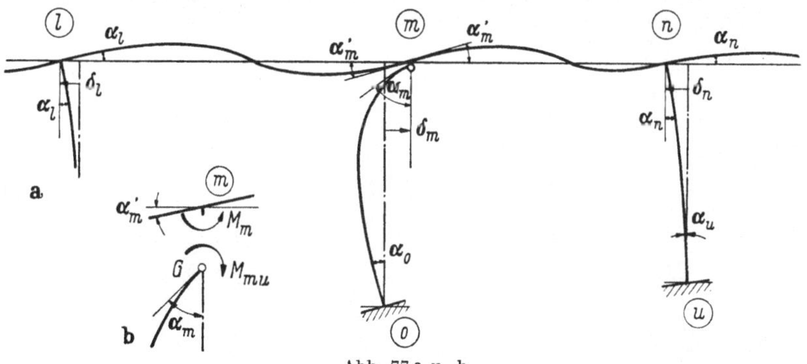

Abb. 77 a u. b

und die einzelnen Momente lauten:

$$M_{mu} = a_{mu} \cdot \alpha_m - b_{m-o} \cdot \alpha_o - c_{m-o} \cdot \delta_m,$$

$$M_{ml} = a_{ml} \cdot \alpha'_m - b_{m-l} \cdot \alpha_l - c_{m-l}(\delta_m + \delta_l), \qquad (180)$$

$$M_{mr} = a_{mr} \cdot \alpha'_m - b_{m-n} \cdot \alpha_n - c_{m-n}(\delta_m + \delta_n).$$

Führen wir die Werte von Gl. (180) in die Gleichgewichtsbedingung (179) ein, so erhalten wir mit Gl. (178)

$$\boxed{\begin{aligned} -\alpha'_m A_m + a_{mu} - b_{m-o} \cdot \alpha_o + b_{m-l} \cdot \alpha_l + b_{m-n} \cdot \alpha_n + \\ + C_m \cdot \delta_m + c_{m-l} \cdot \delta_l + c_{m-n} \cdot \delta_n = 0 \end{aligned}} \qquad (181)$$

Die zweite Knotenpunktsgleichung für die Horizontalkräfte

Für die Horizontalkräfte erhalten wir, mit dem Richtungssinne der Abb. 78 als positiv angenommen, und berücksichtigen wir, daß wegen Gl. (178): $\alpha_m = 1 - \alpha'_m$ ist

$$H_{m-n} = -c_{m-n} \cdot \alpha'_m + c_{n-m} \cdot \alpha_n + d_{m-n}(\delta_m + \delta_n),$$

$$H_{m-l} = +c_{m-l} \cdot \alpha'_m - c_{l-m} \cdot \alpha_l - d_{m-l}(\delta_m + \delta_l), \qquad (182)$$

$$H_{m-o} = +c_{m-o} \cdot \alpha_m - c_{o-m} \cdot \alpha_o - d_{m-o} \cdot \delta_m.$$

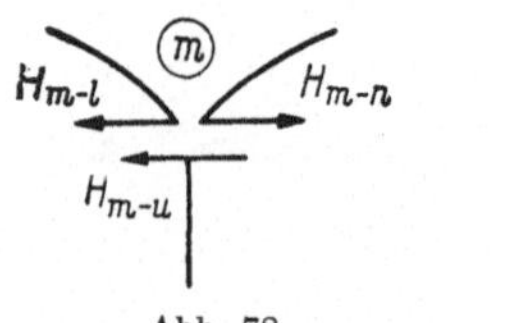

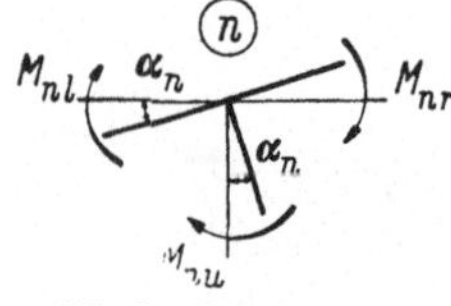

Abb. 78   Abb. 79. Knotenpunkt n

Das Gleichgewicht aus der Abb. 78 ergibt:

$$H_{m-n} - H_{m-l} - H_{m-o} = 0 \qquad (183)$$

und die Knotenpunktsgleichung folgt:

$$\boxed{\begin{aligned} +C_m \cdot \alpha'_m + c_{m-o} - \sum_{i \neq m} c_{i-m} \cdot \alpha_i - D_m \cdot \delta_m - \\ - d_{m-n} \cdot \delta_n - d_{m-l} \cdot \delta_l = 0 \end{aligned}} \qquad (184)$$

Das Gleichgewicht der Momente gibt:

$$M_{nl} + M_{nr} + M_{nu} = 0, \qquad (185)$$

wobei die verschiedenen Momente die folgenden Werte haben:

$$M_{nl} = a_{nl} \cdot \alpha_n - b_{n-m} \cdot \alpha'_m + c_{n-m}(\delta_n + \delta_m),$$

$$M_{nr} = a_{nr} \cdot \alpha_n - b_{n-r} \cdot \alpha_r + c_{n-r}(\delta_n - \delta_r), \qquad (186)$$

$$M_{nu} = a_{nu} \cdot \alpha_n - b_{n-u} \cdot \alpha_u - c_{n-u} \cdot \delta_n.$$

Die erste Knotenpunktsgleichung des Knotens n lautet aus Gl. (185):

$$A_n \cdot \alpha_n - \sum_{i \neq n} b_{n-i} \cdot \alpha_i + C_n \cdot \delta_n + c_{n-m} \cdot \delta_m - c_{n-r} \cdot \delta_r = 0 \qquad (187)$$

und für die zweite Knotenpunktsgleichung erhalten wir direkt:

$$+ C_n \cdot \alpha_n - c_{r-n} \cdot \alpha_r - c_{m-n} \cdot \alpha_m + c_{u-m} \cdot \alpha_u + D_n \cdot \delta_n + $$
$$+ d_{n-m} \cdot \delta_m - d_{n-r} \cdot \delta_r = 0 \qquad (188)$$

Für den Knotenpunkt 1 finden wir, wie leicht ersichtlich ist, die Gln. (187) und (188).

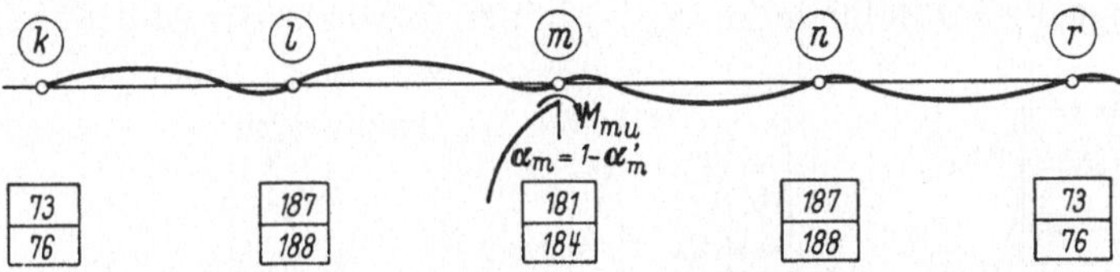

Abb. 80. Gleichungsschema für die Einflußlinie des Säulenmomentes M_{m-u}

Die Konstruktion der Ordinaten dieser Einflußlinie folgt der allgemeinen Gleichung durch Superposition. Für die Stütze $m-u$ ist:

$$\eta = \alpha_m \cdot \eta_1 + \alpha_n \cdot \eta_2 + \delta_m \cdot \eta_3.$$

Es soll noch bemerkt werden, daß diese Einflußlinie M_{m-u} auch als Differenz der zwei Momente $M_{mr} - M_{ml}$ gefunden werden kann, somit also:

$$\eta_{M_{mu}} = \eta_{M_{mr}} - \eta_{M_{nl}}.$$

6. Die Einflußlinie für die Querkraft der Säule $m-u$

Diese Querkraft nennen wir H_{m-u} und wirkt direkt unterhalb des Knotens m.

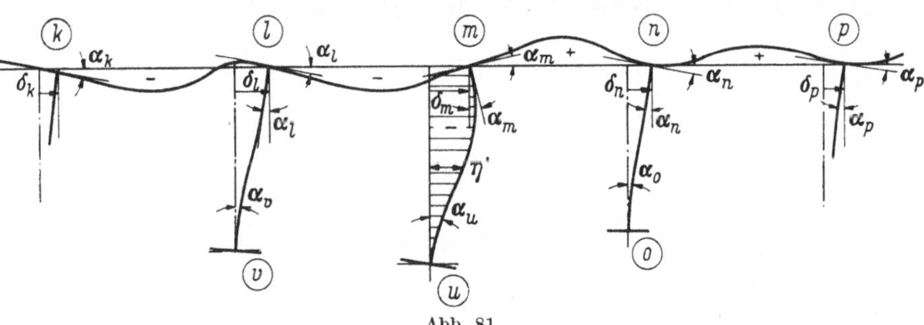

Abb. 81

Die Kraft H_{m-u} bildet mit den beiden Horizontalkräften der anschließenden Bogen H_{m-l} und H_{m-n} das Gleichgewichtssystem, welches zur 2. Knotenpunktsgleichung führt. Die Einflußlinie kann somit auch aus dieser Bedingung heraus gefunden werden.

Wir betrachten das Grundsystem der Säule, die an beiden Enden total eingespannt ist. Die Verschiebung des Knotens m um $\delta = 1$ nach links gibt die Einflußlinie der Horizontalkraft der totaleingespannten Stütze. Die Auflagerreaktionen der Säule in m sind: die Horizontalkraft d_{m-u} und das Moment c_{m-u}, s. Abb. 82a. Lassen wir die beiden Kräfte d_{m-u} und c_{m-u} in umgekehrten Sinne in (m) angreifend, auf das ganze Tragsystem wirken, so erhalten wir die elastische Linie, welche die gesuchte Einflußlinie darstellt für den übrigen Teil des Tragwerkes. Die Einflußlinie für die entsprechende Säule $m - n$ erhalten wir durch Überlagerung der zwei schraffierten Flächen aus den Abb. 81 und 82a. Es folgt die Einflußlinie für H_{m-u} in der Säule aus der Abb. 82b, wobei wir eine beliebige Ordinate erhalten zu:

$$\eta = \bar{\bar{\eta}} + \eta'. \qquad (189)$$

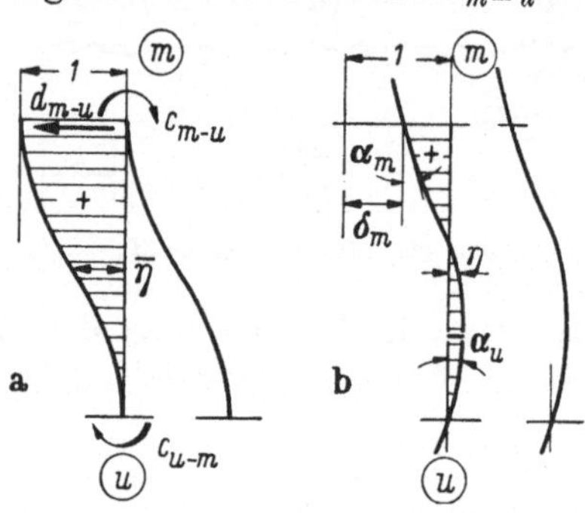

Abb. 82a u. b

Abb. 83

Berechnung der Biegungslinie aus der Abb. 81

Für das Gleichgewicht der Momente folgt aus der Abb. 83:

$$M_{mr} + M_{ml} + M_{mu} = c_{m-u} \qquad (190)$$

und für die drei einzelnen Momente findet man:

$$M_{mr} = a_{mr} \cdot \alpha_m + b_{m-n} \cdot \alpha_n + c_{m-n} \left(-\delta_m + \delta_n \right),$$

$$M_{ml} = a_{ml} \cdot \alpha_m + b_{m-l} \cdot \alpha_l - c_{m-l} \left(\delta_m - \delta_l \right), \qquad (191)$$

$$M_{mu} = a_{mu} \cdot \alpha_m - b_{m-u} \cdot \alpha_u + c_{m-u} \cdot \delta_m.$$

Aus Gl. (190) mit Gl. (191) erhalten wir die erste Knotenpunktsgleichung für den Knoten m:

$$A_m \cdot \alpha_m + b_{m-n} \cdot \alpha_n + b_{m-l} \cdot \alpha_l - b_{m-u} \cdot \alpha_u - C_m \cdot \delta_m +$$
$$+ \sum_{i \neq m} c_{m-i} \cdot \delta_i = c_{m-u}. \qquad (192)$$

Das Gleichgewicht der Horizontalkräfte

Gemäß der Abb. 84a folgt:

$$H_{m-l} + H_{m-n} + H_{m-u} = d_{m-u} \qquad (193)$$

mit den entsprechenden Horizontalkräften aus Abb. 84b:

$$H_{m-n} = -c_{m-n} \cdot \alpha_m - c_{n-m} \cdot \alpha_n + d_{m-n}(\delta_m - \delta_n),$$
$$H_{m-l} = -c_{m-l} \cdot \alpha_m - c_{l-m} \cdot \alpha_l + d_{m-l}(\delta_m - \delta_l), \qquad (194)$$
$$H_{m-u} = +c_{m-u} \cdot \alpha_m - c_{u-m} \cdot \alpha_u + d_{m-u} \cdot \delta_m.$$

Abb. 84 a u. b

Somit finden wir auf dem üblichen Wege die zweite Knotenpunktsgleichung für den Knoten m:

$$-C_m \cdot \alpha_m - \sum_{i \neq m} c_{i-m} \cdot \alpha_i + D_m \cdot \delta_m - \sum_{i \neq m} d_{m-i} \cdot \delta_i = d_{m-u}. \qquad (195)$$

Knotenpunktsgleichungen im Punkt n

Diese können wir direkt von den allgemeinen Gln. (73) und (76) ableiten, indem wir α_m negativ setzen, und die Belastungsglieder sämtliche gleich Null. Somit wird die Gleichung der Momente:

$$A_n \cdot \alpha_n + b_{n-m} \cdot \alpha_m - b_{n-p} \cdot \alpha_p - b_{n-o} \cdot \alpha_o + C_n \cdot \delta_n - \sum_{i \neq n} c_{n-i} \cdot \delta_i = 0$$

$$(196)$$

und diejenige der Horizontalkräfte:

$$C_n \cdot \alpha_n + c_{m-n} \cdot \alpha_m - c_{p-n} \cdot \alpha_p - c_{o-n} \cdot \alpha_o + D_n \cdot \delta_n - \sum_{i \neq n} d_{n-i} \cdot \delta_i = 0.$$

$$(197)$$

Für den *Knotenpunkt 1* erhalten wir dasselbe.

Wieder ist α_m negativ, und sämtliche Belastungsglieder gleich Null. Wir erhalten somit die beiden Gleichungen:

$$A_l \cdot \alpha_l + b_{l-m} \cdot \alpha_m - b_{l-k} \cdot \alpha_k - b_{l-v} \cdot \alpha_v + C_l \cdot \delta_l - \sum_{i \neq l} c_{l-i} \cdot \delta_i = 0,$$

$$(196')$$

$$C_l \cdot \alpha_l + c_{m-l} \cdot \alpha_m - c_{k-l} \cdot \alpha_k - c_{v-l} \cdot \alpha_v + D_l \cdot \delta_l - \sum_{i \neq l} d_{l-i} \cdot \delta_i = 0.$$

$$(197')$$

Für alle übrigen Punkte des Tragsystemes gelten die allgemeinen Knotenpunktsgleichungen (73) und (76) ohne Belastungsglieder.

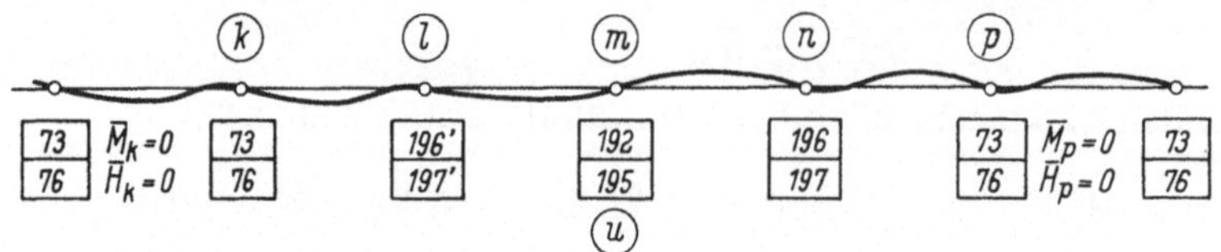

Abb. 85. Gleichungsschema für die Einflußlinie der Horizontalkraft H_{m-u}

Auswertung der Einflußlinie

1. Teil: Stütze $m-u$. Die Abb. 81 und 28 zeigen, wie dieser Teil der Einflußlinie zusammengesetzt wird, wo wir die entsprechende Einflußlinie der totaleingespannten Säule kennen, gemäß Abb. 82a. Die Biegelinie nach Abb. 81 erhalten wir durch die folgende Superposition: Eine beliebige Ordinate dieser Biegelinie wird:

$$- \eta' = \delta_m \cdot \eta_1 + \alpha_m \cdot \eta_2 + \alpha_n \cdot \eta_3 \tag{198}$$

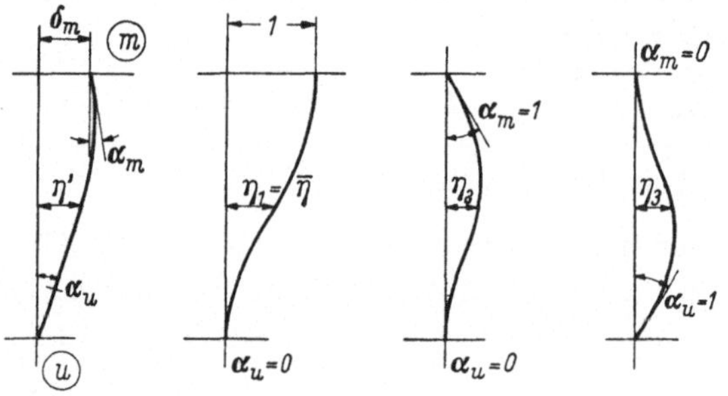

Abb. 86

und die definitive Einflußlinie nach Abb. 82b, mit $\eta_1 = \overline{\eta}$, wenn wir Gl. (198) in Gl. (189) einsetzen, folgt:

$$\eta = \overline{\eta} + \eta' = (1 - \delta_m) \overline{\eta} - \alpha_m \cdot \eta_2 - \alpha_n \cdot \eta_3. \tag{199}$$

Dieser Teil der Einflußlinie hat praktisch wenig Bedeutung. Wir können auch die Einflußlinie für die Querkraft für irgendeinen Querschnitt der Säule leicht aus Abb. 82b ableiten.

2. Teil: Bogen $m-n$. Eine beliebige Ordinate der Einflußlinie wird zu:

$$\eta = \alpha_m \cdot \eta_1 + \alpha_n \cdot \eta_2 + (\delta_m + \delta_n) \cdot \eta_{\overline{H}_{m-n}} \tag{200}$$

mit den entsprechenden Vorzeichen nach den Abb. 73 und 74.

7. Die Einflußlinie des Säulenfußmomentes M_u

Auch diese Einflußlinie setzt sich für den vertikalen Stiel $m-u$ aus zwei Linien zusammen.

Zuerst drehen wir den Fußpunkt u der totaleingespannten Säule um $\alpha_u = 1$, deren Biegungslinie dadurch im Knotenpunkt m das Reaktionsmoment b_{m-u}, sowie die Horizontalkraft c_{u-m} erzeugt, s. Abb. 88a. Eine beliebige Ordinate dieser Einflußlinie sei $\overline{\eta}$. Im 2. Schritt lassen wir die zwei Kräfte b_{m-u} und c_{u-m} im umgekehrten Wirkungssinne auf das übrige Tragsystem einwirken, dadurch folgt die Biegelinie der Abb. 87, welche für das betreffende Moment M_u die definitive Einflußlinie darstellt, mit Ausnahme der Stütze $m - u$.

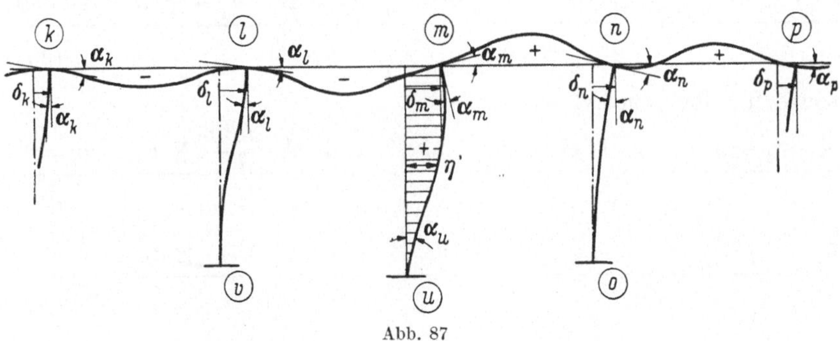

Abb. 87

Für den Teil der Stütze $m - u$ erhalten wir die endgültige Einflußlinie durch Überlagerung der beiden Linien aus den Abb. 87 und 88a. Es ist somit für die Ordinate einer beliebigen Sektion der Stütze

$$\eta = \overline{\eta} + \eta'. \tag{201}$$

Die endgültige Einflußlinie für eine Horizontalbelastung der Stütze ersehen wir aus Abb. 88b.

Für die Biegelinie der Abb. 87 schreiben wir zuerst *die Knotenpunktsgleichungen für den Punkt m*. Dabei können wir direkt die allgemeinen Gln. (73) und (76) anwenden, wobei b_{m-u} und c_{u-m} die Belastungsglieder des Knotens m darstellen. Man merke auch die Vorzeichenänderung des Winkels α_m. Für den *Knoten-

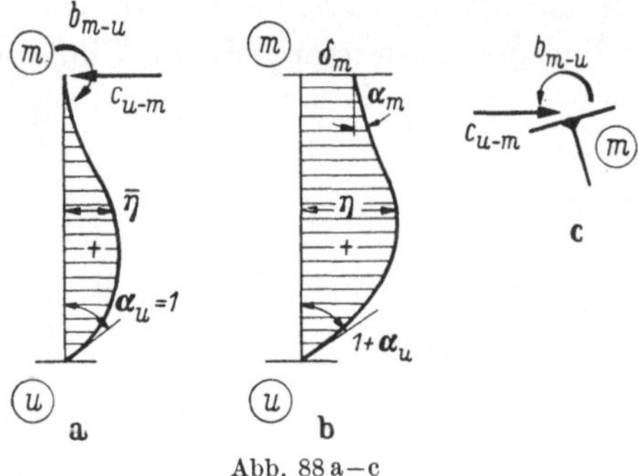

Abb. 88 a–c

punkt m erhalten wir die folgenden Knotenpunktsgleichungen: 1. Momentengleichung:

$$- A_m \cdot \alpha_m - b_{m-n} \cdot \alpha_n - b_{m-l} \cdot \alpha_l + b_{m-u} \cdot \alpha_u + C_m \cdot \delta_m -$$
$$- c_{m-n} \cdot \delta_n - c_{m-l} \cdot \delta_l + b_{m-u} = 0. \tag{202}$$

2. Gleichung der Horizontalkräfte:

$$- C_m \cdot \alpha_m - \varSigma\, c_{i-m} \cdot \alpha_i + D_m \cdot \delta_m - \varSigma\, d_{m-i} \cdot \delta_i - c_{u-m} = 0. \qquad (203)$$

Für den *Knotenpunkt n* lauten die Gleichungen aus (73) und (76):

$$A_n \cdot \alpha_n + b_{n-m} \cdot \alpha_m - b_{n-p} \cdot \alpha_p - b_{n-o} \cdot \alpha_o + C_n \cdot \delta_n - \varSigma\, c_{n-i}\, \delta_i = 0,$$

$$\tag{204}$$

$$C_n \cdot \alpha_n + c_{m-n} \cdot \alpha_m - c_{p-n} \cdot \alpha_p - c_{o-n} \cdot \alpha_o + D_n \cdot \delta_n - \varSigma\, d_{n-i}\, \delta_i = 0,$$

$$\tag{205}$$

sowie für den *Knotenpunkt l*:

$$A_l \cdot \alpha_l + b_{l-m} \cdot \alpha_m - b_{l-k} \cdot \alpha_k - b_{l-v} \cdot \alpha_v + C_l \cdot \delta_l - \varSigma\, c_{l-i} \cdot \delta_i = 0,$$

$$\tag{206}$$

$$C_l \cdot \alpha_l + c_{m-l} \cdot \alpha_m - c_{k-l} \cdot \alpha_k - c_{v-l} \cdot \alpha_v + D_l \cdot \delta_l - \varSigma\, d_{l-i} \cdot \delta_i = 0.$$

$$\tag{207}$$

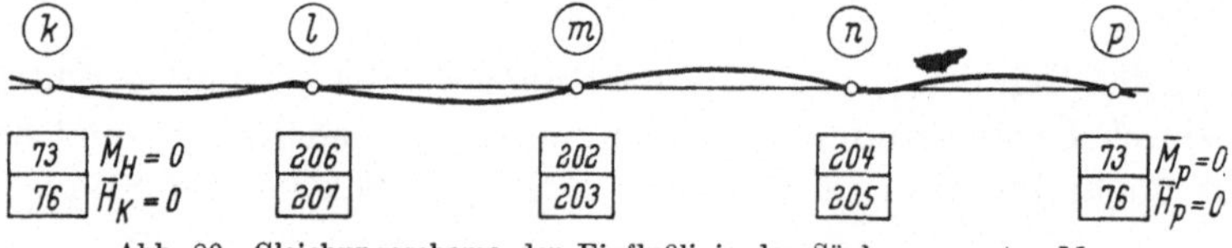

Abb. 89. Gleichungsschema der Einflußlinie des Säulenmomentes M_u

Für alle übrigen Knotenpunkte gelten die allgemeinen Gln. (73) und (76), mit allen Belastungsgliedern gleich Null gesetzt.

Für die Auswertung dieser Einflußlinie gelten dieselben Gesichtspunkte wie unter Ziffer 6 (S. 74). Man beachte nur, daß die Ordinaten η' in diesem Falle positiv sind.

B. Der durchlaufende Bogenträger auf elastischen Stützen, mit obenliegendem Versteifungsträger

I. Grundlagen und Voraussetzungen

Wir setzen wieder für die Bogen und Säulen dieselben Annahmen voraus wie im Teil A. Der Versteifungsträger ist ein durchlaufender Balken, der durch Pendelsäulen oder Pendelwände elastisch auf dem Bogen abgestützt wird. Die Steifigkeit dieser Zwischenstützen ist klein im Verhältnis zur Bogen- und Balkensteifigkeit, so daß eine Momentenübertragung dadurch vernachlässigt werden kann, und diese somit als Pendelsäulen bzw. Wände wirken, wie es in der Abb. 91 dargestellt ist.

Wegen den verhältnismäßig großen Längen der Versteifungsbalken ist es angebracht, besonders im Stahlbetonbau, diese über den Auflagerpunkten der Bogen zu unterbrechen in Form einer Bewegungsfuge. Dies kann durch einen eingehängten Träger, oder durch Doppelsäulen geschehen; das letztere werden wir hier voraussetzen.

Diese Bewegungsfugen sind in der Abb. 90 mit G bezeichnet. Über weitere Gelenkanordnungen im Versteifungsträger zwischen zwei Bogen-

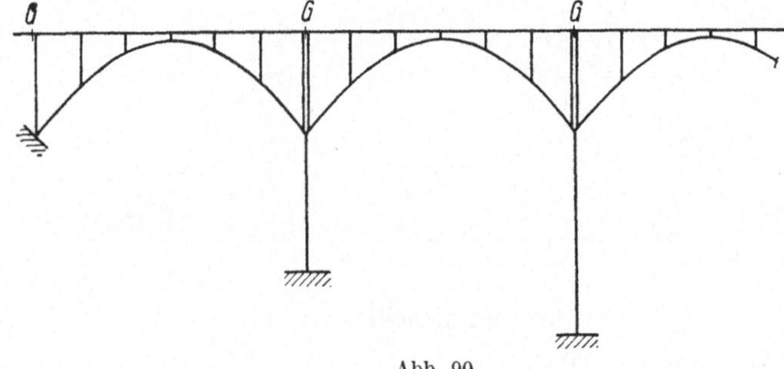

Abb. 90

kämpfern können wir frei verfügen. In der Projektausführung muß natürlich dafür gesorgt werden, daß ein direktes Lager auf dem Gewölbe, oder eine „steife Säule" in der Nähe des Scheitels die Bremskräfte eindeutig in den Bogen leiten kann.

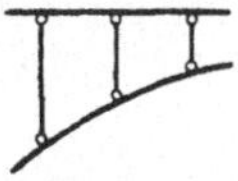

Als Grundsystem dient uns hier der totaleingespannte Bogen mit obenliegendem Versteifungsträger, den wir nach einem speziellen Verfahren berechnen, um das Ganze auf die Theorie des Teiles A zurückführen zu können. Damit wird dieses Grundsystem auf einen „stellvertretenden Bogen" zurückgeführt, bei welchem der Einfluß des Versteifungsträgers theoretisch exakt berücksichtigt ist.

Abb. 91

II. Grundsysteme der Bogen

Dies besteht, wie schon früher erwähnt wurde, aus dem totaleingespannten Bogen mit obenliegendem Versteifungsträger.

Die Berechnung des Bogen-Grundsystems wie es in Abb. 92 dargestellt ist, führt uns wieder auf einen statisch bestimmten Träger zurück, dessen Berechnung das Ziel verfolgen soll, sich dem „freien Bogen" des ersten Teiles anzupassen.

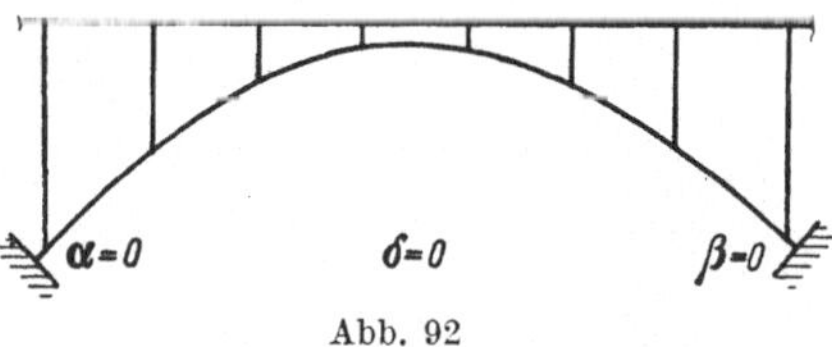

Abb. 92

a) Statisch bestimmtes Tragsystem und überzählige Größen

Unser statisch bestimmtes System besteht aus dem einfachen Balken mit gekrümmter Stabachse. Der Versteifungsträger ist durch Gelenke über seinen Stützen unterbrochen. Wir unterscheiden zwischen äußeren statisch unbestimmten Größen, wie die Einspannungsmomente M_A und M_B der Bogenachse, dem Horizontalschub H, sowie den inneren Unbestimmten, welche durch die Stützenmomente X_i des Versteifungsträgers gebildet werden.

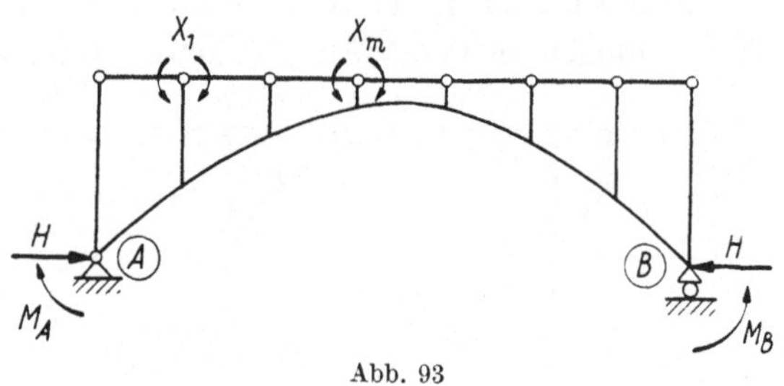

Abb. 93

b) Elastizitätsbedingungen

1. Elastizitätsbedingungen des Bogens

Die Horizontalverschiebungen sowie die Drehungen der Auflagerpunkte des Bogens sind gleich Null, also

$$\alpha = \beta = \delta = 0. \tag{208}$$

2. Elastizitätsbedingungen des Versteifungsträgers

In jedem Gelenkpunkt m des Balkens muß der Drehwinkel a_m zweier anschließender Stäbe infolge äußerer Belastung, sowie dem Wirken sämtlicher statisch unbestimmten Größen, die auf den statisch bestimmten Träger wirken, gleich Null sein, somit

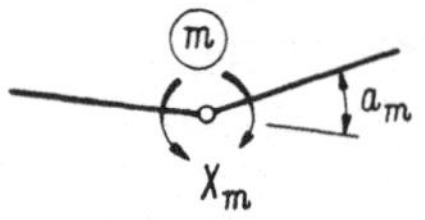

Abb. 94

$$a_m = 0. \tag{209}$$

Man bemerke den positiven Richtungssinn des Momentes X_m, gemäß Abb. 94 u. 93.

c) Elastizitätsgleichungen

Im Bogen haben wir die drei Unbekannten H, M_A und M_B, und im Versteifungsträger sämtliche Stützenmomente X_i als Überzählige. Wir müssen somit zur Bestimmung dieser Überzähligen genau so viele Elastizitätsgleichungen aufstellen können, wie wir Unbekannte haben. Den Nachteil, daß Bogenunbekannte und Balkenüberzählige einander beeinflussen, wollen wir vermindern durch eine zweckmäßige Trennung derselben.

Die Elastizitätsgleichungen für die Knotendrehwinkel des Versteifungsträgers lauten:

$$\left|\begin{aligned}
a_1 &= a_{10} + X_1 \cdot a_{11} + X_2 \cdot a_{12} + H \cdot a_{1H} + M_A \cdot a_{1A} + M_B \cdot a_{1B} = 0 \\
a_2 &= a_{20} + X_1 \cdot a_{21} + X_2 \cdot a_{22} + X_3 \cdot a_{23} + \\
&\qquad + H a_{2H} + M_A \cdot a_{2A} + M_B \cdot a_{2B} = 0 \\
a_m &= a_{mo} + X_{m-1} \cdot a_{m,m-1} + X_m \cdot a_{m,m} + X_{m+1} \cdot a_{m,m+1} + \\
&\qquad + H \cdot a_{mH} + M_A \cdot a_{mA} + M_B \cdot a_{mB} = 0.
\end{aligned}\right. \qquad (210)$$

Die obigen Gleichungen haben die Form von Dreimomentengleichungen in bezug auf die Stützenmomente X_i des Balkens, wenn wir absehen von den übrigen Einflüssen des Bogens, diese letzteren sind durch die Glieder mit M_A, M_B und H vertreten. Für den ersten Rechnungsgang der Unbekannten setzten wir somit alle Einflüsse des Bogens gleich Null, also

$$M_A = M_B = H = 0. \qquad (211a)$$

Das System der übriggebliebenen Unbekannten X_i ist somit sehr rasch aufzulösen, denn es hat die einfache Form der Dreimomentengleichungen von CLAPEYRON.

Das Gleichungssystem des *1. Rechnungsganges* lautet somit:
mit $M_A = M_B = H = 0$

$$\begin{aligned}
&a_{10} + X_1 a_{11} + X_2 \cdot a_{12} = 0 \\
&a_{20} + X_1 a_{21} + X_2 \cdot a_{22} + X_3 a_{23} = 0 \\
&\qquad\vdots \\
&a_{m0} + X_{m-1} \cdot a_{m,m-1} + X_m \cdot a_{m,m} + X_{m+1} \cdot a_{m,m+1} = 0.
\end{aligned} \qquad (211b)$$

Die Lösungen dieses Gleichungssystems bezeichnen wir mit X_{10}, X_{20}, $\ldots$, X_{m0}; sie sind allein von der äußeren Belastung des Versteifungsträgers abhängig.

2. Rechnungsgang. Wir berechnen die Unbekannten X_i für den Belastungsfall, in dem nur die äußere Kraft $H = 1$ wirke, und sämtliche übrigen Belastungsglieder, also $a_{10} = \cdots = a_{m0} = M_A = M_B = 0$ verschwinden. Die Lösungen X_m dieses Gleichungssystemes sind: X_{1H}, $X_{2H} \cdots X_{mH}$.

Im *3. Rechnungsgang* setzen wir in den allgemeinen Gln. (210) $M_A = +1$, und alle übrigen Glieder $M_B = H = a_{10} = \cdots = a_{m0} = 0$. Die Lösungen aus Gl. (210) für diesen speziellen Belastungsfall bezeichnen wir mit X_{1A}, $X_{2A} \cdots X_{mA}$.

Den *4. Rechnungsgang* erhalten wir durch Nullsetzen der Glieder $M_A = H = a_{10} = \cdots = a_{m0} = 0$, mit Ausnahme des einzigen Belastungsgliedes $M_B = 1$. Die Lösungen von Gl. (210) für diesen Zustand sind:

$$X_{1B}, X_{2B}, \ldots X_{mB}.$$

Die endgültigen Lösungen des allgemeinen Gleichungssystems (210) finden wir durch Superposition ihrer Teillösungen, also in Abhängigkeit der allein die äußere Belastung des Versteifungsträgers enthaltenden X_{m0}, sowie der Überzähligen des Bogens H, M_A und M_B:

$$X_1 = X_{10} + X_{1H} \cdot H + X_{1A} \cdot M_A + X_{1B} \cdot M_B$$
$$\vdots$$
$$X_m = X_{m0} + X_{mH} \cdot H + X_{mA} \cdot M_A + X_{mB} \cdot M_B.$$

$$(212)$$

Es fehlen jetzt nur noch die eigentlichen Überzähligen des Bogens H, M_A und M_B. Diese finden wir durch Formulierung ihrer Elastizitätsbedingungen:

$$\alpha = \beta = \delta = 0. \tag{208}$$

Die Elastizitätsgleichungen, welche aus den Bedingungen (208) hervorgehen, auf das statisch bestimmte Tragwerk der Abb. 93 bezogen, lauten:

$$\alpha = \alpha_0 + \alpha_1 \cdot X_1 + \alpha_2 X_2 + \cdots$$
$$+ \alpha_m X_m + \alpha_H \cdot H + \alpha_A M_A + \alpha_B M_B = 0$$
$$\beta = \beta_0 + \beta_1 X_1 + \beta_2 X_2 + \cdots$$
$$+ \beta_m \cdot X_m + \beta_H \cdot H + \beta_A M_A + \beta_B M_B = 0$$
$$\delta = \delta_0 + \delta_1 X_1 + \delta_2 X_2 + \cdots$$
$$+ \delta_m X_m + \delta_H \cdot H + \delta_A M_A + \delta_B M_B = 0.$$

$$(213)$$

Wir setzen jetzt die Werte aus Gl. (212) der unbekannten X_m in die Gln. (213) ein, und finden z. B. für die erste dieser Gleichungen

$$\alpha_0 + \alpha_1 (X_{10} + X_{1H} \cdot H + X_{1A} \cdot M_A + X_{1B} \cdot M_B)$$
$$+ \alpha_2 (X_{20} + X_{2H} \cdot H + X_{2A} \cdot M_A + X_{2B} \cdot M_B)$$
$$\vdots$$
$$+ \alpha_i (X_{i0} + X_{iH} \cdot H + X_{iA} \cdot M_A + X_{iB} \cdot M_B)$$
$$+ \alpha_H \cdot H + \alpha_A \cdot M_A + \alpha_B \cdot M_B = 0$$

$$(214\,\mathrm{a})$$

$$= \left(\left(\alpha_0 + \sum_1^r X_{i0} \cdot \alpha_i \right) + H \left(\alpha_H + \sum_1^r \alpha_i \cdot X_{iH} \right) + \right.$$
$$\left. + M_A \left(\alpha_A + \sum \alpha_i \cdot X_{iA} \right) + M_B \left(\alpha_B + \sum_i^r \alpha_i \cdot X_{iB} \right) = 0.$$

$$(214\,\mathrm{b})$$

Auf die gleiche Weise erhalten wir die Elastizitätsgleichung für β, diese lautet:

$$\left(\beta_0 + \sum_1^r X_{i0} \cdot \beta_i\right) + H \cdot \left(\beta_H + \sum_1^r \beta_i \cdot X_{iH}\right) + M_A\left(\beta_A + \sum_1^r \beta_i \cdot X_{iA}\right) +$$

$$+ M_B\left(\beta_B + \sum_1^r \beta_i X_{iB}\right) = 0 \qquad (215)$$

und diejenige der Verschiebung δ:

$$\left(\delta_0 + \sum_1^r X_{i0} \cdot \delta_i\right) + H\left(\delta_H + \sum_1^r \delta_i \cdot X_{iH}\right) + M_A\left(\delta_A + \sum_1^r \delta_i \cdot X_{iA}\right) +$$

$$+ M_B\left(\delta_B + \sum_1^r \delta_i \cdot X_{iB}\right) = 0. \qquad (216)$$

Aus den Gln. (214b), (215) und (216) erhalten wir die statisch unbestimmten Größen des Bogens H, M_A und M_B. Diese Werte können wir in die Gln. (212) einsetzen und die unbekannten Momente des Versteifungsträgers bestimmen.

d) Moment und Normalkraft in einem beliebigen Punkte der Bogenachse

Die Summe der Momente aller Kräfte plus aller Momente, welche in der Abb. 95 eingetragen sind, müssen gleich Null sein, bezogen auf einen beliebigen Punkt der Ebene. Dies resultiert aus dem bekannten Satze, daß die inneren Kräfte, welche in der Schnittstelle auf den abgetrennten Teil wirken, mit den äußeren im Gleichgewicht sein müssen. Die einzige Unbekannte dieser Gleichgewichtsbedingung ist das Moment M_i. Es sei

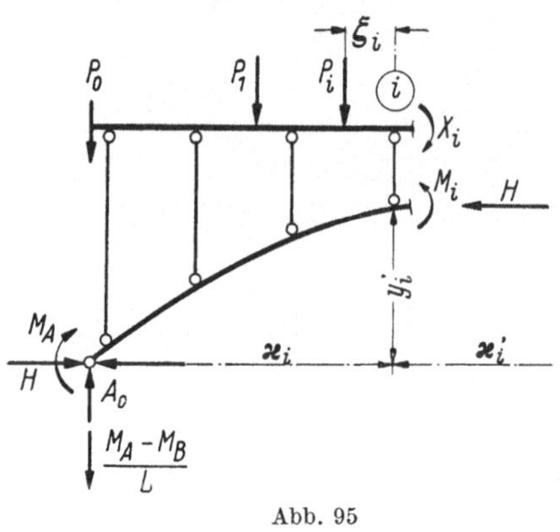

Abb. 95

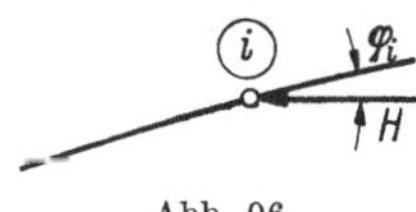

Abb. 96

$$M_{oi} = A_o \cdot \varkappa_i - \sum_1^i P_i \cdot \xi_i \qquad (217)$$

das Moment in der Sektion i des einfachen Balkens AB.

Die Gleichgewichtsbedingung in bezug auf den Punkt i lautet:

$$M_{oi} + M_A - \frac{M_A}{L}\varkappa_i + \frac{M_B}{L}\varkappa_i + X_i - M_i - H \cdot y_i' = 0, \qquad (218)$$

somit erhalten wir für das Moment M_i:

$$M_i = M_{oi} + X_i + \frac{M_A}{L} \varkappa_i' + \frac{M_B}{L} \varkappa_i - H \cdot y_i' \tag{219}$$

und die Normalkraft wird zu:

$$N_i = H \frac{1}{\cos \varphi_i}. \tag{220}$$

Diese ist positiv als Druckkraft (vgl. Abb. 96).

e) Die „starren Scheiben" zur Vereinfachung der allgemeinen Elastizitätsgleichungen (214) bis (216)

Ableitung der vereinfachten Elastizitätsgleichungen

Wir setzen voraus, daß der Horizontalschub H an den Enden der starren Scheiben angreife. Wir wählen diesen Abstand $t =$ konstant so, daß der Koeffizient

$$\alpha_H + \sum_1^r \alpha_i X_{iH} = \delta_A + \sum_1^r \delta_i \cdot X_{iA} = 0 \tag{221}$$

verschwindet.

Wenn wir $t =$ konstant annehmen, setzen wir automatisch einen symmetrischen Bogen voraus. Aus Gl. (221) erhalten wir t in der folgenden Form:

$$t = \frac{\frac{1}{2} \int y' \, dw + \sum X_{iA} (F_{i1} \eta_{i1} + F_{i2} \cdot \eta_{i2})}{\frac{1}{2} \int dw + \frac{1}{2} \sum X_{iA} (w_{i1} + w_{i2})} \tag{222}$$

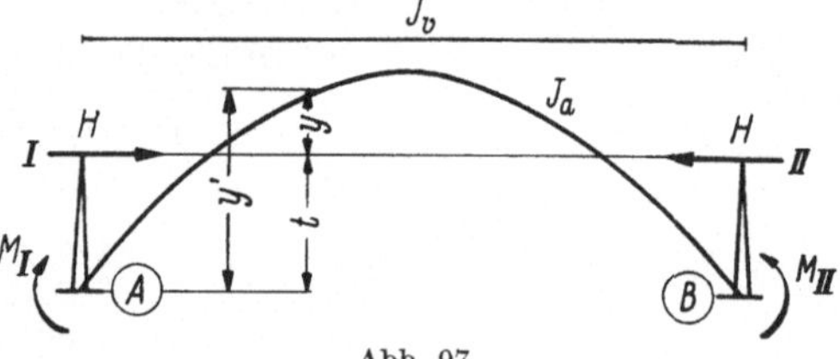

Abb. 97

mit den Bezeichnungen, welche sich auf die Abb. 98 beziehen:

$$w_{i1} = \sum_{i-1}^{i} \Delta s_i \frac{J_v}{J_a}, \tag{223}$$

$$F_{i1} = \sum_{i-1}^{i} y' \cdot \Delta s_i \frac{J_v}{J_a}, \tag{224}$$

$$\eta_{i1} = \frac{x_{i1}}{s_i}; \quad \eta_{i2} = \frac{x_{i2}}{s_{i+1}}. \tag{225}$$

In Gl. (225) bedeuten x_{i1} und x_{i2} die Abstände der Flächenschwerpunkte zu den entsprechenden Knotenpunkten $(i-1)$ bzw. $(i+1)$.

Es lauten die Höhen:

$$y_i^* = y_i' \frac{J_v}{J_{ai}}; \qquad y_{i-1}^* = y_{i-1}' \frac{J_v}{J_{a,i-1}}; \qquad y_{i+1}^* = y_{i+1}' \frac{J_v}{J_{a,i+1}}. \tag{226}$$

Das Trägheitsmoment J_v des Versteifungsträgers wird konstant vorausgesetzt.

Wird die Bogenachse als Stützlinienbogen konstruiert, so können, wegen der Punktlasten auf den Bogen, in der Berechnung der Elemente, die Verbindungslinien zweier Knotenpunkte geradlinig angenommen werden.

Für die numerische Berechnung der Summen in Gl. (223) und Gl. (224), sowie der Berechnung der Schwerpunkte der Flächen-elemente F_i, empfiehlt sich bei starker Variation des Trägheitsmomentes J_a, diese Elemente F_i in zwei bis drei Trapeze zu unterteilen (vgl. die strichlierten Linien in F_i der Abb. 98). Oft können aber, wie in unserem folgenden allgemeinen Beispiel angenommen

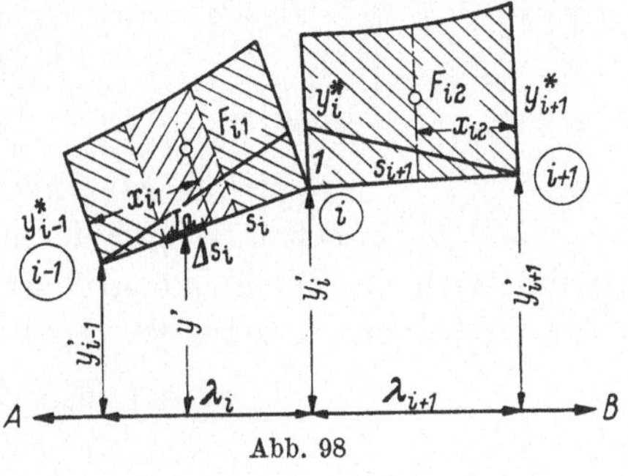

Abb. 98

wird, mit genügender Genauigkeit die Flächen F_{i1} und F_{i2} als Trapeze berechnet werden, was die Berechnung wesentlich vereinfacht.

Auf diese Weise führen wir die allgemeinen Bogengleichungen (214b), (215) und (216) auf die bekannte Form zurück, die wir beim freien Bogen kennen, wobei eine Aufteilung der Elastizitätsgleichungen in Balken- und Bogengleichungen erfolgt. Wir können diese wichtigen Gleichungen nun in abgekürzter Form schreiben, in bezug auf den hier gefundenen „stellvertretenden Bogen".

$$\alpha_0' + M_{\text{I}}\,\alpha_A' + M_{\text{II}} \cdot \alpha_B' = 0,$$
$$\beta_0' + M_{\text{I}}\,\beta_A' + M_{\text{II}} \cdot \beta_B' = 0, \tag{227}$$

$$\delta_0' + H \cdot \delta_H' = 0. \tag{228}$$

Die Winkel und Horizontalverschiebungen beziehen sich auf das statisch bestimmte Ausgangssystem, wobei die Belastungsglieder lauten:

$$\alpha_0' = \alpha_0 + \sum_i X_{i0} \cdot \alpha_i; \qquad \beta_0' = \beta_0 + \sum_i X_{i0} \cdot \beta_i \tag{229}$$

und

$$\delta_0' = \delta_0 + \sum_i X_{i0} \cdot \delta_i,$$

sowie die Koeffizienten der Gleichungen:

$$\alpha'_A = \alpha_A + \sum_i \alpha_i \cdot X_{iA}; \quad \alpha'_B = \alpha_B + \sum_i \alpha_i \cdot X_{iB} \tag{230}$$

und

$$\delta'_H = \delta_H + \sum_i \delta_i \cdot X_{iH}.$$

Sämtliche Koeffizienten und Belastungsglieder der Balkengleichungen (227) sind unabhängig vom Abstand t der starren Scheiben. In der Bogengleichung (228) sind die vertikalen Abstände y alle auf die Horizontale I—II zu beziehen, d. h. auf die Verbindungsgerade der Enden der

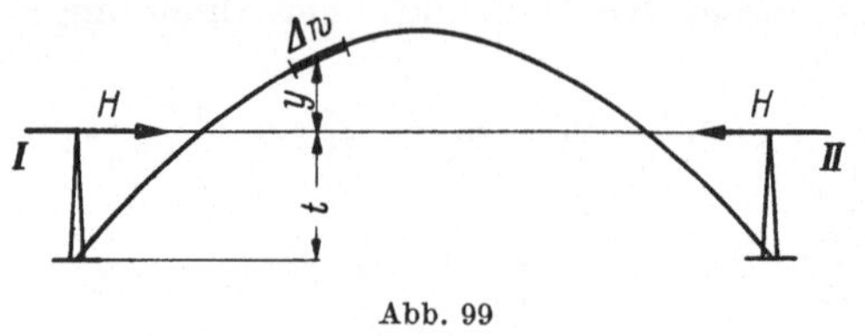

Abb. 99

starren Scheiben, s. Abb. 97. Für die Berechnung der Teilkoeffizienten und -belastungsglieder, welche sich auf den freien Bogen beziehen, z. B.

$$\alpha_0, \ \beta_0, \ \alpha_A, \ \alpha_B; \quad \delta_0 \ \text{und} \ \delta_H,$$

haben wir nichts beizufügen, da deren numerische Berechnung in Teil A behandelt wurde. Die Teilkoeffizienten der Bogengleichung sind auf die starren Scheiben zu beziehen. Es lauten diese Werte:

$$\delta_0 = \int M_0 \, y \, \varDelta w,$$
$$\delta_H = - \int y^2 \, \varDelta w - \int \varDelta w' \tag{231}$$

in bezug auf die Abb. 99.

Berechnung der Teilkoeffizienten

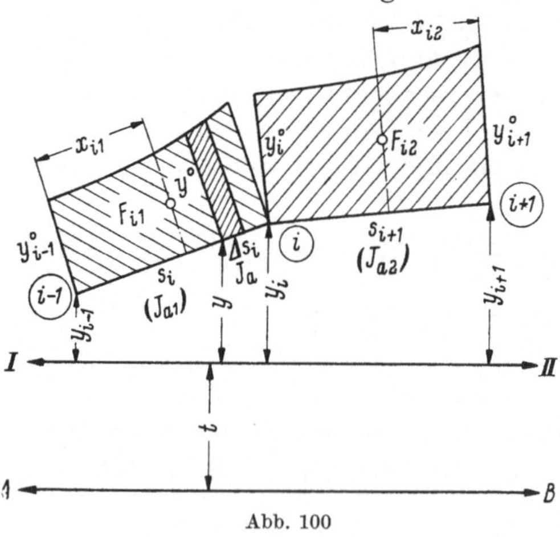

Abb. 100

Wir fassen hier kurz die Berechnung der Koeffizienten der X_i zusammen. In dieser Berechnung werden wieder die Bogenelemente s_i, s_{i+1} zwischen den einzelnen Knotenpunkten als geradlinig vorausgesetzt. In der allgemeinen Ableitung setzen wir das Bogenträgheitsmoment als veränderlich voraus zwischen zwei Knotenpunkten. Schließlich geben wir fertige Formeln für feldweise konstantes Trägheitsmoment, wobei der Flächenschwerpunkt graphisch oder analytisch bestimmt werden kann, für die Trapezflächen.

1. δ_i erhalten wir mit Hilfe der Abb. 100.

Wir definieren die Ordinaten in bezug auf die Verbindungslinie der Endpunkte der starren Scheiben I—II.

$$y^0_{i-1} = y_{i-1} \frac{J_v}{J_{a\,i-1}},$$

$$y^0_i = y_i \frac{J_v}{J_{a\,i}},$$

$$y^0_{i+1} = y_{i+1} \frac{J_v}{J_{a\,i-1}} \qquad\qquad (232)[1]$$

und eine beliebige Ordinate

$$y^0 = y \frac{J_v}{J_a}.$$

Wir erhalten schließlich in allgemeiner Form:

$$EJ_v \cdot \delta_i = F_{i1} \frac{x_{i1}}{s_i} + F_{i2} \frac{x_{i2}}{s_{i+1}}, \qquad (233)$$

wobei

$$F_{i1} = \sum_{i-1}^{i} y^0 \cdot \Delta s_i \quad \text{und} \quad F_{i2} = \sum_{i}^{i+1} y^0 \cdot \Delta s_{i+1} \qquad (234)$$

ist. F_{i1} und F_{i2} sind die in Abb. 100 schraffierten Flächeninhalte. x_{i1} und x_{i2} sind wieder die Abstände der Schwerpunkte dieser Flächen F_{i1} und F_{i2} auf die Knotenpunkte $i-1$ bzw. $i+1$ bezogen.

Im Spezialfall setzen wir die Trägheitsmomente feldweise konstant, d. h. für das Feld $i-1-i$, wird $J_a = J_{a1}$, und für das Feld $i-i+1$ wird $J_a = J_{a2}$, konstant, somit wird

$$EJ_v \cdot \delta_i = \frac{y^0_{i-1} + y^0_i}{2} \cdot x_{i1} + \frac{y^0_i + y^0_{i+1}}{2} x_{i2} =$$
$$= \frac{y_{i-1} + y_i}{2} \frac{J_v}{J_{a\,1}} x_{i1} + \frac{y_i + y_{i+1}}{2} \frac{J_v}{J_{a\,2}} \cdot x_{i2}. \qquad (235)$$

2. α_i. Gemäß der Abb. 101 erhalten wir die Ordinaten der Flächen F_{i1} und F_{i2}

$$\varrho_{i-1} = \frac{x'_{i-1} \cdot J_v}{L \cdot J_{a\,i-1}},$$

$$\varrho_i = \frac{x'_i \cdot J_v}{L \cdot J_{a\,i}}, \qquad (236)$$

$$\varrho_{i+1} = \frac{x'_{i+1} \cdot J_v}{L \cdot J_{a\,i+1}}$$

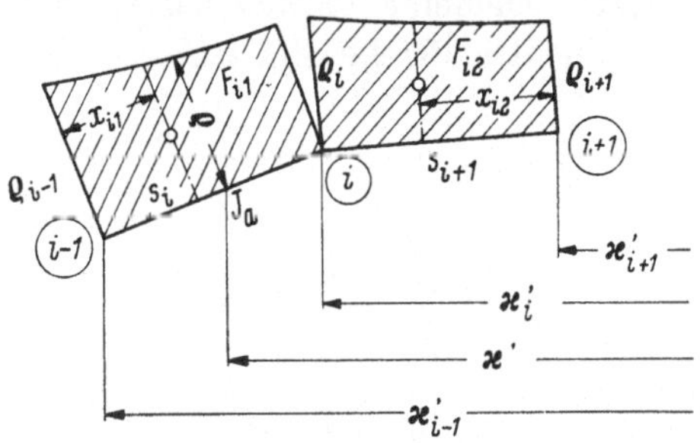

Abb. 101

---

[1] Die Ordinaten y_i sind negativ, wenn die Knotenpunkte unterhalb der Geraden I—II liegen, vgl. auch Abb. 100.

und für eine beliebige Ordinate

$$\varrho = \frac{\varkappa' \cdot J_v}{L \cdot J_a}. \tag{237}$$

Wir bilden für α_i die allgemeine Formel

$$EJ_v \cdot \alpha_i = F_{i1}\frac{x_{i1}}{s_i} + F_{i2}\frac{x_{i2}}{s_{i+1}}, \tag{238}$$

sowie für feldweise konstantes Trägheitsmoment J_{a1} bzw. J_{a2}

$$EJ_v \cdot \alpha_i = \frac{\varrho_{i-1} + \varrho_i}{2} \cdot x_{i1} + \frac{\varrho_i + \varrho_{i+1}}{2} x_{i2} =$$

$$= \frac{(\varkappa'_{i-1} + \varkappa'_i) \cdot J_v}{2\,L \cdot J_{a1}} \cdot x_{i1} + \frac{(\varkappa'_i + \varkappa'_{i+1}) \cdot J_v}{2\,L \cdot J_{a2}} x_{i2}. \tag{239}$$

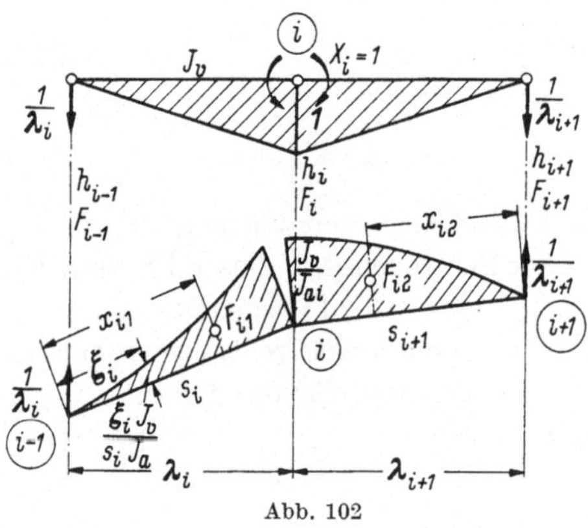

Abb. 102

3. Koeffizienten der Gln. (210)

In diesen Gliedern erstrecken sich die Summen über Balken- und Bogenfelder. Wir machen wieder die gleichen Voraussetzungen wie unter 1 und 2, was die Bogenelemente betrifft. Für den Versteifungsträger setzen wir auf seine ganze Länge konstantes Trägheitsmoment voraus ($J_v =$ konst.). Der Einfluß der Elastizität der Pendelstützen kann in den meisten Fällen vernachlässigt werden, im Gegensatz zum Bogen mit aufgehängter Fahrbahn.

Koeffizient a_{ii}:

Die allgemeine Formel lautet nach Abb. 102 mit einer beliebigen Ordinate der Fläche F_{i1}, z. B.

$$\eta = \frac{J_v}{J_a}\frac{\xi_i}{s_i}, \tag{240}$$

$$EJ_v \cdot a_{ii} = \frac{\lambda_i}{3} + \frac{\lambda_{i-1}}{3} + F_{i1}\frac{x_{i1}}{s_i} + F_{i2}\frac{x_{i2}}{s_{i+1}}, \tag{241}$$

wobei z. B.

$$F_{i1} = \sum_{i-1}^{i} \frac{J_v}{J_a} \Delta s_i \frac{\xi_i}{s_i} \tag{242}$$

ist.

Nehmen wir wieder an, daß $J_a = J_{a1}$ für das Feld $(i-1)-i$, $J_a = J_{a2}$ für das Feld $i-(i+1)$ sind, also feldweise konstant, so können wir Gl. (241) für diesen speziellen Fall schreiben:

$$EJ_v \cdot a_{ii} = \frac{\lambda_i}{3} + \frac{\lambda_{i+1}}{3} + \frac{J_v \cdot s_i}{J_{a1} \cdot 3} + \frac{J_v \cdot s_{i+1}}{J_{a2} \cdot 3}. \tag{243}$$

Stellen wir den Einfluß der Elastizität der Stützen in Rechnung, so wird dieser Beitrag für den Spezialfall, daß $\lambda_i = \lambda_{i+1} = \cdots = \lambda =$ konstant sind:

$$EJ_v \cdot a_{iiN} = \frac{J_v}{\lambda^2} \left(\frac{h_{i-1}}{f_{i-1}} + \frac{4\,h_i}{f_i} + \frac{h_{i+1}}{f_{i+1}} \right). \tag{244}$$

Hier bedeuten f_i, h_i die Querschnittsfläche bzw. die Höhe der Pendelsäule.

Koeffizient $a_{i,i+1}$

Wir finden wieder die allgemeine Formel gemäß Abb. 103:

$$EJ_v \cdot a_{i,i+1} = \frac{\lambda_{i+1}}{6} + F_{i2} \frac{x_{i2}}{s_{i+1}}, \tag{245}$$

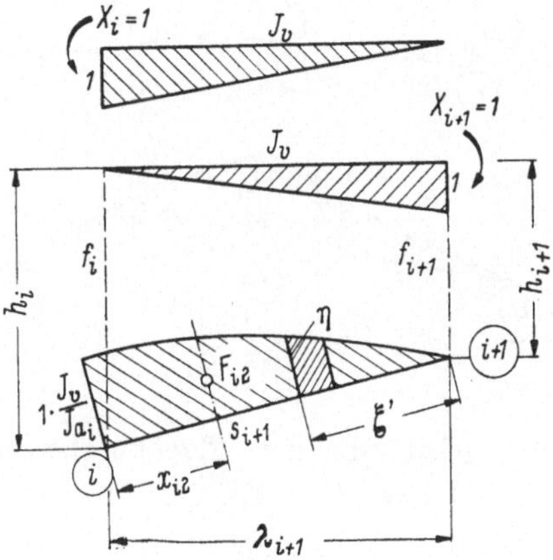

wobei die Fläche F_{i2} aus den folgenden Summen gebildet wird:

$$F_{i2} = \sum_i^{i+1} \eta \cdot \Delta s_{i+1}$$

$$= \sum_i^{i+1} \frac{\xi' \cdot J_v}{s_{i+1} \cdot J_a} \Delta s_{i+1}. \tag{246}$$

Abb. 103

Für den Fall, daß $J_a = J_{a2} =$ konstant ist im Feld $i - (i+1)$, erhalten wir für diesen Spezialfall:

$$EJ_v \cdot a_{i,i+1} = \frac{\lambda_{i+1}}{6} + \frac{J_v \cdot s_{i+1}}{J_{a2} \cdot 6}. \tag{247}$$

Der Einfluß der Elastizität der Stützen ist in diesem Falle negativ und wird:

$$EJ_v \cdot a_{i,i+1N} = - \frac{J_v}{\lambda_{i+1}^2} \left[\frac{h_i}{f_i} + \frac{h_{i+1}}{f_{i+1}} \right]. \tag{248}$$

4. *Belastungsglieder der Gln. (210)*, a_{i0}

a) Die Lastgruppe befindet sich außerhalb der Strecken $(i-1) - i - (i+1)$. Im allgemeinen Falle des variablen Trägheitsmomentes des Bogens verwenden wir vorteilhaft die schon für a_{ii} konstruierte Fläche der Abb. 102. Der Beitrag des Versteifungsträgers verschwindet in diesem Falle. Der obere Teil der Abb. 104 stellt die Momentenfläche des einfachen Balkens mit polygonaler Achse dar, für die Strecken $(i-1) - i$, und $i - (i+1)$. Diese wird gebildet durch zwei Trapeze. Der untere

Teil wird durch die Flächen F_{i1} und F_{i2} der Abb. 102 gebildet, für den Koeffizienten a_{ii}.

Wir finden, wenn M_{01} und M_{02} die Ordinaten der oberen Geraden bedeuten, welche projiziert auf die unteren Flächen F_{i1} bzw. F_{i2} durch deren Schwerpunkt führen. Wir erhalten dann:

$$EJ_v \cdot a_{i0} = F_{i1} \cdot M_{01} + F_{i2} \cdot M_{02}, \tag{249}$$

wobei F_{i1} und F_{i2} nach Gl. (242) gebildet werden.

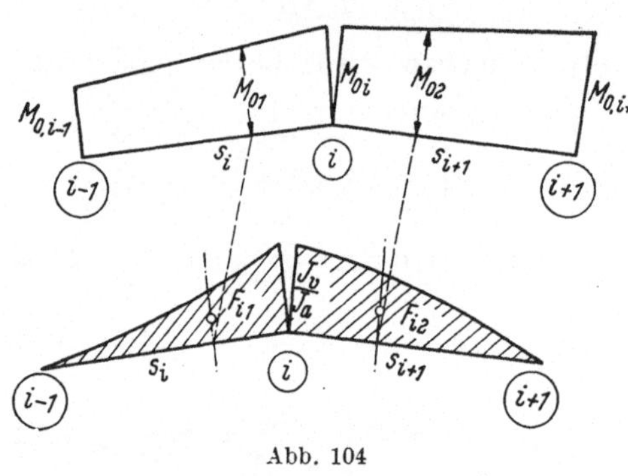

Abb. 104

Nehmen wir wieder feldweise konstantes Trägheitsmoment an, also $J_a = J_{a1}$ für das Feld $(i-1)-i$, und $J_a = J_{a2}$ für $i - (i+1)$, so wird gemäß Abb. 105, wobei die M_0-Fläche wieder die Momentenfläche des einfachen Balkens AB für die Strecken s_i und s_{i+1} darstellen:

(x_{i1} und x_{i2} sind wieder die Abstände der Flächenschwerpunkte nach den Knotenpunkten $(i-1)$ bzw. $(i+1)$).

$$EJ_v \cdot a_{i0} = \frac{(M_{0\,i-1} + M_{0\,i}) \cdot J_v}{2 \cdot J_{a1}}\, x_{i1} + \frac{(M_{0\,i} + M_{0,\,i+1}) \cdot J_v}{2 \cdot J_{a2}} \cdot x_{i2}. \tag{250}$$

b) Für Lasten, die sich innerhalb des Bereiches $(i-1)-(i+1)$ befinden, ist der Einfluß der M_0-Momente im Versteifungsträger durch

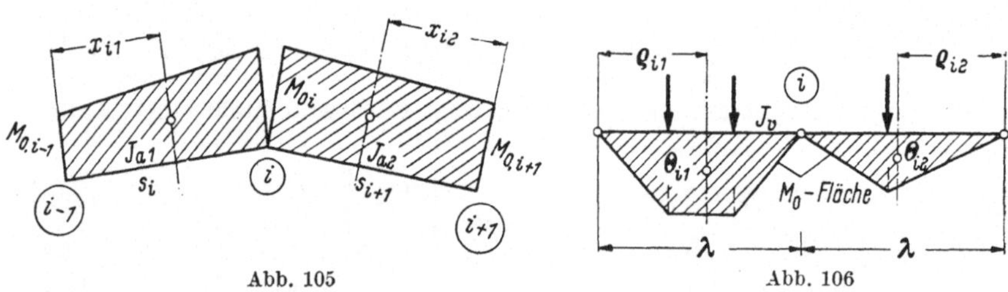

Abb. 105   Abb. 106

die Momentenflächen θ_{i1} und θ_{i2} zu berücksichtigen. Dieser Einfluß muß zu Gl. (249) addiert werden. Wir erhalten mit Berücksichtigung der Abb. 104 für den Bogen, wobei die dort eingezeichneten Momente hier für die unter (b), Abb. 106 angreifenden Lasten gelten sollen.

Wir erhalten dann:

$$EJ_v \cdot a_{i0} = F_{i1} \cdot M_{01} + F_{i2} \cdot M_{02} + \Theta_{i1} \frac{\varrho_{i1}}{\lambda} + \Theta_{i2} \frac{\varrho_{i2}}{\lambda}. \tag{251}$$

Für feldweise konstantes Trägheitsmoment können wir an Stelle der allgemeinen Formel für den Bogenanteil Gl. (250) benützen.

Der Einfluß der Normalkräfte auf das Belastungsglied, wenn $S_{i-1,0}$, S_{i0}, $S_{i+1,0}$ die Normalkräfte in den Pendelsäulen bedeuten, gemäß den äußeren gegebenen Lasten im Grundsystem, ergibt:

$$EJ_v \cdot a_{i\,0_N} = \frac{J_v}{\lambda}\left[-\frac{S_{i-1,0}\cdot h_{i-1}}{f_{i-1}} + \frac{2\cdot S_{i\,0}\cdot h_i}{f_i} - \frac{S_{i+1,0}\cdot h_{i+1}}{f_{i+1}}\right]. \qquad (252)$$

Moment und Normalkraft in einem beliebigen Querschnitt des Bogens

Nach der Abb. 107 erhalten wir für das Moment M_i im Knotenpunkt i des Bogens:

$$M_i = M_{i0} + X_i + \frac{M_I}{L}\varkappa_i' + \frac{M_{II}}{L}\varkappa_i - H\cdot y_i, \qquad (253)$$

M_{i0} wurde schon unter D definiert. Für das Kämpfermoment gilt:

$$M_A = M_I + H\cdot t \qquad (254)$$

und für die Normalkraft folgt:

$$N_i = H\frac{1}{\cos\varphi_i}. \qquad (255)$$

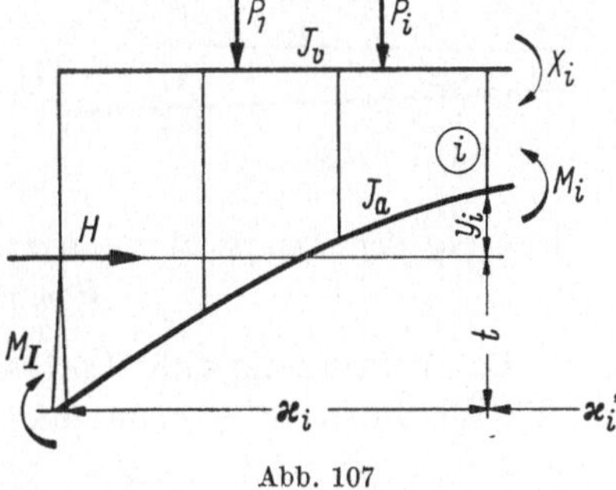

Abb. 107

Es sei hier noch beizufügen, daß bei der Berechnung mit Hilfe der starren Scheiben die Vorzeichen gut beachtet werden.

Temperaturänderungen im Grundsystem

Wir rechnen getrennt die Einflüsse der Temperaturänderung 1. In den Bogen, 2. in den Hauptstützen, sowie 3. im Versteifungsträger und in den Pendelsäulen.

1. Temperaturänderung in den Bogen

Der totaleingespannte Bogen erhält einen Horizontalschub durch die Temperaturänderung vom Werte

$$H_t = \frac{w\cdot \Delta t\cdot L\cdot EJ_v}{\sum y^2\,\Delta w + \sum \Delta w' - \sum \delta_i\,X_{iH}\cdot EJ_v} \qquad \text{(s. auch Teil A).} \qquad (256)$$

Gemäß Gl. (253) erhalten wir für das Moment im Punkte i des Bogens:

$$M_{it} = X_{it} - H_t\cdot y_i, \qquad (256)$$

wobei

$$X_{it} = X_{iH}\cdot H_t \qquad (257)$$

gemäß Gl. (212) für das Moment des Versteifungsträgers im Punkte (i) folgt.

2. Längenänderungen der Hauptsäulen infolge Temperaturänderungen

Wir nehmen an, daß sich die beiden Bogenkämpfer senken um die Werte v_A bzw. v_B in vertikaler Richtung.

Die Neigungswinkel der beiden Auflagerpunkte sind:

$$\alpha = \frac{v_B - v_A}{L} \quad \text{und} \quad \beta = \frac{v_A - v_B}{L} \tag{258}$$

und nach den Gln. (227) ohne Belastungsglieder $\alpha_i^0 = \beta_0' = 0$ werden

$$\left|\begin{aligned}
\alpha &= \frac{v_B - v_A}{L} = M_{It}\cdot\alpha_A' + M_{IIt}\cdot\alpha_B', \\[2mm]
\beta &= \frac{v_A - v_B}{L} = M_{It}\cdot\beta_A' + M_{IIt}\cdot\beta_B'.
\end{aligned}\right. \tag{259}$$

Von diesen zwei Gln. (259) erhalten wir die Balkenmomente, die zugleich

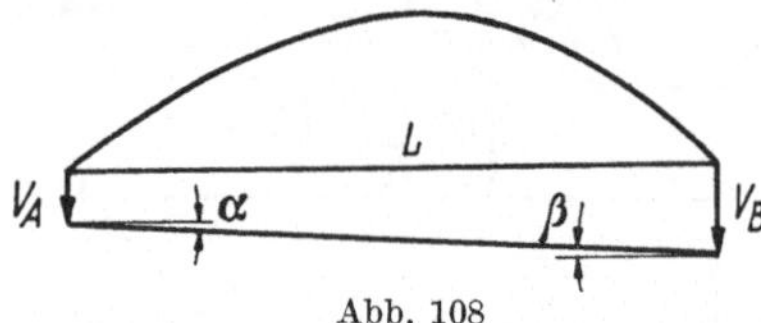

Abb. 108

Einspannungsmomente des Bogens sind, also $M_{It} = M_{At}$, und $M_{IIt} = M_{Bt}$, denn wie bekannt ist, wird der Horizontalschub für den symmetrischen Bogen gleich Null.

3. Wirkung der Temperaturänderung im Versteifungsträger und in den Pendelsäulen

a) Die Verkürzung oder Verlängerung des Versteifungsträgers über den Pendelsäulen ist momentenlos.

b) Längenänderungen der Pendelsäulen infolge Temperatureinflüsse. Die Längenänderung der Säule h_i z. B. wird:

$$\begin{aligned}
\Delta h_i &= w\cdot\Delta t\cdot h_i + \frac{N_i h_i}{EF_i} = \\[2mm]
&= w\cdot\Delta t\cdot h_i + \frac{h_i}{EF_i\cdot\lambda}\left[-X_{i-1_t} + 2X_{i_t} - X_{i+1_t}\right].
\end{aligned} \tag{260}$$

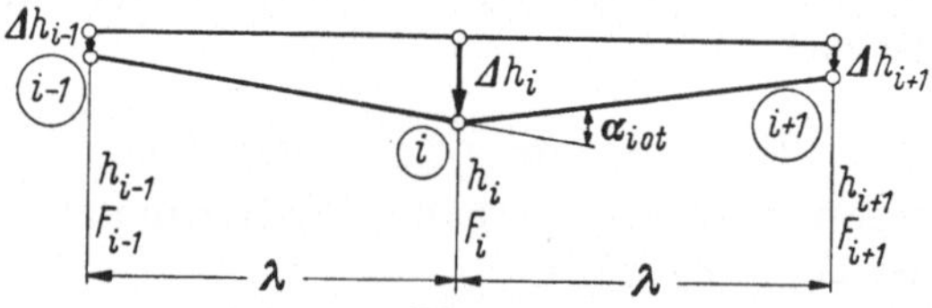

Abb. 109

Analoge Ausdrücke finden wir für Δh_{i-1} und Δh_{i+1}, wenn h_i, h_{i+1} usw. die respektiven Längen und F_i, $F_{i+1}\cdots$ die entsprechenden Querschnitte der Stützen bezeichnen. Das Belastungsglied $a_{i0,t}$ der Gln. (211) für den Knotenpunkt (i) erhalten wir gemäß Abb. 109:

$$a_{i0t} = \frac{1}{\lambda}\left[-\Delta h_{i-1} + 2\Delta h_i - \Delta h_{i+1}\right]. \tag{261}$$

Setzen wir die Werte Δh_i der Gln. (260) in Gl. (261) ein, und berücksichtigen wir, daß laut Gl. (211) für den Punkt i die folgende Elastizitätsgleichung gilt:

$$a_{i0t} + X_{i-1_t} \cdot a_{i,i-1} + X_{it} \cdot a_{i,i} + X_{i+1_t} \cdot a_{i,i+1} = 0, \qquad (262)$$

so erhalten wir als entgültige Elastizitätsgleichung für den Knoten (i) eine sog. „Fünfmomentengleichung", welche lautet:

$$\frac{w \cdot \Delta t}{\lambda} \left[-h_{i-1} + 2h_i - h_{i+1} \right] + \frac{h_{i-1}}{EF_{i-1}\,\lambda^2} X_{i-2_t} -$$

$$- \left[\frac{2h_{i-1}}{EF_{i-1} \cdot \lambda^2} + \frac{2h_i}{EF_i\,\lambda^2} - a_{i,i-1} \right] X_{i-1_t} +$$

$$+ \left[\frac{h_{i-1}}{EF_{i-1} \cdot \lambda^2} + \frac{4h_i}{EF_i\,\lambda^2} + \frac{h_{i+1}}{EF_{i+1}\,\lambda^2} + a_{ii} \right] X_{it} - \qquad (263)$$

$$- \left[\frac{2h_i}{EF_i\,\lambda^2} + \frac{2h_{i+1}}{EF_{i+1} \cdot \lambda^2} - a_{i,i+1} \right] X_{i+1_t} +$$

$$+ \frac{h_{i+1}}{EF_{i+1}\,\lambda^2} X_{i+2_t} = 0.$$

Die Auflösung dieser Fünfmomentengleichungen liefern uns die Momente X_{it} des Versteifungsträgers. Setzen wir diese Lösungen in die allgemeinen Gln. (227) und (228) ein, mit den entsprechenden Belastungsgliedern

$$\alpha'_{0t} = \Sigma\, X_{it} \cdot \alpha_i, \quad \beta'_{0t} = \Sigma\, X_{it} \cdot \beta_i \quad \text{und} \quad \delta'_{0t} = \Sigma\, X_{it} \cdot \delta_i, \ (264)$$

so erhalten wir die überzähligen Größen des Bogens für diesen Belastungszustand. Nach Gl. (253) können wir dann die allgemeine Momentenfläche des Bogens bestimmen.

Allgemeines Beispiel. In diesem legen wir den folgenden symmetrischen Bogen mit Versteifungsträger der Abb. 110 zugrunde.

Für die Berechnung der Koeffizienten der Gln. (210) setzen wir feldweise konstantes Trägheitsmoment im Bogen voraus, wobei wir stets mit dem mittleren Querschnitt zwischen zwei Knotenpunkten rechnen.

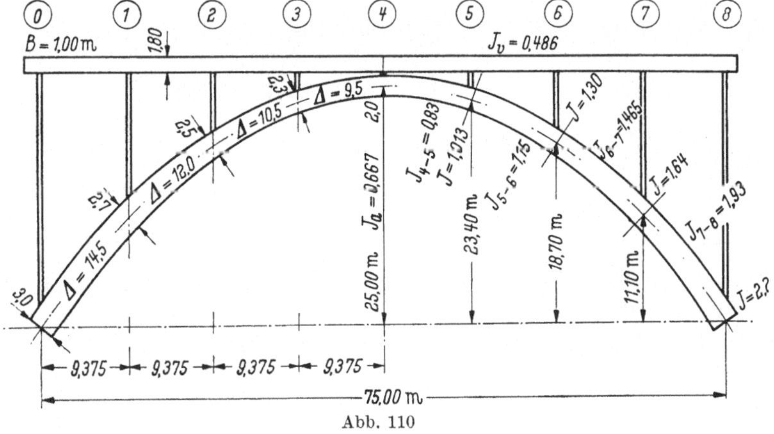

Abb. 110

Für die verschiedenen Koeffizienten erhalten wir:

$$EJ_v \cdot a_{11} = EJ_v \cdot a_{77} = 8{,}798 \qquad EJ_v \cdot a_{12} = EJ_v \cdot a_{67} = 2{,}224$$

$$EJ_v \cdot a_{22} = EJ_v \cdot a_{66} = 9{,}058 \qquad EJ_v \cdot a_{23} = EJ_v \cdot a_{56} = 2{,}301$$

$$EJ_v \cdot a_{33} = EJ_v \cdot a_{55} = 9{,}587 \qquad EJ_v \cdot a_{34} = EJ_v \cdot a_{45} = 2{,}488$$

$$EJ_v \cdot a_{44} = \qquad\quad = 9{,}964$$

Für $H = 1$:   *Die reinen Bogenkoeffizienten:*

$$EJ_v \cdot a_{1\,H} = a_{7\,H} \cdot EJ_v = -\;40{,}71 \qquad EJ_v \cdot \delta_H = -\;12571$$

$$EJ_v \cdot a_{2\,H} = a_{6\,H} \cdot EJ_v = -\;76{,}55 \qquad EJ_v \cdot \delta_A = +\;307{,}30$$

$$EJ_v \cdot a_{3\,H} = a_{5\,H} \cdot EJ_v = -\;115{,}40 \qquad EJ_v \cdot \alpha_A = \quad 11{,}40$$

$$EJ_v \cdot a_{4\,H} \qquad\quad = -\;136{,}05 \qquad EJ_v \cdot \beta_A = \quad 6{,}26$$

für $M_A = 1$:   *für $M_B = 1$:*

$$EJ_v \cdot a_{1\,A} = 3{,}285 \qquad EJ_v \cdot a_{1\,B} = 0{,}480$$

$$EJ_v \cdot a_{2\,A} = 3{,}135 \qquad EJ_v \cdot a_{2\,B} = 1{,}070$$

$$EJ_v \cdot a_{3\,A} = 3{,}120 \qquad EJ_v \cdot a_{3\,B} = 1{,}900$$

$$EJ_v \cdot a_{4\,A} = 2{,}770 \qquad EJ_v \cdot a_{4\,B} = 2{,}770$$

$$EJ_v \cdot a_{5\,A} = 1{,}900 \qquad EJ_v \cdot a_{5\,B} = 3{,}120$$

$$EJ_v \cdot a_{6\,A} = 1{,}070 \qquad EJ_v \cdot a_{6\,B} = 3{,}135$$

$$EJ_v \cdot a_{7\,A} = 0{,}480 \qquad EJ_v \cdot a_{7\,B} = 3{,}285$$

Wir erhalten z. B. für einige Koeffizienten gemäß Abb. 110

$$EJ_v \cdot a_{11} = 0{,}667 \cdot 9{,}375 + \frac{0{,}486}{1{,}465}\, 0{,}333 \cdot 12 +$$

$$+ \frac{0{,}486}{1{,}930} \cdot 0{,}333 \cdot 14{,}5 = 8{,}798,$$

$$EJ_v \cdot a_{12} = \frac{9{,}375}{6} + \frac{1 \cdot 0{,}486}{6 \cdot 1{,}93} \cdot 12{,}0 = 2{,}224,$$

$$-\,EJ_v \cdot a_{1\,H} = \frac{0{,}486}{1{,}93} \cdot 5{,}55 \cdot 14{,}5 \cdot 0{,}667 + \frac{0{,}486}{1{,}465} \cdot 14{,}9 \cdot 12{,}0\,\frac{1{,}1}{2{,}4} = 40{,}71,$$

$$EJ_v \cdot a_{1\,A} = \frac{0{,}486}{1{,}93} \cdot 0{,}937 \cdot 14{,}5 \cdot 1{,}486 + \frac{0{,}486}{1{,}465} \cdot 0{,}812 \cdot 12{,}0 \cdot 0{,}512 = 3{,}285.$$

Belastungsglieder für Belastungsfall $P = 1$ in Punkt 4

$$M_{op} = 1 \cdot \frac{75}{4} = 18{,}75 \text{ tm.}$$

Die Belastungsglieder der Gln. (211):

$$EJ_v \cdot a_{10} = \frac{0,486}{1,93} \cdot 0,5 \cdot 14,5 \cdot 3,1 + \frac{0,486}{1,465} \cdot 0,5 \cdot 12,0 \cdot 6,25 = 18,12,$$

$$EJ_v \cdot a_{20} = 39,84; \quad EJ_v \cdot a_{30} = 71,50; \quad EJ_v \cdot a_{40} = 95,80.$$

Die Belastungsglieder des reinen Bogens, infolge $P = 1$ in 4:

$$EJ_v \cdot \delta_0 = 7634; \quad EJ_v \cdot a_0 = EJ_v \cdot \beta_0 = 180,12,$$

2. *Rechnungsgang:* Gln. (210) für $\underline{H = 1}$:

$$8,8 \; X_1 + 2,224 X_2 - 40,71 = 0,$$
$$2,224 X_1 + 9,058 X_2 + 2,301 X_3 - 76,55 = 0,$$
$$2,301 X_2 + 9,587 X_3 + 2,488 X_4 - 115,40 = 0,$$
$$2,488 X_3 + 9,964 X_4 + 2,488 X_3 - 136,05 = 0.$$

Die Auflösung ergibt:

$$X_{1H} = 3,21 \quad X_{2H} = 5,57 \quad X_{3H} = 8,22 \quad X_{4H} = 9,54$$

3. *Rechnungsgang:* Gln. (210) für $\underline{M_A = 1}$:

$$8,8 \; X_1 + 2,224 X_2 + 3,285 = 0,$$
$$2,224 X_1 + 9,058 X_2 + 2,301 X_3 + 3,135 = 0,$$
$$2,301 X_2 + 9,587 X_3 + 2,488 X_4 + 3,120 = 0,$$
$$2,488 X_3 + 9,964 X_4 + 2,488 X_5 + 2,77 \;\; = 0,$$
$$2,488 X_4 + 9,587 X_5 + 2,301 X_6 + 1,90 \;\; = 0,$$
$$2,301 X_5 + 9,058 X_6 + 2,224 X_7 + 0,48 \;\; = 0,$$
$$2,224 X_6 + 8,80 \; X_7 \qquad\quad + 0,48 \;\; = 0.$$

Die Lösungen lauten:

$$X_{1A} = -0,320 \quad X_{2A} = -0,210 \quad X_{3A} = -0,226 \quad X_{4A} = -0,189$$
$$X_{5A} = -0,131 \quad X_{6A} = -0,0763 \quad X_{7A} = -0,0353$$

1. *Rechnungsgang:* Last $P = 1$ in 4, symmetrische Belastung Gln. (211):

$$8,8 \; X_1 + 2,224 X_2 + 18,12 = 0,$$
$$2,224 X_1 + 9,053 X_2 + 2,301 X_3 + 39,84 = 0,$$
$$2,301 X_2 + 9,587 X_3 + 2,488 X_4 + 71,50 = 0,$$
$$2,488 X_3 + 9,964 X_4 + 2,488 X_3 + 95,80 = 0,$$

und die Lösungen:

$$X_{10} = -1,347; \quad X_{20} = -2,815; \quad X_{30} = -4,92; \quad X_{40} = -7,16.$$

Glieder der Gln. (214), (215) und (216):

$$\alpha_o + \Sigma\,X_{io}\cdot\alpha_i = 180{,}12 - 61{,}49 = 118{,}63 = \alpha_o',$$

$$\alpha_H + \Sigma\,X_{iH}\cdot\alpha_i = -307{,}30 + 103{,}20 = -204{,}0,$$

$$\alpha_A + \Sigma\,X_{iA}\cdot\alpha_i = 11{,}40 - 3{,}29 = 8{,}11,$$

$$\alpha_B + \Sigma\,X_{iB}\cdot\alpha_i = 6{,}26 - 2{,}096 = 4{,}164,$$

$$\delta_o + \Sigma\,X_{io}\cdot\delta_i = 7634 - 2652 = 4982,$$

$$\delta_H + \Sigma\,X_{iH}\cdot\delta_i = -12571 + 4314 = -8257,$$

$$\delta_A + \Sigma\,X_{iA}\cdot\delta_i = 307{,}30 - 103{,}30 = +204{,}00.$$

Die Gleichungen des totaleingespannten Bogens für $P = 1$ in 4 lauten:
Gln. (214) und (216):

(214): $118{,}63 - H\cdot 204{,}0 + M_A\cdot 8{,}11 + M_B\cdot 4{,}164 = 0,$

(216): $4982 - H\cdot 8257 + M_A\cdot 204 + M_B\cdot 204 = 0,$

für symmetrische Belastung folgt:

$$M_A = M_B$$

und die zwei Unbekannten werden:

$$\underline{M_A = +2{,}09\ \text{tm}}\ \text{und}\ \underline{H = 0{,}706\ \text{t.}}$$

Momente in den verschiedenen Punkten.

1. Versteifungsbalken:

$$X_i = X_{io} + X_{iH}\cdot H + X_{iA}\cdot M_A + X_{iB}\cdot M_B,$$

$$X_1 = -1{,}347 + 3{,}21\cdot 0{,}706 + (-0{,}32)\cdot 2{,}09 - 0{,}0353\cdot 2{,}09 = 0{,}175,$$

$$X_2 = -2{,}815 + 5{,}57\cdot 0{,}706 - 0{,}210\cdot 2{,}09 \quad - 0{,}0763\cdot 2{,}09 = 0{,}527,$$

$$X_3 = -4{,}920 + 8{,}22\cdot 0{,}706 - 0{,}226\cdot 2{,}09 \quad - 0{,}131\cdot 2{,}09 = 0{,}144,$$

$$X_4 = -7{,}160 + 9{,}54\cdot 0{,}706 - 0{,}189\cdot 2{,}09 \quad - 0{,}189\cdot 2{,}09 = -1{,}210.$$

2. Bogen:

$$M_i = M_{0i} + X_i + M_A - H\cdot y_i,$$

$$M_1 = 4{,}70 + 0{,}175 + 2{,}09 - 0{,}706\cdot 11{,}1 = -0{,}88,$$

$$M_2 = 9{,}40 + 0{,}527 + 2{,}09 - 0{,}706\cdot 18{,}7 = -1{,}18,$$

$$M_3 = 14{,}10 + 0{,}144 + 2{,}09 - 0{,}706\cdot 23{,}4 = -0{,}17,$$

$$M_4 = 18{,}75 - 1{,}21 + 2{,}09 - 0{,}706\cdot 25{,}0 = +1{,}98,$$

$$M_A = 2{,}09.$$

Berechnung der starren Scheiben:

Nach der Formel (222) lauten die verschiedenen Glieder

$$0,5\,E \cdot \sum y' \frac{J_v}{J_a} \Delta s = 307,30; \quad 0,5\,E \cdot \sum \frac{J_v}{J_a} \Delta s = 17,60,$$

$$\sum X_{iA}\,[F_{i1} \cdot \eta_{i1} + F_{i2} \cdot \eta_{i2}] = -103,35,$$

$$\sum X_{iA}\,[w_{i1} + w_{i2}] \cdot 0,5 = -5,395,$$

somit wird

$$t = \frac{307,30 - 103,35}{17,60 - 5,39} = 16,69 \text{ m}.$$

Lassen wir nun H an den Enden der starren Scheiben angreifen, also längs I—II, so finden wir im

2. *Rechnungsgang*, für $\underline{H = 1}$, die Lösungen $\underline{X_{iH}}$ aus den folgenden Gleichungen, mit $t = 16,69$ m:

$$8,8 \quad X_1 + 2,224\,X_2 + 23,19 = 0,$$
$$2,224\,X_1 + 9,058\,X_2 + 2,301\,X_3 - 6,970 = 0,$$
$$2,301\,X_2 + 9,587\,X_3 + 2,488\,X_4 - 31,70 = 0,$$
$$2,488\,X_3 + 9,964\,X_4 + 2,488\,X_5 - 42,60 = 0.$$

Die Lösungen sind:

$$X_{1H} = -2,861, \quad X_{2H} = +0,894, \quad X_{3H} = 2,277, \quad X_{4H} = 3,140.$$

Für den Nenner lauten die einzelnen Glieder:

$$EJ_v \cdot \delta_1 = 23,19; \quad EJ_v \cdot \delta_2 = -6,97; \quad EJ_v \cdot \delta_3 = -31,70;$$

$$EJ_v \cdot \delta_4 = -42,60$$

und

$$0,5\,EJ_v \cdot \delta_H = -936,50.$$

Die Teile des Zählers für die Laststellung $P = 1$ in 4 sind:

$$0,5\,EJ_v \cdot \delta_0 = 934,80 - 127,50 = 807,30,$$

sowie

$$\sum X_{io} \cdot \delta_i = -594,10,$$

somit folgt für

$$\underline{H} = \frac{-(1614,70 - 594,10)}{-1873 + 423,70} = 0,706 \text{ t}.$$

$$\underline{\text{für} \quad (P = 1 \text{ in } 4)}$$

Die Balkenmomente, laut Gl. (227), wobei wegen Symmetrie $M_I = M_{II}$ ist

$$M_I = M_{II} = \frac{-118{,}23}{12{,}274} = -\ 9{,}66$$

$$H \cdot t = 0{,}706 \cdot 16{,}67 = +\ 11{,}76$$

und Kämpfermoment wird:

$$\underline{M_A = +\ 2{,}10\ \text{tm}.}$$

Man kontrolliere stets die Richtigkeit der Berechnung von t mit Hilfe der Formel:

$$\delta_A + \Sigma\ X_{iA} \cdot \delta_i = 0.$$

Wir rechnen noch einen unsymmetrischen Belastungszustand, und zwar für $\underline{P = 1\ \text{im Punkt 3}}$ angreifend. Es wird

$$M_{OP3} = \frac{1}{75} \cdot 3 \cdot 9{,}38 \cdot 5 \cdot 9{,}38 = 17{,}60\ \text{tm}.$$

Die Belastungsglieder von Gl. (211) lauten:

$$EJ_v \cdot a_{10} = 22{,}84 \quad EJ \cdot a_{20} = 49{,}89 \quad EJ_v \cdot a_{30} = 80{,}21 \quad EJ_v \cdot a_{40} = 78{,}2$$

$$EJ_v \cdot a_{50} = 53{,}54 \quad EJ_v \cdot a_{60} = 30{,}06 \quad EJ_v \cdot a_{70} = 13{,}59.$$

In bezug auf die starren Scheiben wird:

$$EJ_v \cdot \delta_0 = 1657{,}10 - 235{,}60 = 1421{,}50.$$

Die Belastungsglieder der Balkengleichungen (227):

$$\alpha'_o = \alpha_o + \Sigma\ X_{io}\,\alpha_i = 179{,}91 - 60{,}48 = 119{,}43$$

$$\beta'_o = 154{,}74 - 52{,}64 = 102{,}10.$$

Die Lösungen der Gln. (211) für diesen Belastungszustand sind:

$$X_{10} = -\ 1{,}700 \quad X_{20} = -\ 3{,}539 \quad X_{30} = -\ 6{,}110 \quad X_{40} = -\ 5{,}406$$

$$X_{50} = -\ 3{,}668 \quad X_{60} = -\ 2{,}140 \quad X_{70} = -\ 1{,}003.$$

Für den Horizontalschub finden wir aus Gl. (228):

$$\underline{H} = -\frac{1421{,}5 - 517{,}2}{-1873{,}0 + 423{,}7} = \underline{0{,}624\ \text{t}.}$$

Die Balkengleichungen (227) für $P = 1$ in 3 werden:

$$M_I \cdot 8{,}11\ + M_{II} \cdot 4{,}164 + 119{,}43 = 0,$$

$$M_I \cdot 4{,}164 + M_{II} \cdot 8{,}11\ + 102{,}10 = 0,$$

woraus

$$M_I = -\ 11{,}23; \quad M_{II} = -\ 6{,}82$$

werden und die Kämpfermomente:

$$M_A = -11{,}23 + 16{,}69 \cdot 0{,}624 = -0{,}83 \text{ tm},$$

$$M_B = -6{,}82 + 16{,}69 \cdot 0{,}624 = +3{,}58 \text{ tm}.$$

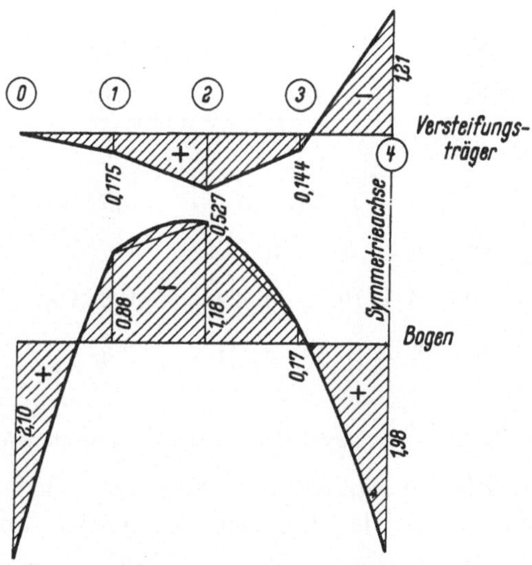

Abb. 111. Momentflächen in Balken und Bogen für den Lastfall $P = 1$ in 4 (symmetrischer Fall)

Berechnung der Überzähligen für den Belastungsfall: $P = 1$ im Punkt 3 angreifend

$$M_{OP3} = \frac{1}{75}\, 3 \cdot 9{,}38 \cdot 5 \cdot 9{,}38 = 17{,}6 \text{ tm}.$$

Die Belastungsglieder der Gln. (211) werden:

$$EJ_v \cdot a_{10} = 22{,}84; \quad EJ_v \cdot a_{20} = 49{,}89; \quad EJ_v \cdot a_{30} = 80{,}21$$

$$EJ_v \cdot a_{40} = 78{,}20; \quad EJ_v \cdot a_{50} = 53{,}54; \quad EJ_v \cdot a_{60} = 30{,}06$$

$$EJ_v \cdot a_{70} = 13{,}59.$$

Die Auflösungen der Gln. (211) ergeben die Werte X_{i0}

$$X_{10} = -1{,}70 \quad X_{20} = -3{,}539 \quad X_{30} = -6{,}11 \quad X_{40} = -5{,}406$$

$$X_{30} = -3{,}668 \quad X_{60} = -2{,}140 \quad X_{70} = -1{,}003$$

Die Belastungsglieder der „Balkengleichungen" (227) lauten:

$$\alpha'_o = \alpha_o + \Sigma X_{io} \cdot \alpha_i = 179{,}91 - 60{,}48 = 119{,}43,$$

$$\beta'_o = \beta_o + \Sigma X_{io} \cdot \beta_i = 154{,}74 - 52{,}64 = 102{,}10,$$

sowie das Belastungsglied der „Bogengleichung" (228):

$$\delta'_o = \delta_o + \Sigma X_{io} \cdot \delta_i = (1657{,}1 - 235{,}6) - 517{,}2 = 904{,}3$$

auf die starren Scheiben bezogen. ($t = 16{,}69$). Wir finden für

$$\underline{H} = -\frac{904{,}3}{-1873 + 423{,}7} = \frac{904{,}3}{1449{,}3} = \underline{0{,}624\,t}.$$

Die Gln. (227) lauten für den obigen Belastungszustand:

$$M_{\mathrm{I}} \cdot 8{,}11 + M_{\mathrm{II}} \cdot 4{,}164 + 119{,}43 = 0,$$
$$M_{\mathrm{I}} \cdot 4{,}164 + M_{\mathrm{II}} \cdot 8{,}11 + 102{,}10 = 0. \tag{227}$$

Daraus ergeben sich

$$M_{\mathrm{I}} = -11{,}23; \quad M_{\mathrm{II}} = -6{,}82\,\mathrm{tm}$$

und die Kämpfermomente aus Gl. (254)

$$\underline{M_A = -11{,}23 + 16{,}69 \cdot 0{,}624 = -0{,}83\,\mathrm{tm}},$$
$$\underline{M_B = -\ 6{,}82 + 16{,}69 \cdot 0{,}624 = +3{,}58\,\mathrm{tm}}.$$

Einflußlinien des Grundsystems des totaleingespannten Bogens

Die drei wichtigsten Einflußlinien des Bogens sind diejenigen des Horizontalschubes H, sowie diejenigen der beiden Kämpfermomente

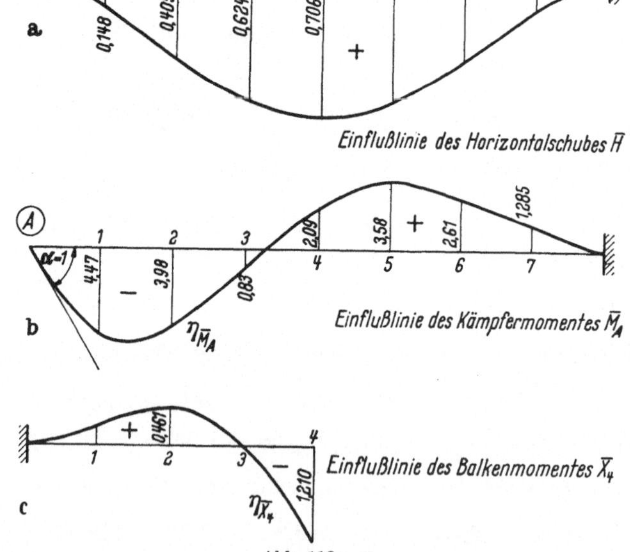

Abb. 112 a—c

$M_A = M_{\mathrm{I}} + H \cdot t$ und $M_B = M_{\mathrm{II}} + H \cdot t$, dessen Ordinaten wir für die Laststellen über den Knotenpunkten berechnet haben. Weiter geben wir die Einflußlinie für das Stützenmoment X_4 des Versteifungsträgers, welches sich nach der Formel (212) berechnen läßt. Die Einflußlinien für M_A und M_B sind wieder symmetrisch. Da es sich wieder um das Grundsystem handelt, überstreichen wir die betreffenden Bezeichnungen in der Abb. 112.

III. Die Festwerte der Bogen

Für die Behandlung der durchlaufenden Bogenträger mit obenliegendem Versteifungsträger müssen wir wieder die im Teil A eingeführten Vorzeichenregeln beachten. Es gilt dies speziell für das Kämpfermoment M_B des Grundsystems. Weiterhin werden wir die Knotenpunkte der Bogen mit großen Buchstaben versehen, um diese nicht mit den Stützenpunkten des Fahrbahnträgers zu verwechseln. Sämtliche Drehungen der Knotenpunkte werden wir wieder wie im Teil A mit α bezeichnen. Dementsprechend werden auch die Indizes der Knotenpunktsdrehungen

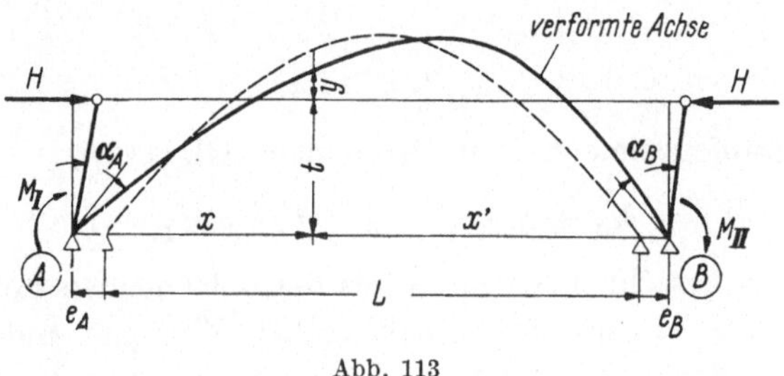

Abb. 113

und -verschiebungen abgeändert. Wir erhalten demnach die Grundverformungen des elastisch eingespannten Bogens mit Versteifungsträger gemäß der Abb. 113.

$$\alpha_A = \alpha'_{A0} + M_I \cdot \alpha'_{AI} - M_{II} \cdot \alpha'_{AII},$$
$$\alpha_B = \alpha'_{B0} - M_I \cdot \alpha'_{BI} + M_{II} \cdot \alpha'_{BII}, \tag{265}$$
$$\delta = \delta'_0 + H \cdot \delta'_H. \tag{266}$$

Wir stellen in den Formeln (265) und (266) vollständige Analogie fest mit dem freien Bogen des Teiles A (ohne Versteifungsträger). Wir können deshalb Schritt für Schritt den Berechnungen des Teiles A folgen und diese auf den durchlaufenden Bogenträger mit Versteifungsträger übertragen. Die Änderung der Distanz der Endpunkte der starren Scheiben O_I und O_{II} wird:

$$\delta = e_A + e_B - \alpha_A \cdot t + \alpha_B \cdot t \tag{267}$$

positiv für eine Vergrößerung der Spannweite.

Für die Berechnung der Festwerte stellen wir die Momente und den Horizontalschub der Gln. (265) und (266) in Funktion der Verformungen der Knotenpunkte, und setzen die Belastungsglieder in diesen gleich Null, also:

$$\alpha'_{A0} = \alpha'_{B0} = \delta'_0 = 0. \tag{268}$$

In der Abb. 113 sowie in den folgenden Abbildungen wird der Versteifungsträger übersichtshalber weggelassen.

Aus Gl. (265) erhalten wir demnach die folgenden Momente:

$$M_\mathrm{I} = \frac{\alpha_A \cdot \alpha'_{B\,\mathrm{II}} + \alpha_B\,\alpha'_{A\,\mathrm{II}}}{\alpha'^2_{A\,\mathrm{I}} - \alpha'^2_{A\,\mathrm{II}}}$$

$$M_\mathrm{II} = \frac{\alpha_B \cdot \alpha'_{B\,\mathrm{II}} + \alpha_A \cdot \alpha'_{A\,\mathrm{II}}}{N}, \tag{269}$$

sowie aus Gl. (266) mit (267) den Horizontalschub:

$$H = \frac{e_A + e_B - (\alpha_A - \alpha_B) \cdot t}{\delta'_H} \tag{270}$$

mit

$$e_A + e_B = e. \tag{271}$$

Für die Kämpfermomente resultieren nach Gl. (118):

$$M_A = M_\mathrm{I} + H \cdot t \quad \text{und} \quad M_B = M_\mathrm{II} - H \cdot t. \tag{272}$$

Die Festwerte berechnen sich nun aus den allgemeinen Formeln (269), (270) und (272), es sind dies ja bekanntlich Momente und Horizontalkräfte infolge den entsprechenden Einheitsverformungen.

1. Festwerte für die Drehung $\alpha_A = \pm\,1$

Gleichzeitig setzen wir

$$\alpha_B = e = 0. \tag{273}$$

In der Abb. 114 merken wir die entsprechenden Momente und Horizontalkräfte.

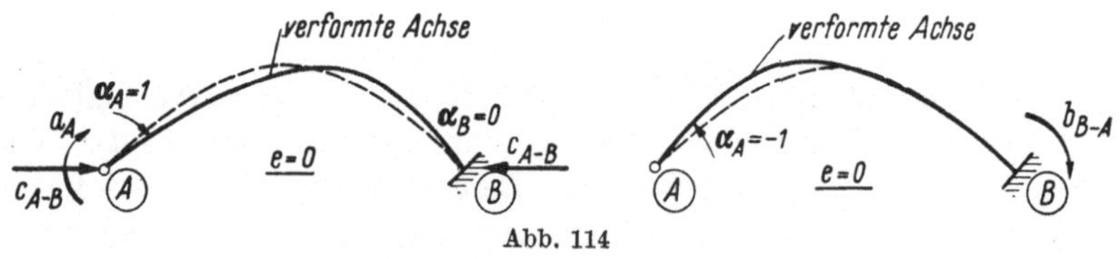

Abb. 114

Wir definieren für diesen Verschiebungszustand die folgenden Festwerte:

$$\alpha_A = +\,1: \quad c_{A-B} = \text{Horizontalschub des Bogens } H,$$

$$\alpha_A = +\,1: \quad a_A \quad\;\; = \text{Kämpfermoment } M_A = M_\mathrm{I} + H \cdot t,$$

$$\alpha_A = -\,1: \quad b_{B-A} = \text{Kämpfermoment } M_B = M_\mathrm{II} - H \cdot t$$

und die Festwerte lauten somit:

$$
\begin{aligned}
\alpha_A = +\,1: \quad a_A \;\; &= \frac{\alpha'_{B\,II}}{N} - \frac{t^2}{\delta'_H} \\[2mm]
\alpha_A = -\,1: \quad b_{B-A} &= -\,\frac{\alpha'_{A\,II}}{N} - \frac{t^2}{\delta'_H} \\[2mm]
\alpha_A = +\,1: \quad c_{A-B} &= -\,\frac{t}{\delta'_H}
\end{aligned}
\tag{274}
$$

2. Festwerte für die Drehung $\alpha_B = \pm\,1$

Weiter sind

$$
\alpha_A = e = 0.
\tag{275}
$$

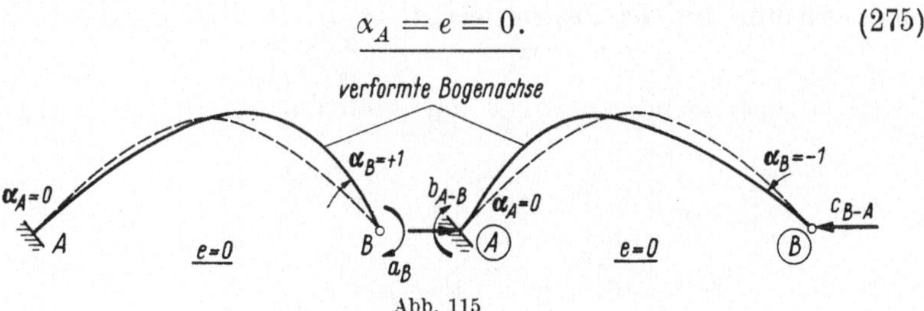

Abb. 115

Gemäß den Abb. 115 erhalten wir für diesen Verschiebungszustand die Festwerte:

$$
\begin{aligned}
\alpha_B = +\,1: \quad a_B \;\; &= \text{Kämpfermoment } M_B = M_{II} - H \cdot t, \\
\alpha_B = -\,1: \quad b_{A-B} &= \text{Kämpfermoment } M_A = M_I + H \cdot t, \\
\alpha_B = -\,1: \quad c_{B-A} &= \text{Horizontalschub } H
\end{aligned}
$$

und als Festwerte erhalten wir:

$$
\begin{aligned}
\alpha_B = +\,1: \quad a_B \;\; &= \frac{\alpha'_{A\,I}}{N} - \frac{t^2}{\delta'_H} \\[2mm]
\alpha_B = -\,1: \quad b_{A-B} &= -\,\frac{\alpha'_{A\,II}}{N} - \frac{t^2}{\delta'_H} \\[2mm]
\alpha_B = -\,1: \quad c_{B-A} &= -\,\frac{t}{\delta'_H}
\end{aligned}
\tag{276}
$$

3. Festwerte für die Horizontalverschiebung $e = \pm\,1$

Gleichzeitig sind

$$
\alpha_A = \alpha_B = 0.
\tag{277}
$$

Für den betreffenden Verschiebungszustand gemäß der Abb. 116 definieren wir:

$$e = -1: \quad d_{A-B} = \text{Horizontalschub } H,$$
$$e = -1: \quad c_{A-B} = \text{Kämpfermoment } M_A = M_I + H \cdot t,$$
$$e = +1: \quad c_{B-A} = \text{Kämpfermoment } M_B = M_{II} - H \cdot t,$$

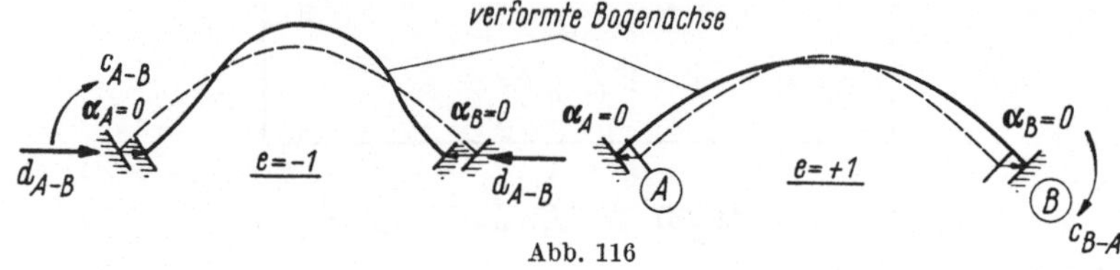

Abb. 116

somit erhalten wir die Festwerte zu:

$$
\left.
\begin{aligned}
e = +1: &\quad c_{B-A} = -\frac{t}{\delta'_H} \\[2ex]
e = -1: &\quad c_{A-B} = -\frac{t}{\delta'_H} \\[2ex]
e = -1: &\quad d_{A-B} = -\frac{1}{\delta'_H}
\end{aligned}
\right\}.
\tag{278}
$$

Allgemeines Beispiel

Der Nenner des Horizontalschubes H wird:

$$\delta'_H = -1873 + 423{,}7 = -1449{,}3 \quad (\text{s. S. 95}).$$

Die Drehwinkel lauten (s. S. 94):

$$\alpha'_{AI} = \alpha'_{BII} = 11{,}40 - 3{,}29 = 8{,}11,$$
$$\alpha'_{AII} = \alpha'_{BI} = 6{,}26 - 2{,}096 = 4{,}164.$$

Die Höhe der „starren Scheiben":

$$t = 16{,}69 \text{ m}.$$

Der Nenner wird somit:

$$N = \alpha'^2_{AI} - \alpha'^2_{AII} = 65{,}8 - 17{,}34 = 48{,}46$$

und gemäß den Gln. (276), (274) und (278) erhalten wir die folgenden Festwerte für das System der Abb. 110

$$a_A = a_B = \frac{8{,}11}{48{,}46} + \frac{278{,}4}{1449{,}3} = 0{,}3596 \cdot J_v \cdot E,$$

$$b_{A-B} = b_{B-A} = -\frac{4{,}164}{48{,}46} + 0{,}1922 = 0{,}1062 \cdot EJ_v,$$

$$c_{A-B} = c_{B-A} = \frac{16{,}69}{1449{,}3} = 0{,}01152 \, EJ_v,$$

$$d_{A-B} = \frac{1}{1449{,}3} = 0{,}00069 \, EJ_v.$$

IV. Kämpfermomente M_A und M_B, Horizontalschub H_{A-B} des elastisch eingespannten Bogens

Wie im Teil A können wir diese drei Größen in Funktion der Widerlagerverformungen α_A, α_B und e, sowie der Belastungsglieder des Grundsystemes, mit Hilfe der in Kap. III (S. 15) gerechneten Festwerte, anschreiben. Es gilt auch hier das Gesetz der Superposition.

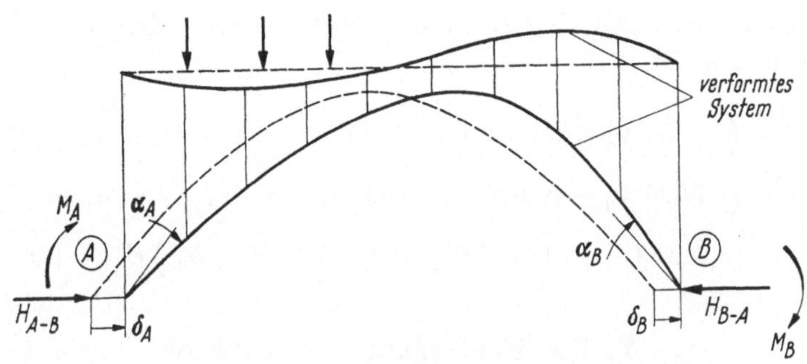

Abb. 117

In der Abb. 117 geben wir Verschiebungen, Drehungen und Kräfte in positiven Richtungssinne an, gemäß den Vorzeichenregeln, die wir in Teil A (S. 4) festgesetzt haben. Die drei gesuchten Größen lauten somit:

$$
\boxed{
\begin{aligned}
M_A &= a_A \cdot \alpha_A - b_{A-B} \cdot \alpha_B - c_{A-B}(\delta_B - \delta_A) + \overline{M}_A \\
M_B &= a_B \cdot \alpha_B - b_{B-A} \cdot \alpha_A + c_{B-A}(\delta_B - \delta_A) + \overline{M}_B \\
H_{A-B} &= c_{A-B} \cdot \alpha_A - c_{B-A} \cdot \alpha_B - d_{A-B}(\delta_B - \delta_A) + \overline{H}_{A-B}
\end{aligned}
}
\qquad (279)
$$

$\overline{M}_A$, $\overline{M}_B$ und $\overline{H}_{A-B}$ stellen die Belastungsglieder dar, und sind Kämpfermomente und Horizontalschub des totaleingespannten Bogens oder des Grundsystemes infolge einer gegebenen äußeren Belastung. Gehen wir zurück zum Grundsystem, so liefern uns die Gln. (227) und (228) die überzähligen Größen $\overline{M}_I$, $\overline{M}_{II}$ und $\overline{H}$ infolge der äußeren Belastung. Die Bezeich-

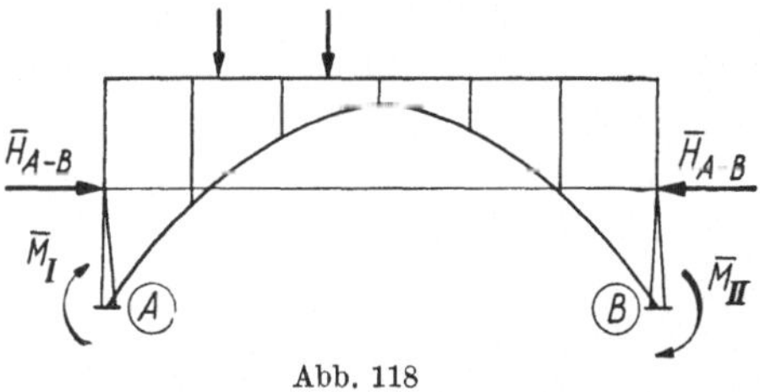

Abb. 118

nungen dieser Größen sind hier überstrichen, weil sie sich auf das Grundsystem beziehen, vgl. Abb. 118. Man beachte auch den positiven Richtungssinn für das Moment M_{II} und M_B entsprechend den hier herr-

schenden Vorzeichenregeln. Die Kämpfermomente des Grundsystemes
erhalten wir wie früher zu:

$$\overline{M}_A = \overline{M}_\mathrm{I} + \overline{H}_{A-B} \cdot t,$$
$$\overline{M}_B = \overline{M}_\mathrm{II} - \overline{H}_{A-B} \cdot t. \tag{280}$$

Beispiel. Für das in der Abb. 110 festgestellte Grundsystem erhalten
wir für den elastisch eingespannten Bogen die folgenden überzähligen
Größen nach Gl. (279):

$$M_A = \big(0{,}3596\,\alpha_A - 0{,}1062\,\alpha_B - 0{,}01152\,(\delta_B - \delta_A)\big)\,E \cdot J_v + \overline{M}_A,$$

$$M_B = \big(0{,}3596\,\alpha_B - 0{,}1062\,\alpha_A + 0{,}01152\,(\delta_B - \delta_A)\big)\,E \cdot J_v + \overline{M}_B,$$

$$H_{A-B} = \big(0{,}01152\,\alpha_A - 0{,}01152\,\alpha_B - 0{,}00069\,(\delta_B - \delta_A)\big)\,E \cdot J_v + \overline{H}_{A-B}.$$

V. Die Knotenpunktsgleichungen

Diese Gleichungen leiten wir ab, indem wir das Gleichgewicht der
Kräfte, welche auf die Knotenpunkte einwirken, aufstellen.

1. Die Momente, welche auf den abgetrennten Knoten einwirken,
sind im Gleichgewicht.

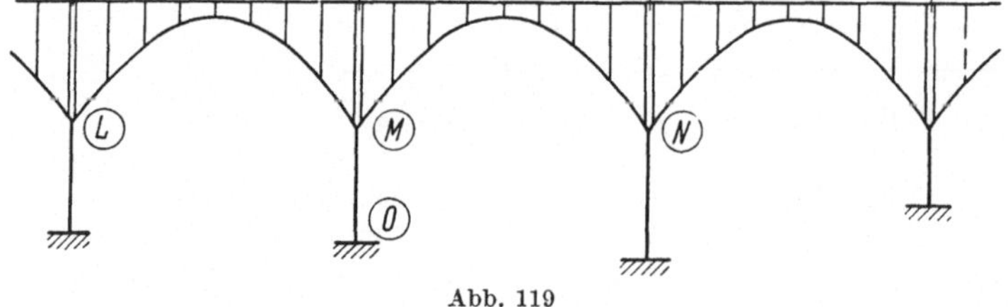

Abb. 119

2. Die Horizontalkräfte, welche auf den Knotenpunkt wirken, sind
im Gleichgewicht.

Somit erhalten wir pro Knoten zwei Gleichungen für die unbekannten
Deformationen α und δ desselben. Zum Schluß erhalten wir so viele
Gleichungen wie wir Unbekannte haben. Es erübrigt sich, die Berech-
nung zu wiederholen, sondern wir begnügen uns einfach die wichtigen
Formeln aufzustellen. Es sei der Knoten M der Mittelpunkt der Berech-
nung.

Für die Vorzeichen gelten die in Teil A (S. 4) definierten Regeln.
Für die Kräfte, welche auf den abgetrennten Knoten einwirken, gelten
die in der Abb. 120 festgesetzten positiven Richtungssinne.

Außerdem sind die Verschiebungen der Knoten nach rechts positiv,
sowie die Drehungen im Uhrzeigersinne, gemäß Abb. 121.

Die erste Knotenpunktsgleichung erhalten wir aus der Abb. 120a für den Knoten M.

Das Gleichgewicht der Momente lautet:

$$\Sigma\, M_M = M_{Mr} + M_{Ml} + M_{Mu} = 0 \qquad (281)$$

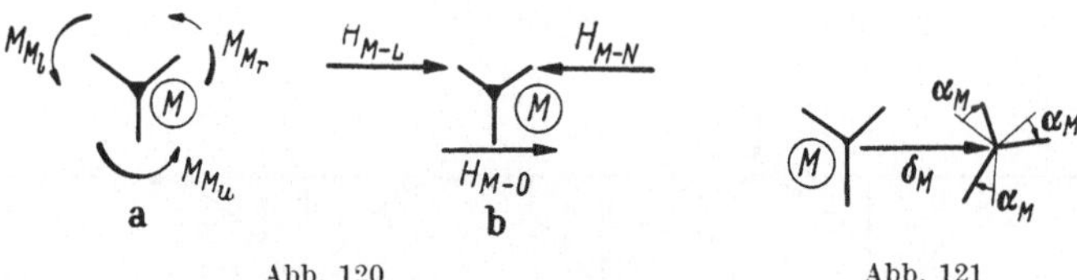

Abb. 120   Abb. 121

und die entsprechende Knotenpunktsgleichung:

$$\boxed{\begin{aligned} A_M \cdot \alpha_M - b_{M-N} \cdot \alpha_N - b_{M-L} \cdot \alpha_L + b_{M-0} \cdot \alpha_0 + C_M \cdot \delta_M - \\ - c_{M-N} \cdot \delta_N - c_{M-L} \cdot \delta_L + \overline{M}_M = 0 \end{aligned}} \qquad (282)$$

mit den folgenden Koeffizienten:

$$\begin{aligned} A_M &= a_{Mr} + a_{Ml} + a_{Mu}, \\ C_M &= c_{M-N} + c_{M-L} - c_{M-0} \end{aligned} \qquad (283)$$

und dem Belastungsglied:

$$\overline{M}_M = \overline{M}_{Mr} + \overline{M}_{Ml} + \overline{M}_{Mu}. \qquad (284)$$

Die zweite Knotenpunktsgleichung für den Knoten M lautet mit Hilfe der Abb. 120b und mit der Gleichgewichtsbedingung:

$$\Sigma\, H_M = H_{M-N} - H_{M-L} - H_{M-0} = 0, \qquad (285)$$

somit folgt:

$$\boxed{C_M \cdot \alpha_M - \sum_{i \neq M} c_{i-M} \cdot \alpha_i + D_M \cdot \delta_M - \Sigma\, d_{M-i} \cdot \delta_i + \overline{\overline{H}}_M = 0} \qquad (286)$$

wobei die Koeffizienten lauten:

$$\begin{aligned} C_M &= c_{M-N} + c_{M-L} - c_{M-0}, \\ D_M &= d_{M-N} + d_{M-L} + d_{M-0} \end{aligned} \qquad (287)$$

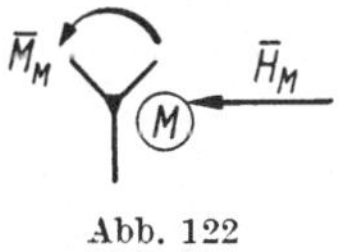

Abb. 122

und das Belastungsglied:

$$\overline{\overline{H}}_M = \overline{\overline{H}}_{M-N} - \overline{H}_{M-L} - H_{M-0}. \qquad (288)$$

Die Belastungsglieder, auf den abgetrennten Knoten bezogen, sind positiv, wenn sie als Moment im Gegenuhrzeigersinne und als Horizontalkraft nach links wirken, vgl. Abb. 122.

Beispiel (Fortsetzung). Wir haben ein System von vier gleichen Bogen, wobei der einzelne Bogen identisch ist mit demjenigen der Abb. 110. Auf den Bogen A—B wirke im Scheitelpunkt desselben die Punktlast $P = 1$ t. Wir berechnen die Momentenkurven in den Bogen sowie in den Versteifungsträger. Alle Bogenkonstanten entnehmen wir den früheren Beispielen, die sich alle auf das gleiche Grundsystem beziehen.

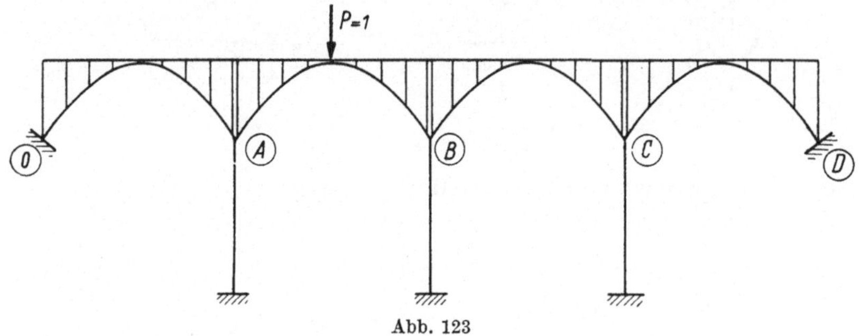

Abb. 123

Festwerte der Säulen. Alle drei Säulen haben gleiche Abmessungen, mit einer Höhe von 25 m. Mit $J = 2,25$ m⁴ und $J_v = 0,486$ wird $J = 4,63 J_v$ und die Festwerte für eine konstante Sektion:

$$a_A \quad = \frac{4\,E\cdot J}{h} = \frac{4\cdot 4,63\,EJ_v}{25} = 0,741\cdot EJ_v,$$

$$b_{A-U} = \frac{2\cdot EJ}{h} = 0,370\cdot EJ_v,$$

$$c_{A-U} = \frac{6\cdot EJ}{h^2} = \frac{6\cdot 4,63|\cdot EJ_v}{625} = 0,0445\cdot EJ_v,$$

$$d_{A-U} = \frac{12\cdot EJ}{h^3} = \frac{12\cdot 4,63\,EJ_v}{15\,625} = 0,003557\cdot EJ_v.$$

$$(289)$$

Abb. 124

Die Konstanten der Knotenpunkte A, B und C werden

$$\underline{A_M} = (0,3596 + 0,3596 + 0,741)\cdot EJ_v = \underline{1,4602\,EJ_v},$$

$$\underline{C_M} = (0,01152 + 0,01152 - 0,0445)\,EJ_v = \underline{-0,02146\,EJ_v},$$

$$\underline{D_M} = (2\cdot 0,00069 + 0,00356)\,EJ_v = \underline{0,00494\,EJ_v}.$$

Die Belastungsglieder für die in Abb. 123 eingezeichnete Punktlast lauten:

$$\overline{H}_A = + 0,706\,\text{t} = -\,\overline{H}_B; \quad \overline{M}_A = + 2,10\,\text{tm} = -\,\overline{M}_B.$$

Die Knotenpunktsgleichungen gemäß den Gln. (282) und (286) werden:

Knoten A:

$$1,46\,\alpha_A - 0,106\,\alpha_B - 0,02146\,\delta_A - 0,01152\,\delta_B + 2,10 = 0,$$

$$-0,02146\,\alpha_A - 0,01152\,\alpha_B + 0,00494\,\delta_A - 0,00069\,\delta_B + 0,706 = 0.$$

Knoten B:

$$-0,106\,\alpha_A + 1,460\,\alpha_B - 0,106\,\alpha_C - 0,01152\,\delta_A -$$
$$-\,0,02146\,\delta_B - 0,01152\,\delta_C - 2,10 = 0,$$

$$-0,1152\,\alpha_A - 0,02146\,\alpha_B - 0,01152\,\alpha_C$$
$$-\,0,00069\,\delta_A + 0,00494\,\delta_B - 0,00069\,\delta_C - 0,706 = 0.$$

Knoten C:

$$-0,1062\,\alpha_B + 1,460\,\alpha_C - 0,01152\,\delta_B - 0,02146\,\delta_C = 0,$$

$$-0,01152\,\alpha_B - 0,02146\,\alpha_C - 0,00069\,\delta_B + 0,00494\,\delta_C = 0.$$

Die Auflösung dieser sechs Gleichungen nach den unbekannten sechs Deformationen gibt:

$$\alpha_A = -2,03, \quad \alpha_B = +2,749, \quad \alpha_C = +1,824 \quad \text{alle Werte} \cdot \frac{1}{EJ_v},$$

$$\delta_A = -128,77, \quad \delta_B = 141,2, \quad \delta_C = 34,01 \quad \text{alle Werte} \cdot \frac{1}{EJ_v}$$

mit den Randbedingungen für totale Einspannung der Endbogen:

$$\alpha_0 = \alpha_D = \delta_0 = \delta_D = 0.$$

Es lauten z. B. die Stabmomente für den *Knoten A:*

$$M_{Al} = -0,3596 \cdot 2,03 - 0,01152 \cdot 128,77 = -2,205$$

$$M_{Ar} = -0,3596 \cdot 2,03 - 0,1062 \cdot 2,749 - 270 \cdot 0,01152 + 2,10 = -2,020$$

$$M_{Au} = -0,741 \cdot 2,03 + 0,0445 \cdot 128,8 = +4,225$$

$$\text{Kontrolle } \Sigma = \quad 0$$

Knoten O:

$$M_{Or} - 0,1062 \cdot 2,03 + 0,01152 \cdot 128,77 = +1,698.$$

Die Horizontalkräfte, welche auf den Knoten *B* einwirken, haben die folgenden Werte:

$$H_{B-C} = \quad 0,1152\,(2,749 - 1,824) + 0,00069 \cdot 107,2 = \quad 0,085\,\text{t}$$

$$H_{B-A} = -0,01152 \cdot 4,779 - 0,00069 \cdot 270 + 0,706 = \quad 0,465\,\text{t}$$

$$H_{B-U} = \quad 0,0445 \cdot 2,749 - 0,00356 \cdot 141,2 = -0,381\,\text{t}$$

$$\text{Kontrolle } \Sigma = \quad 0$$

Momente im Bogen und Versteifungsträger der *Öffnung A—B:* Das Biegungsmoment in einem beliebigen Schnitt des Versteifungsträgers folgt aus Gl. (212):

$$X_i = X_{io} + X_{iH} \cdot H + X_{iA} \cdot M_A + X_{iB} \cdot M_B.$$

Für unseren Belastungsfall erhielten wir:

$$M_A = M_{Ar} = -2{,}02; \quad M_B = M_{Bl} = -2{,}214; \quad H = H_{A-B} = 0{,}465.$$

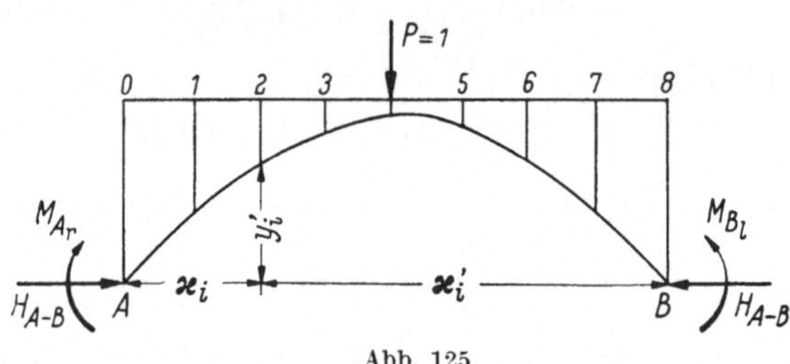

Abb. 125

Wir beachten hier die Vorzeichenänderung für M_B, wenn das Moment sich aus den Bogen selbst bezieht. Wir erhalten somit für den Punkt 4 z. B.:

$$X_4 = -7{,}16 + 9{,}54 \cdot 0{,}465 + 0{,}189 \cdot 2{,}02 + 0{,}189 \cdot 2{,}214 = -1{,}91 \, \mathrm{tm}.$$

Für das Bogenmoment in i wird nach Gl. (219):

$$M_i = M_{0i} + X_i + M_A \frac{x'_i}{L} + M_B \frac{x_i}{L} - H \cdot y'_i.$$

Somit werden für Punkte 4 und 7:

$$M_4 = 18{,}75 - 1{,}91 - 2{,}02 \cdot 0{,}50 - 2{,}214 \cdot 0{,}5 - 0{,}465 \cdot 25{,}0 = 3{,}04 \, \mathrm{tm}.$$

$$M_7 = 4{,}70 + 0{,}933 - 2{,}02 \cdot 0{,}125 - 2{,}214 \cdot 0{,}875 - 0{,}465 \cdot 11{,}1 =$$

$$= -1{,}74 \, \mathrm{tm}.$$

Öffnung B—C: Für diese Öffnung sind die Belastungsglieder O, also $X_{i0} = M_{i0} = 0$.

Die Überzähligen sind:

$$M_B = +2{,}03 \, \mathrm{tm}, \quad M_C = 0{,}878, \quad H = 0{,}085 \, \mathrm{t}.$$

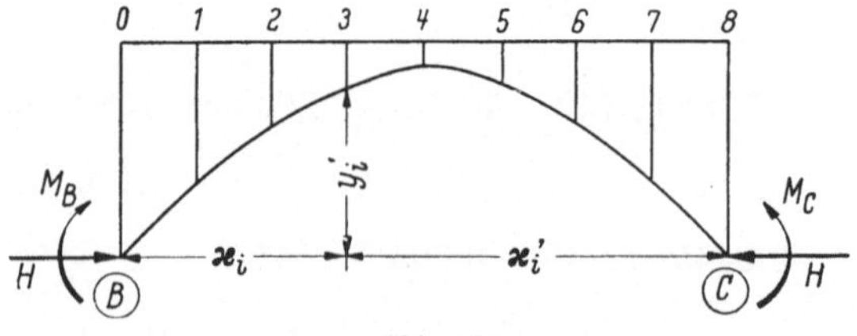

Abb. 126

Für das Moment in 1 des Versteifungsträgers finden wir z. B.:

$$H_1 = 3{,}21 \cdot 0{,}085 - 0{,}32 \cdot 2{,}03 - 0{,}0353 \cdot 0{,}878 = -0{,}408\,\text{tm}$$

und im Bogen für den Punkt 5:

$$M_5 = 0{,}235 + 2{,}03 \cdot 0{,}375 + 0{,}878 \cdot 0{,}625 - 0{,}085 \cdot 23{,}4 = -0{,}44\,\text{tm}.$$

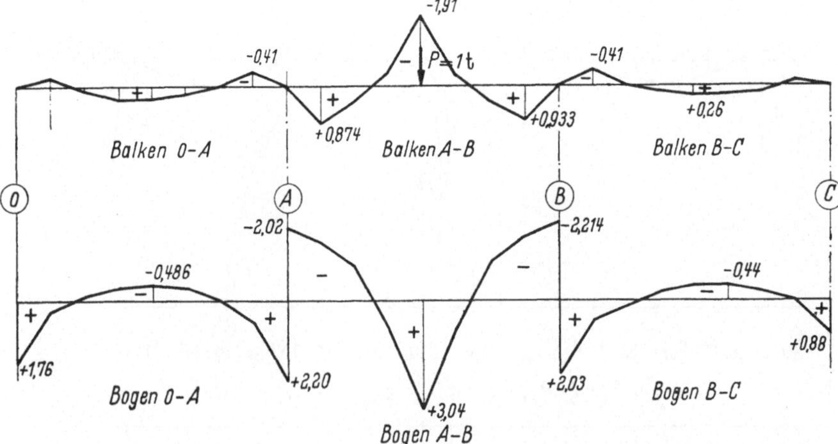

Abb. 127. Momentenflächen in Balken und Bogen des Systemes der Abb. 123 für eine Einzellast $P = 1$ im Punkt 4 der Öffnung $A-B$ angreifend

VI. Die Einflußlinien

Es werden hier die Formeln für die sechs Grundeinflußlinien zusammengestellt. Eine weitere Ableitung dieser Gleichungen wird nicht mehr gegeben, da dies im Teil A ausführlich getan wurde. Hingegen ist eine übersichtliche Zusammenstellung dieser Formeln für die praktische Anwendung äußerst wertvoll. Die Kenntnis der betreffenden Einflußlinien im Grundsystem (totaleingespannter Bogen mit Versteifungsträger oder Säule) wird auch hier wieder vorausgesetzt. Ferner sind diese sechs Grundeinflußlinien erforderlich für die Konstruktion sämtlicher übrigen Einflußlinien derselben Öffnung oder Säule des durchlaufenden Systems. Es sei festgestellt, daß die übliche Vorzeichenkonvention ungültig ist und die Verformungen der Knotenpunkte positiv sind, wie es die entsprechenden Abbildungen anweisen. Für die übrigen Voraussetzungen kann auf den Teil A verwiesen werden.

1. Einflußlinie des Kämpfermomentes M_{Mr}

Knotenpunktsgleichungen für die Biegelinie der Abb. 128

$$\alpha_M + \alpha'_M = 1 \tag{290}$$

Knoten M :

$$-\alpha'_M \cdot A_M + a_{Mr} + b_{M-L} \cdot \alpha_L - b_{M-N} \cdot \alpha_N + b_{H-O} \cdot \alpha_O - \\ - C_M \cdot \delta_M - c_{M-N} \cdot \delta_N + c_{M-L} \cdot \delta_L = 0 \qquad (291)$$

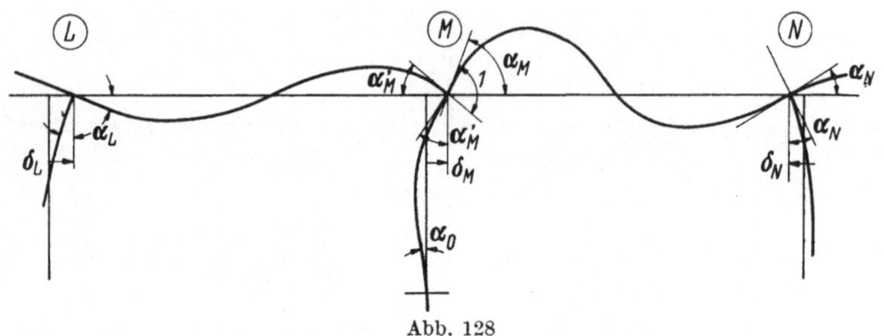

Abb. 128

$$C_M \cdot \alpha'_M - c_{M-N} + c_{N-M} \cdot \alpha_N - c_{L-M} \cdot \alpha_L + c_{M-O} \cdot \alpha_O + \\ + D_M \cdot \delta_M + d_{M-N} \cdot \delta_N - d_{M-L} \cdot \delta_L = 0 \qquad (292)$$

Knoten N :

$$A_N \cdot \alpha_N - \Sigma \, b_{N-i} \cdot \alpha_i + C_N \cdot \delta_N + c_{N-M} \cdot \delta_M - c_{N-R} \cdot \delta_R = 0, \qquad (293)$$

$$C_N \cdot \alpha_N - c_{R-N} \cdot \alpha_R - c_{M-N} \cdot \alpha_M + c_{O'-N} \cdot \alpha_{O'} \\ + D_N \cdot \delta_N + d_{N-M} \cdot \delta_M - \delta_R \cdot d_{N-R} = 0. \qquad (294)$$

Für die übrigen Knotenpunkte gelten die allgemeinen Formeln (282) und (286) mit den Belastungsgliedern $\overline{H}_I = \overline{M}_I = 0$ gesetzt.

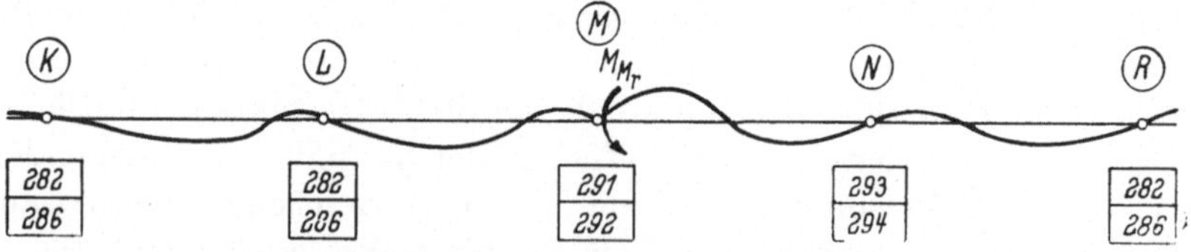

Abb. 129. Gleichungsschema für die Einflußlinie des Momentes M_{Mr}

2. Einflußlinie des Kämpfermomentes M_{Nl}

Hier können die Gleichungen für M_{Mr} in umgekehrter Reihenfolge aufgestellt werden. Das ganze Gleichungssystem spiegelt sich bezüglich der Mittellinie der Öffnung $M{-}N$. Für die Auswertung der Einflußlinien wird auf den Teil A verwiesen.

3. Einflußlinie für den Horizontalschub H_{M-N}

Die endgültige Einflußlinie für die Öffnung $M{-}N$ setztsich bekanntlich aus derjenigen für den totaleingespannten Bogen sowie aus der Biegelinie der Abb. 130 zusammen.

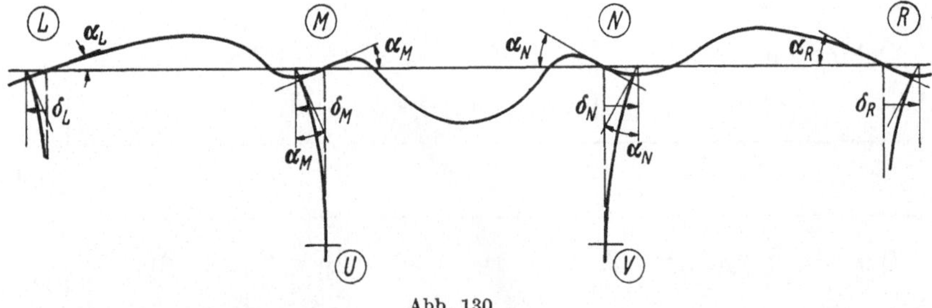

Abb. 130

Die Biegelinie der Abb. 130 erhalten wir mit Hilfe der folgenden Knotenpunktsgleichungen:

Knoten M:

$$A_M \cdot \alpha_M - b_{M-L} \cdot \alpha_L + b_{M-N} \cdot \alpha_N + b_{M-U} \cdot \alpha_U + C_M \cdot \delta_M -$$
$$- c_{M-L} \cdot \delta_L + c_{M-N} \cdot \delta_N - c_{M-N} = 0, \tag{295}$$

$$C_M \cdot \alpha_M - c_{M-L} \cdot \alpha_L + c_{M-N} \cdot \alpha_N - c_{M-U} \cdot \alpha_U + D_M \cdot \delta_M -$$
$$- d_{M-L} \cdot \delta_L + d_{M-N} \cdot \delta_N - d_{M-N} = 0. \tag{296}$$

Knoten N:

$$A_N \cdot \alpha_N - b_{N-R} \cdot \alpha_R + b_{N-M} \cdot \alpha_M + b_{N-V} \cdot \alpha_V + C_N \cdot \delta_N -$$
$$- c_{N-R} \cdot \delta_R + c_{N-M} \cdot \delta_M - c_{N-M} = 0, \tag{297}$$

$$C_N \cdot \alpha_N - c_{N-R} \cdot \alpha_R + c_{N-M} \cdot \alpha_M - c_{N-V} \cdot \alpha_V + D_N \cdot \delta_N -$$
$$- d_{N-R} \cdot \delta_R + d_{N-M} \cdot \delta_M - d_{N-M} = 0. \tag{298}$$

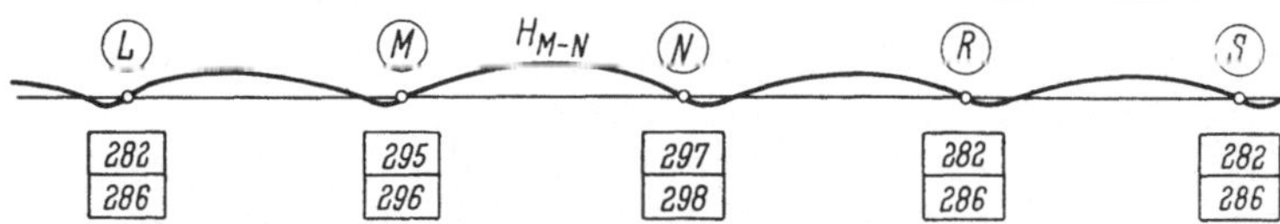

Abb. 131. Gleichungsschema für die Einflußlinie des Horizontalschubes H_{M-N}

Für die übrigen Knotenpunkte folgen die allgemeinen Gln. (282) und (286) ohne Belastungsglieder.

Für die Auswertung dieser Einflußlinie wird auf den Teil A verwiesen.

4. Einflußlinie für das Kopfmoment M_{Mu} der Säule $M{-}O$

Die Einflußlinie der Abb. 132 leiten wir ab aus den folgenden Knotenpunktsgleichungen:

Knoten M :

$$-\alpha'_M \cdot A_M + a_{M-U} - b_{M-O} \cdot \alpha_O + b_{M-L} \cdot \alpha_L + b_{M-N} \cdot \alpha_N +$$
$$+ C_M \cdot \delta_M + c_{M-L} \cdot \delta_L + c_{M-N} \cdot \delta_N = 0$$

$$(299)$$

$$C_M \cdot \alpha'_M + c_{M-O} - \sum_{i \neq M} c_{i-M} \cdot \alpha_i - D_M \cdot \delta_M - d_{M-N} \cdot \delta_N -$$
$$- d_{M-L} \cdot \delta_L = 0 \qquad (300)$$

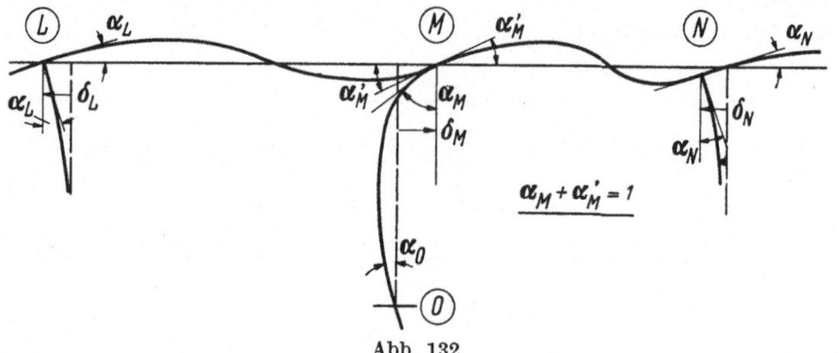

Abb. 132

Knoten N :

$$A_N \cdot \alpha_N - \sum_{i \neq N} b_{N-i} \cdot \alpha_i + C_N \cdot \delta_N + c_{N-M'} \cdot \delta_M - c_{N-R} \cdot \delta_R = 0$$

$$(301)$$

$$C_N \cdot \alpha_N - c_{R-N} \cdot \alpha_R - c_{M-N} \cdot \alpha_M + c_{U-M} \cdot \alpha_U + D_N \cdot \delta_N +$$
$$+ d_{N-M} \cdot \delta_M - d_{N-R} \cdot \delta_R = 0 \qquad (302)$$

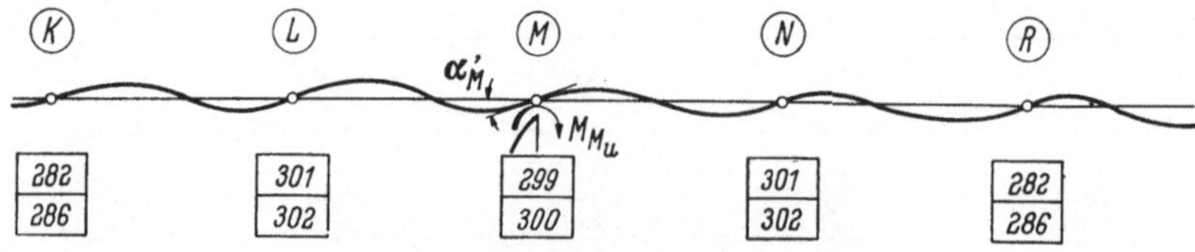

Abb. 133. Gleichungsschema für M_{Mu}

Für den Knoten L gelten die Gln. (301) und (302), sowie für die übrigen Knotenpunkte die allgemeinen Gln. (282) und (286) ohne Belastungsglieder.

5. Einflußlinie für die Querkraft H_{M-U} der Säule $M-U$

Die Biegelinie der Abb. 134, welche die Einflußlinie für die Bogenteile darstellt, erhalten wir aus den folgenden Knotenpunktsgleichungen.
Knoten M :

$$A_M \cdot \alpha_M + b_{M-N} \cdot \alpha_N + b_{M-L} \cdot \alpha_L - b_{M-U} \cdot \alpha_U - C_M \cdot \delta_M + \qquad (303)$$
$$+ \, \Sigma \, c_{M-i} \cdot \delta_i = c_{M-U},$$

$$- C_M \cdot \alpha_M - \sum_{i \neq M} c_{i-M} \cdot \alpha_i + D_M \cdot \delta_M - \sum_{i \neq M} d_{M-i} \cdot \delta_i = d_{M-U}. \quad (304)$$

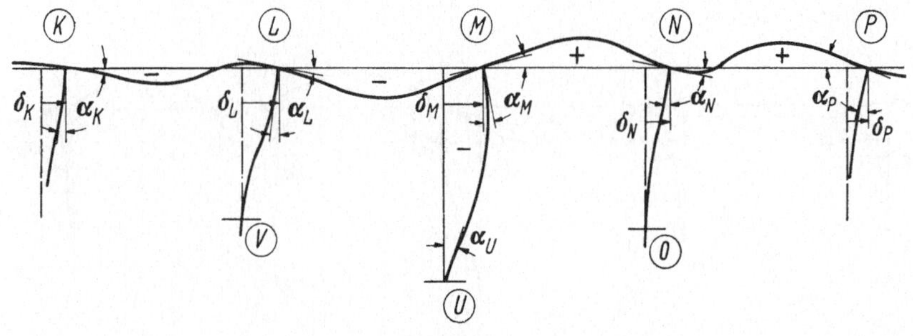

Abb. 134

Knoten N :

$$A_N \cdot \alpha_N + b_{N-M} \cdot \alpha_M - b_{N-P} \cdot \alpha_P - b_{N-O} \cdot \alpha_O + C_N \cdot \delta_N - \qquad (305)$$
$$- \sum_{i \neq N} c_{N-i} \cdot \delta_i = 0,$$

$$C_N \cdot \alpha_N + c_{M-N} \cdot \alpha_M - c_{P-N} \cdot \alpha_P - c_{O-N} \cdot \alpha_O + D_N \cdot \delta_N - \qquad (306)$$
$$- \sum_{i \neq N} d_{N-i} \cdot \delta_i = 0.$$

Knoten L :

$$A_L \cdot \alpha_L + b_{L-M} \cdot \alpha_M - b_{L-K} \cdot \alpha_K - b_{L-V} \cdot \alpha_V + C_L \cdot \delta_L - \qquad (307)$$
$$- \sum_{i \neq L} c_{L-i} \cdot \delta_i = 0,$$

$$C_L \cdot \alpha_L + c_{M-L} \cdot \alpha_M - c_{K-L} \cdot \alpha_K - c_{V-L} \cdot \alpha_V + D_L \cdot \delta_L - \qquad (308)$$
$$- \sum_{i \neq L} d_{L-i} \cdot \delta_i = 0.$$

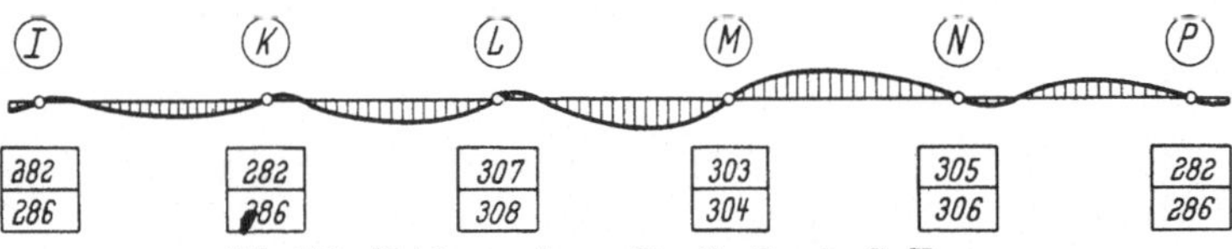

Abb. 135. Gleichungsschema für die Querkraft H_{M-U}

Für die übrigen Knotenpunkte gelten die allgemeinen Gln. (282) und (286), mit den Belastungsgliedern gleich Null gesetzt.

8 Stampf, Bogenträger

Die Teileinflußlinie für die Säule $M-U$ für deren Querbelastung erhalten wir, wie bekannt ist, aus der Überlagerung der Einflußlinie der Querkraft auf die totaleingespannte Säule (Grundsystem) mit der Biegelinie aus der Abb. 134. Nähere Einzelheiten über die Auswertung s. im Teil A (S. 74).

6. Die Einflußlinie des Säulenfußmomentes M_U

Die betreffende Einflußlinie der totaleingespannten Säule verursacht Reaktionskräfte im Knoten M, welche uns die in Abb. 136 dargestellte Biegelinie liefert.

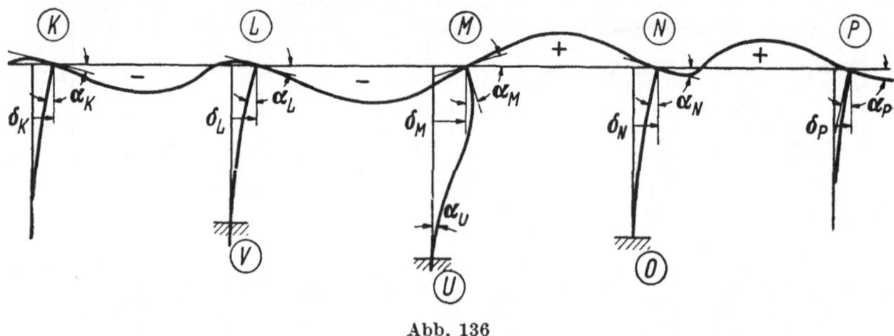

Abb. 136

Die Knotenpunktsgleichungen für die in Abb. 136 dargestellte Einflußlinie lauten:

Knoten M:

$$-A_M \cdot \alpha_M - b_{M-N} \cdot \alpha_N - b_{M-L} \cdot \alpha_L + b_{M-U} \cdot \alpha_U + C_M \cdot \delta_M -$$
$$- c_{M-N} \cdot \delta_N - c_{M-L} \cdot \delta_L + b_{M-U} = 0. \tag{309}$$

$$-C_M \cdot \alpha_M - \sum_{i \neq M} c_{i-M} \cdot \alpha_i + D_M \cdot \delta_M - \sum_{i \neq M} d_{M-i} \cdot \delta_i - c_{U-M} = 0. \tag{310}$$

Knoten N:

$$A_N \cdot \alpha_N + b_{N-M} \cdot \alpha_M - b_{N-P} \cdot \alpha_P - b_{N-O} \cdot \alpha_O + C_N \cdot \delta_N -$$
$$- \sum_{i \neq N} c_{N-i} \cdot \delta_i = 0, \tag{311}$$

$$C_N \cdot \alpha_N + c_{M-N} \cdot \alpha_M - c_{P-N} \cdot \alpha_P - c_{O-M} \cdot \alpha_O + D_N \cdot \delta_N -$$
$$- \sum_{i \neq N} d_{N-i} \cdot \delta_i = 0. \tag{312}$$

Knoten L:

$$A_L \cdot \alpha_L + b_{L-M} \cdot \alpha_M - b_{L-K} \cdot \alpha_K - b_{L-V} \cdot \alpha_V + C_L \cdot \delta_L -$$
$$- \sum_{i \neq L} c_{L-i} \cdot \delta_i = 0, \tag{313}$$

$$C_L \cdot \alpha_L + c_{M-L} \cdot \alpha_M - c_{K-L} \cdot \alpha_K - c_{V-L} \cdot \alpha_V + D_L \cdot \delta_L -$$
$$- \sum_{i \neq L} d_{L-i} \cdot \delta_i = 0. \tag{314}$$

Für die übrigen Knotenpunkte gelten die allgemeinen Gln. (282) und (286), ohne Belastungsglieder.

Die Teileinflußlinie der Säule $M—U$, welche durch Querbelastung dieser Säule entsteht, überlagert sich wieder aus der Linie der Abb. 136 und der entsprechenden Einflußlinie der beiderseitig totaleingespannten Stütze $M—U$. Für die eingehende Behandlung wird auf den Teil A verwiesen.

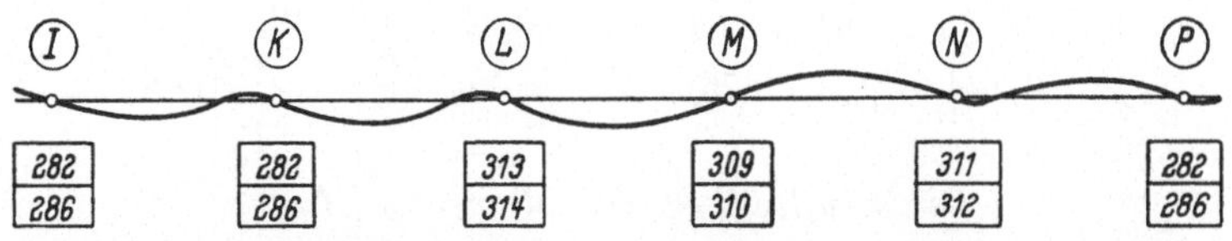

Abb. 137. Gleichungsschema für die Einflußlinie des Säulenmomentes M_U

Beispiel. Für die Berechnung einiger wichtiger Einflußlinien legen wir wieder unseren durchlaufenden Bogenträger der Abb. 123 zugrunde und berechnen dazu die folgenden Einflußlinien. Diejenige des Kämpfermomentes M_{Ar} des Bogens $A—B$, des Kämpfermomentes M_{Bl} desselben Bogens, des Horizontalschubes H_{A-B} und schließlich die Einflußlinie für das Moment im Punkte 4 des Versteifungsträgers derselben Öffnung $A—B$.

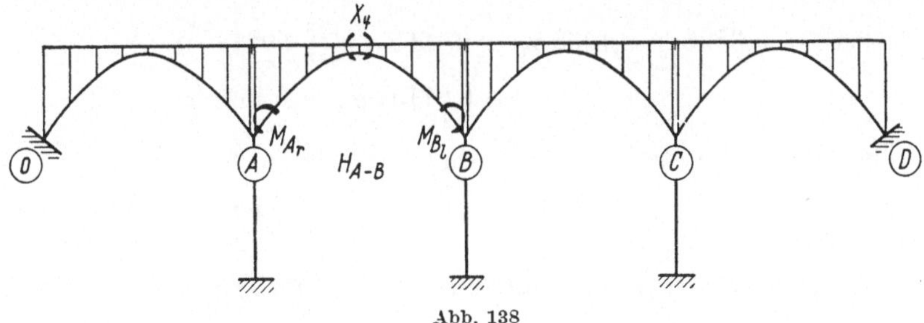

Abb. 138

Die Einflußlinie des Momentes M_{Ar}

Wir benutzen hierzu das Gleichungsschema der Abb. 129, wobei für den Knoten A gilt: $\underline{\alpha_A = 1 - \alpha'_A}$ und die Gleichungen für die entsprechenden Knotenpunkte lauten:

Knoten A:

$$-1{,}46\,\alpha'_A + 0{,}3596 - 0{,}1062\,\alpha_B + 0{,}02146\,\delta_A - 0{,}01152\,\delta_B = 0,$$

$$-0{,}02146\,\alpha'_A - 0{,}01152 + 0{,}01152\,\alpha_B + 0{,}00494\,\delta_A + 0{,}00069\,\delta_B = 0.$$

Knoten B:

$$1{,}46\,\alpha_B - 0{,}1062\,\alpha_A - 0{,}1062\,\alpha_C - 0{,}02146\,\delta_B + 0{,}01152\,\delta_A - 0{,}01152\,\delta_C = 0,$$

$$-0{,}02146\,\alpha_B - 0{,}01152\,\alpha_A - 0{,}01152\,\alpha_C + 0{,}00494\,\delta_B + 0{,}00069\,\delta_A - 0{,}00069\,\delta_C = 0.$$

8*

Knoten C:

$$1,46\,\alpha_C - 0,1062\,\alpha_B - 0,02146\,\delta_C - 0,01152\,\delta_B = 0,$$

$$-\,0,02146\,\alpha_C - 0,01152\,\alpha_B + 0,00494\,\delta_C - 0,00069\,\delta_B = 0.$$

Die Konstanten sind dem laufenden Beispiel der entsprechenden Abschnitte entnommen. Die Auflösungen der sechs Gleichungen liefern uns:

$$\delta_A = 3,18; \quad \delta_B = 1,61; \quad \delta_C = 0,459;$$

$$\alpha_A = 0,724\,(\alpha'_A = 0,276); \quad \alpha_B = 0,0566; \quad \alpha_C = 0,0237.$$

Die Einflußlinie des Momentes M_{Bl}

Wir finden für den Knoten B: $\underline{\alpha_B = 1 - \alpha'_B}$. Die Gleichungen für die entsprechenden Knotenpunkte ergeben:

Knoten A:

$$1,46\,\alpha_A - 0,1062\,\alpha_B - 0,02146\,\delta_A + 0,01152\,\delta_B = 0,$$

$$-\,0,02146\,\alpha_A - 0,01152\,\alpha_B + 0,00494\,\delta_A + 0,00069\,\delta_B = 0.$$

Knoten B:

$$-\,1,46\,\alpha'_B + 0,3596 + 0,1062\,\alpha_C - 0,1062\,\alpha_A + 0,02146\,\delta_B -$$

$$-\,0,01152\,\delta_A + 0,01152\,\delta_C = 0,$$

$$-\,0,02146\,\alpha'_B - 0,01152 + 0,01152\,\alpha_A - 0,01152\,\alpha_C +$$

$$+\,0,00494\,\delta_B + 0,00069\,\delta_A - 0,00069\,\delta_C = 0.$$

Knoten C:

$$1,46\,\alpha_C - 0,1062\,\alpha'_B - 0,02146\,\delta_C - 0,01152\,\delta_B = 0,$$

$$-\,0,02146\,\alpha_C - 0,01152\,\alpha'_B + 0,00494\,\delta_C - 0,00069\,\delta_B = 0.$$

Die Lösungen für die sechs unbekannten Verschiebungen lauten:

$$\delta_A = 1,265; \quad \delta_B = 3,793; \quad \delta_C = 1,573;$$

$$\alpha_A = 0,040; \quad \alpha'_B = 0,307; \quad \alpha_B = 0,693; \quad \alpha_C = 0,075.$$

Die Einflußlinie des Horizontalschubes H_{A-B}

Wir verwenden hierzu das Gleichungsschema der Abb. 131 für die Bestimmung der Biegelinie der Abb. 130, und so erhalten wir für die drei Knotenpunkte die folgenden Gleichungen:

Knoten A:

$$1,4602\,\alpha_A + 0,1062\,\alpha_B - 0,02146\,\delta_A + 0,01152\,\delta_B - 0,01152 = 0,$$

$$-\,0,02146\,\alpha_A + 0,01152\,\alpha_B + 0,00494\,\delta_A + 0,00069\,\delta_B - 0,00069 = 0.$$

Knoten B:

$$1{,}4602\,\alpha_B + 0{,}1062\,\alpha_A - 0{,}1062\,\alpha_C - 0{,}02146\,\delta_B + 0{,}01152\,\delta_A -$$
$$- 0{,}01152\,\delta_B - 0{,}01152 = 0,$$
$$- 0{,}02146\,\alpha_B + 0{,}01152\,\alpha_A - 0{,}01152\,\alpha_C + 0{,}00494\,\delta_B + 0{,}00069\,\delta_A -$$
$$- 0{,}00069\,\delta_C - 0{,}00069 = 0.$$

Knoten C:

$$1{,}4602\,\alpha_C - 0{,}1062\,\alpha_B - 0{,}02146\,\delta_C - 0{,}01152\,\delta_B = 0,$$
$$- 0{,}02146\,\alpha_C - 0{,}01152\,\alpha_B + 0{,}00494\,\delta_C - 0{,}00069\,\delta_B = 0.$$

Die Auflösungen der Gleichungen ergeben:

$$\delta_A = 0{,}1304; \quad \delta_B = 0{,}1570; \quad \delta_C = 0{,}05535;$$
$$\alpha_A = 0{,}0080; \quad \alpha_B = 0{,}00923; \quad \alpha_C = 0{,}00275.$$

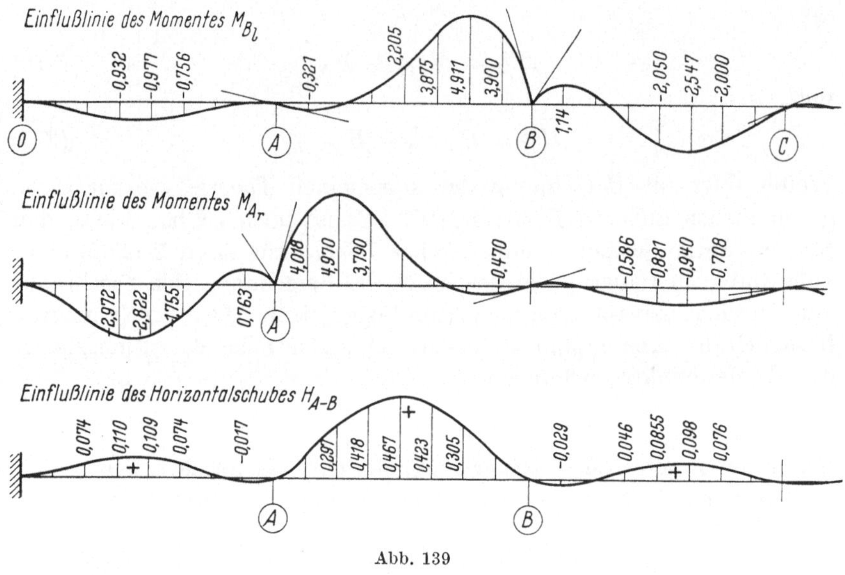

Abb. 139

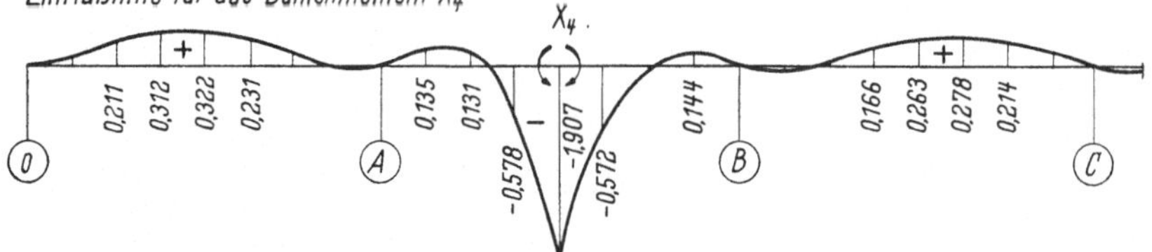

Abb. 140. Einflußlinie für das Balkenmoment X_4

N. B. Die vier Einflußlinien der Abb. 139 und 140 sind für die Vereinfachung der Darstellung nur für die ersten drei Öffnungen gezeichnet

VII. Temperaturänderungen und Schwinden des Betons

Wir haben in Teil B. (S. 89ff.) bei der Berechnung der Belastungsglieder für Temperaturänderung im Grundsystem drei Fälle untersucht.

Im ersten Falle wirke die Temperaturänderung oder das Schwinden
nur in den Bogen. Die Belastungsglieder im einzelnen Bogen werden
bekanntlich:

$$\overline{H}_{t_{M-N}} = -\frac{w \cdot \Delta t \cdot L}{\delta'_H} = \frac{w \cdot \Delta t \cdot L \cdot EJ_v}{\sum y^2 \Delta w + \sum \Delta w' - EJ_v \sum \delta_i X_{i\,H}}, \qquad (256)$$

(wobei eine Temperaturerhöhung positiv ist).

Daraus erhalten wir die Kämpfermomente des Grundsystemes zu:

$$\overline{M}_{t_{Nr}} = \overline{H}_{t_{M-N}} \cdot t \quad \text{und} \quad \overline{M}_{t_{Nl}} = -\overline{H}_{t_{M-N}} \cdot t. \qquad (315)$$

Die Belastungsglieder der allgemeinen Knotenpunktsgleichungen (282)
und (286) für diesen speziellen Fall der Temperatureinflüsse werden für
den Knoten M des durchlaufenden Trägers nach Gln. (284) und
(288)

$$\overline{M}_M = \overline{M}_{Mr} + \overline{M}_{Nl} \qquad (316)$$

und

$$\overline{H}_M = \overline{H}_{M-N} - \overline{H}_{M-L}. \qquad (317)$$

Weiter folgt die Berechnung der allgemeinen Theorie wie für einen
gewöhnlichen äußeren Belastungsfall. Es ist noch zu bemerken, daß
für eine Serie gleicher, symmetrischer Bogen, mit ihren Endkämpfern
vollständig im Baugrund eingespannt, die Berechnung sich beschränkt
auf den einzelnen totaleingespannten Bogen, denn wegen der Symmetrie
bezüglich der Knotenpunkte verschwinden sämtliche Belastungsglieder
der Knotenpunktsgleichungen

$$\overline{M}_i = \overline{H}_i = 0$$

und somit ergeben sich keinerlei Knotenpunktsdeformationen.

Der zweite Fall setzt eine Längenänderung der Hauptpfeiler infolge

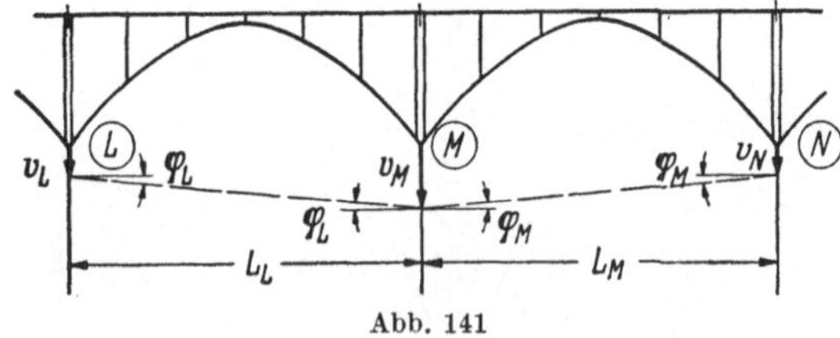

Abb. 141

Temperaturänderungen voraus. Bei ungleichen Pfeilerlängen ergeben
sich ungleiche Senkungen oder Hebungen ihrer Köpfe. Gemäß der
Abb. 141 seien die Senkungen der drei anschließenden Säulen bekannt.

Wir bestimmen die Belastungsglieder der allgemeinen Knotenpunktsgleichungen (272) und (286) für den Knoten M. Diese lauten:

$$\overline{M}_M = \overline{M}_{Mr} + \overline{M}_{Ml} = (a_{Mr} - b_{M-N})\,\frac{v_M - v_N}{L_M} - (a_{Ml} - b_{M-L})\,\frac{v_M - v_L}{L_L}$$

$$(318)$$

und für symmetrische Bogen ist stets:

$$\overline{H}_M = 0. \tag{319}$$

Durch das Auflösen der Knotenpunktsgleichungen (282) und (286) berechnen wir die horizontalen Verschiebungen und Drehungen der Knotenpunkte für diesen speziellen Temperaturänderungseinfluß.

Der dritte Fall behandelt den Einfluß der Längenänderungen der Zwischenstützen des Versteifungsträgers. Dieser Einfluß ist der geringste von allen, beansprucht jedoch den größten Zeitaufwand für die einzelnen Bogen. Für gleiche und symmetrische Grundsysteme werden die Belastungsglieder für die Knotenpunktsgleichungen Null. Somit bleibt die Berechnung beschränkt auf den totaleingespannten Bogen mit Versteifungsträger.

VIII. Bremskräfte in der Brückenlängsrichtung

Für den Belastungszustand, in welchem Längskräfte in der Trägerebene des Versteifungsträgers angreifend auf das System einwirken, ist es notwendig, diese Kräfte zweckmäßig auf den Bogen zu überführen. Unser System setzt für vertikale Lasten Pendelstützen voraus, was in den meisten Fällen, durch die große Schlankheit der Zwischenstützen im Vergleich zum Versteifungsbalken, auch ohne eigentliche Gelenkkonstruktion, zutrifft. Jedoch ist es nicht möglich durch dieses System horizontale Längskräfte auf den Bogen zu übertragen. Die Überführung der Längskräfte geschieht mittels der kürzesten Zwischensäule, die in der Nähe des Bogenscheitels liegt. Die Stütze muß demnach auch theoretisch im Bogenkörper eingespannt werden.

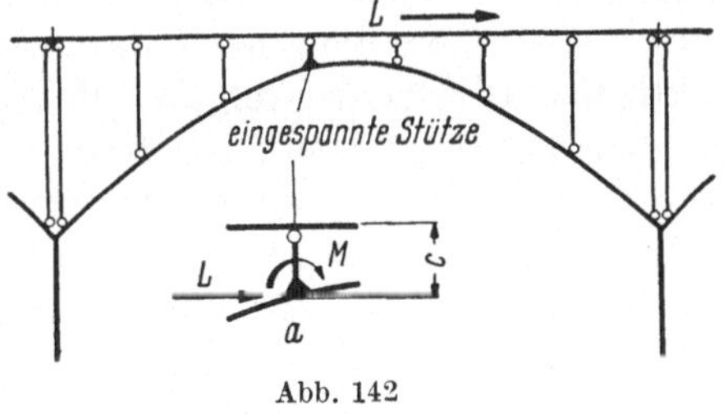

Abb. 142

Die erste Ausführungsart sehen wir in der Abb. 142, wobei eine der kürzesten Säulen im Bogen eingespannt ist. Die Kräfte, die nun infolge von L direkt auf den Bogen einwirken, sind L als Horizontalkraft und das ihr beigehörige Moment $M = L \cdot c$ (Abb. 142a). Lassen wir diese Kräfte auf das Grundsystem einwirken, so können wir für diesen Belastungszustand direkt die überzähligen Größen bestimmen, nach den

Gln. (227) und (228). Beachten wir nur, daß in diesem Falle der Belastung alle X_{i0} Glieder wegfallen. Die Belastungsglieder obiger Gleichungen lauten dann:

$$\alpha_0' = \alpha_0; \quad \beta_0' = \beta_0; \quad \delta_0' = \delta_0, \tag{320}$$

d. h. auf den Bogen ohne Versteifungsträger bezogen. Die weitere Berechnung folgt dann ihrem normalen Gang.

Eine zweite Ausführungsart wird auch oft zugepaßt, wobei der Versteifungsträger einfach im Bereich des Scheitels auf ein Stück unterbrochen wird, so daß der Bogen in diesem Bereiche direkt belastet wird. In den zwei Punkten, wo Versteifungsträger und Bogen sich schneiden, wird ein Gelenk angebracht. Dieses Gelenk wirkt für den Versteifungsträger als festes Auflager, welches diese Längskräfte einwandfrei auf den Bogen übertragen kann. Der Bogen wird dadurch wieder durch eine exzentrisch angreifende Längskraft beansprucht, wie im ersten Fall. Die Berechnung wird also auf den ersten Fall zurückgeführt. Für die Berechnung des Versteifungsträgers gemäß Abb. 143, sei nur bemerkt, daß in den Gelenkpunkten sämtliche Momente X_i verschwinden.

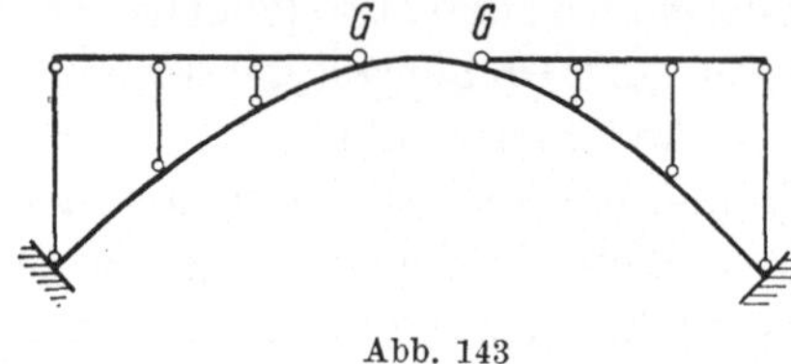

Abb. 143

IX. Windkräfte quer zur Brücke

Der Bogen und die Fahrbahn müssen sog. räumliche bzw. horizontale Träger bilden, welche die Windkräfte auf die Hauptpfeiler übertragen sollen. Die als horizontaler Träger wirkende Fahrbahn muß ihre Windkräfte bei den Hauptpfeilern durch einen Windverband direkt auf diese überführen. Diesen Windverband führt man zweckmäßig als Rahmenträger aus, wobei die zwei Endsäulen des Versteifungsträgers dazu die vertikalen Glieder liefern. Der Bogen selbst, sei er z. B. als Plattenquerschnitt ausgebildet, ist für die Windkräfte ein räumliches Tragwerk, und wird auch als solches berechnet. Bilden aber zwei Rippen den Bogenquerschnitt, so müssen diese so ausgeführt oder ausgesteift werden, daß sie die ihnen zugeteilten Windkräfte übernehmen können. Mit einer biegungssteifen Verbindung der zwei Rippen durch Querschotten erhalten wir in der Horizontalprojektion einen sog. Vierendeelträger für die Übertragung der Windkräfte. Bei der Ausführung gemäß Abb. 143 entfallen auf das räumliche Tragwerk des Bogens auch noch Anteile des Windes des Versteifungsträgers. Es ist nicht die Meinung dieser Arbeit, um noch mehr in das Problem des Windes einzugehen, da ja darüber einschlägige Literatur vorhanden ist, und dieses Problem bei jeder Bogenbrücke mit aufgelöstem Aufbau für Windbelastung existiert.

C. Verwandte Systeme und näherungsweise Berechnung

I. Verwandte Systeme

a) Besondere Stützenkonstruktionen für die Endbogen

1. Allgemeines

In Teil A und B haben wir angenommen, daß die zwei Endbogen rechts und links der Reihe zur Serie selbst gehören, und deshalb symmetrische Bogen darstellen, die ihre Endauflager direkt auf dem Baugrund haben, auf gleicher Höhe wie die übrigen Bogenknotenpunkte, und in diesem je nach dem total oder elastisch eingespannt sind. Es gibt aber besonders im Hochbau und auch im Brückenbau verwandte Tragsysteme, dessen Endfelder nicht auf diese Weise gestützt werden können, sondern mit besonderen Endstützenkonstruktionen versehen werden müssen. Der einfachste Fall wäre eine etwas kürzere und kräftigere Endstütze, die jedoch statisch nicht so günstig ist, dessen Fall wir jedoch wegen seiner Allgemeinheit behandeln werden.

2. Die eingespannte Säule als Endstützenkonstruktion

In diesem Falle erzeugt jede Belastungsart Horizontalverschiebungen aller Knotenpunkte, wenn wir von Zugbändern absehen. Die Knoten-

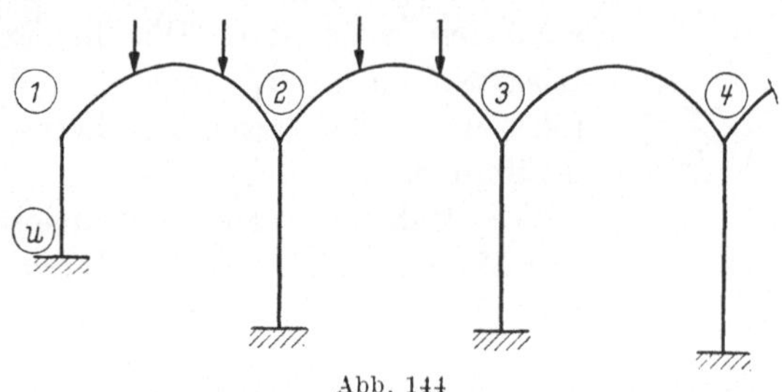

Abb. 144

punktsgleichungen für den Endknoten 1 leiten sich von den allgemeinen Gleichungen ab, indem ganz einfach die Öffnung 0—1 wegfällt. Die erste Knotenpunktsgleichung lautet somit für den Punkt 1 mit totaleingespannter Säule:

$$A_1 \cdot \alpha_1 - b_{1-2} \cdot \alpha_2 + C_1 \cdot \delta_1 - c_{1-2} \cdot \delta_2 + M_1 = 0. \qquad (321$$

Die Koeffizienten sind hier:

$$A_1 = a_{1u} + a_{1r} \qquad (322)$$

$$C_1 = c_{1-2} - c_{1-u}. \qquad (323)$$

Die 2. Knotenpunktsgleichung lautet für den Knoten 1:

$$C_1 \cdot \alpha_1 - c_{2-1} \cdot \alpha_2 + D_1 \cdot \delta_1 - d_{1-2} \cdot \delta_2 + \overline{H}_1 = 0, \qquad (324)$$

wobei

$$D_1 = d_{1-2} + d_{1-u} \tag{325}$$

ist. In diesem Falle wird die Endstütze $1-u$ sehr ungünstig beansprucht durch den Bogenschub, und durch ihre geringe Steifigkeit sind verhältnismäßig große Horizontalverschiebungen der übrigen Knotenpunkte zu erwarten. Dieser Fall hat somit mehr theoretische Bedeutung zur Formulierung der Endknotenpunktsgleichungen für die folgende Stützenkonstruktion.

3. Der einfache Rahmen als Endstützenkonstruktion

Für die Ableitung der Stützenkräfte in 1 wird ein Rahmen verwendet. Diese Konstruktion wird hauptsächlich im Hochbau zugepaßt bei

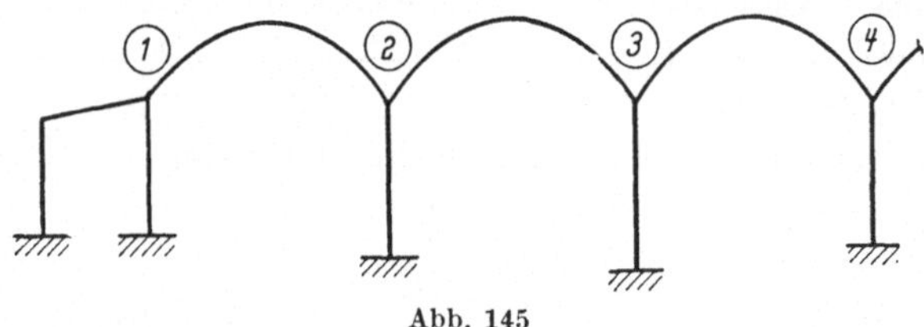

Abb. 145

ein- oder mehrschiffigen Hallenbauten. In diesem Fall wird der ganze Rahmen als dem Bogen 1—2 zugehörige Stützen- oder Auflagerkonstruktion betrachtet. Wir haben deshalb die Koeffizienten a_{1u}, c_{1-u} und d_{1-u} der Gln. (322), (323) und (325) bezüglich dieses Rahmens zu bestimmen.

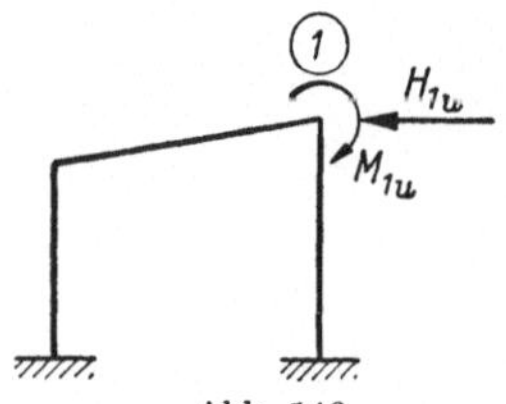

Abb. 146

Der Rahmen ist auf die Beanspruchung durch das Moment M_{1u} und die Horizontalkraft H_{1u} und auf seine eigene Belastung zu berechnen.

Allgemeine Anwendung der ersten Knotenpunktsgleichung auf Rahmentragwerke mit verschieblichen Knotenpunkten

Unter der Voraussetzung einer horizontalen Knotenpunktsverschiebung von rechts nach links um den Wert Δ für alle Knotenpunkte, und im übrigen unter der Voraussetzung der Gültigkeit der gleichen Vorzeichenregeln für Winkeländerungen, Richtungssinn von Kräften und Momenten, finden wir die erste Knotenpunktsgleichung (72) für den Punkt m in der folgenden allgemeinen Form:

$$A_m \cdot \alpha_m + \sum_{i \neq m} b_{m-i}\, \alpha_i - C_m \cdot \Delta + \overline{M}_m = 0, \tag{326a}$$

dabei wechselt der Koeffizient b_{m-i} sein Vorzeichen, wenn wir von Bogen zu den Balken übergehen. Da die Koeffizienten c_{m-l} und c_{m-n}

von der Bogenkrümmung abhängen, verschwinden diese Glieder, wenn an der Stelle der Bogen gerade Stiele treten. Der Wert

$$C_m = - c_{m-u} \qquad (327)$$

ist gleich dem entsprechenden c-Wert der Stütze.

Mit dem bekannten Werte $\delta_m = - \Delta$ folgt schließlich die erste Knotenpunktsgleichung für gerade Stäbe:

$$A_m \cdot \alpha_m + b_{m-l} \cdot \alpha_l + b_{m-n} \cdot \alpha_n + c_{m-u} \cdot \Delta + \overline{M}_m = 0. \qquad (326\,\mathrm{b})$$

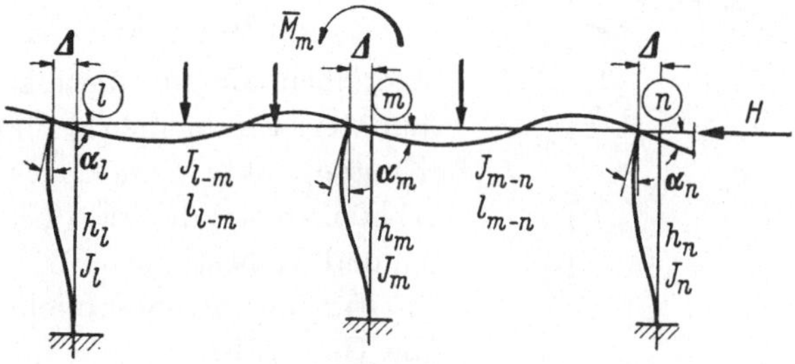

Abb. 147

Die einzelnen Koeffizienten der Gleichung werden, mit feldweise konstantem Trägheitsmoment:

$$a_{mr} = \frac{4\,EJ_{m-n}}{l_{m-n}}; \qquad a_{mu} = \frac{4\,EJ_m}{h_m};$$

$$b_{m-n} = \frac{2\,EJ_{m-n}}{l_{m-n}}; \qquad c_{m-u} = \frac{6\,EJ_m}{h_m^2}; \qquad (328)$$

$$A_m = \frac{4\,EJ_{l-m}}{l_{l-m}} + \frac{4\,EJ_{m-n}}{l_{m-n}} + \frac{4\,EJ_m}{h_m}.$$

Aus den Knotenpunktsgleichungen (326b), die wir für jeden Knotenpunkt anschreiben können, berechnen wir die Knotendrehwinkel α_i, und daraus werden die Stabmomente bestimmt. Es folgen diese z. B. für alle Stäbe, die im Knoten „m" zusammengeschlossen sind:

$$\left|\begin{aligned}
M_{mr} &= a_{mr} \cdot \alpha_m + b_{m-n} \cdot \alpha_n + \overline{M}_{mr}, \\
M_{ml} &= a_{ml} \cdot \alpha_m + b_{m\,l} \cdot \alpha_l + \overline{M}_{ml}, \\
M_{mu} &= a_{mu} \cdot \alpha_m + c_{m-u} \cdot \Delta.
\end{aligned}\right. \qquad (329)$$

Für M_{m-u} ist vollständige Einspannung des Stützenfußpunktes angenommen.

Der einfache Rahmen

Allgemeiner Verschiebungszustand. Wir setzen den in Abb. 148 dargestellten Rahmen als unsere Stützenkonstruktion voraus, mit stabweise konstantem Trägheitsmoment. Die Fußpunkte 3 und 4 seien totaleingespannt. Die Eckpunkte 1 und 2 verschieben sich in horizontaler Richtung um den Betrag $\varDelta$, und die Winkeländerungen seien dementsprechend α_1 bzw. α_2 der beiden Knotenpunkte.

Die angreifenden äußeren Kräfte sind das Moment $+ M_{1u}$ und die Horizontalkraft H_{1u}. Die Horizontalkraft erscheint nicht in der Knotenpunktsgleichung, sondern ist aus dem Gleichgewicht der Querkräfte in den Stielen zu ermitteln. Es ist nämlich:

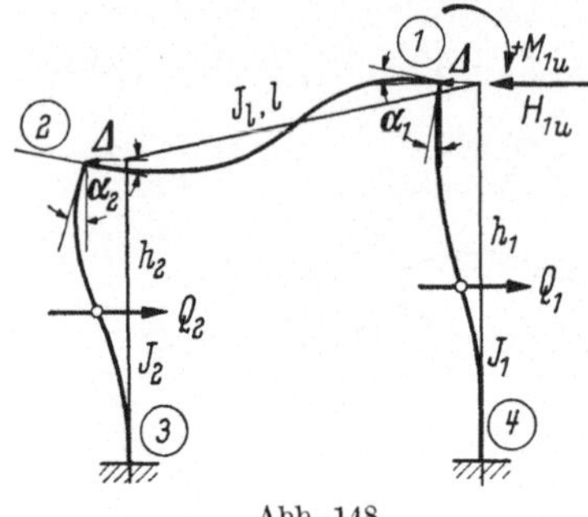

Abb. 148

$$H_{1u} = Q_1 + Q_2. \tag{330}$$

Schreiben wir nun die erste Knotenpunktsgleichung (326 b) für die beiden Knotenpunkte 1 und 2 des Rahmens, so können wir die zwei Unbekannten α_1 und α_2 bestimmen.

Für den Knotenpunkt 1 lautet die Gl. (326 b):

$$A_1 \cdot \alpha_1 + b_{1-2} \cdot \alpha_2 + c_{1-4} \cdot \varDelta = M_{1u} \tag{330a}$$

mit den folgenden Werten aus Gl. (328):

$$A_1 = \frac{4\,EJ_c}{l} + \frac{4\,EJ_1}{h_1}; \qquad b_{1-2} = \frac{2\,EJ_l}{l}; \qquad c_{1-4} = \frac{6\,EJ_1}{h_1^2} \tag{331a}$$

und für den Knoten 2 lautet die Gl. (326 b):

$$A_2 \cdot \alpha_2 + b_{2-1} \cdot \alpha_1 + c_{2-3} \cdot \varDelta = 0 \tag{332a}$$

mit den Koeffizienten aus Gl. (328):

$$A_2 = \frac{4\,EJ_l}{l} + \frac{4\,EJ_2}{h_2}; \qquad b_{2-1} = \frac{2\,EJ_l}{l}; \qquad c_{2-3} = \frac{6\,EJ_2}{h_2^2}. \tag{331b}$$

Für die Stabmomente in den beiden Knotenpunkten erhalten wir bei vollständiger Einspannung der Fußpunkte der Stützen:

①
$$\begin{aligned}
M_{1l} &= \frac{4\,EJ_l}{l}\alpha_1 + \frac{2\,EJ_l}{l}\alpha_2 = \frac{2\,EJ_l}{l}(2\,\alpha_1 + \alpha_2), \\
M_{1h_1} &= \frac{4\,EJ_1}{h_1}\alpha_1 + \frac{6\,EJ_1}{h_1^2}\varDelta = \frac{2\,EJ_1}{h_1}\left(2\,\alpha_1 + \frac{3\,\varDelta}{h_1}\right),
\end{aligned} \tag{333a}$$

②
$$\begin{aligned}
M_{2r} &= \frac{4\,EJ_l}{l}\alpha_2 + \frac{2\,EJ_l}{l}\alpha_1 = \frac{2\,EJ_l}{l}(2\,\alpha_2 + \alpha_1), \\
M_{2u} &= \frac{4\,EJ_2}{h_2}\alpha_2 + \frac{6\,EJ_2}{h_2^2}\varDelta = \frac{2\,EJ_2}{h_2}\left(2\,\alpha_2 + \frac{3\,\varDelta}{h_2}\right).
\end{aligned} \tag{333b}$$

Die Einspannungsmomente der Stützen werden:

$$\begin{aligned}
M_{40} &= \frac{2\,EJ_1}{h_1}\alpha_1 + \frac{6\,EJ_1}{h^2}\varDelta = \frac{2\,EJ_1}{h_1}\left(\alpha_1 + \frac{3\,\varDelta}{h_1}\right), \\
M_{30} &= \frac{2\,EJ_2}{h_2}\alpha_2 + \frac{6\,EJ_2}{h_2^2}\varDelta = \frac{2\,EJ_2}{h_2}\left(\alpha_2 + \frac{3\,\varDelta}{h_2}\right).
\end{aligned} \tag{333c}$$

Verschiebungszustand: $\alpha_1 = 1$; $\Delta = 0$. Durch diesen Verschiebungszustand, indem wir den Knoten 1 in horizontaler Richtung festhalten und ihn um den Betrag $\alpha_1 = 1$ drehen, erhalten wir in 1 eine horizontale Festhaltekraft $H_1 = c_{1-u}$ und ein angreifendes Moment $\overline{M}_1 = -a_{1u}$. Wir finden aus Gl. (330a) für den Knotenpunkt 1:

$$A_1 \cdot 1 + b_{1-2} \cdot \alpha_2 = a_{1u} \tag{330b}$$

und für den Punkt 2 aus Gl. (332a):

$$A_2 \cdot \alpha_2 + b_{1-2} \cdot 1 = 0, \tag{332b}$$

wobei wir diese Gleichung direkt nach α_2 auflösen können:

$$\alpha_2 = -\frac{b_{1-2}}{A_2} \tag{334}$$

und aus den Gln. (330) mit (334) erhalten wir für das Moment des Knotenpunktes 1:

$$a_{1u} = A_1 - \frac{b_{1-2}^2}{A_2}. \tag{335a}$$

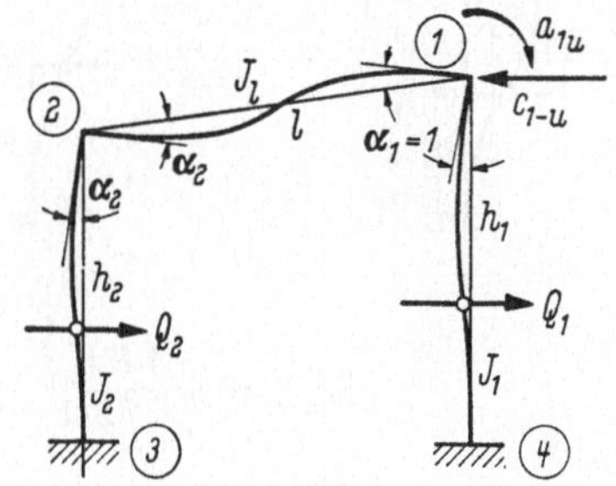

Abb. 149

Wir führen die folgenden Abkürzungen ein:

$$\varkappa_1 = \frac{J_1 \cdot l}{J_l \cdot h_1} \quad ; \qquad \varkappa_2 = \frac{J_2 \cdot l}{J_l \cdot h_2} \tag{336}$$

mit diesen ermitteln wir a_{1u} zu:

$$a_{1u} = \frac{4\,EJ_l}{l}\left[1 + \varkappa_1 - \frac{1}{4\,(1+\varkappa_2)}\right] \tag{335b}$$

Die Querkräfte der beiden Stiele sind bekanntlich:

$$Q_1 = \frac{M_{1u} + M_{40}}{h_1} \quad \text{und} \quad Q_2 = \frac{M_2 + M_{30}}{h_2},$$

wobei wir die Momente aus Gl. (333) bestimmen können. Die Querkräfte lauten dann:

$$Q_1 = \frac{6\,EJ_1}{h_1^2} \tag{336b}$$

und

$$Q_2 = \frac{-6\,EJ_2}{h_2^2 \cdot 2\,(1+\varkappa_2)} \tag{336b}$$

und für den Koeffizienten c_{1-u} finden wir schließlich:

$$c_{1-u} = \frac{6\,EJ_1}{h_1^2} - \frac{6\,EJ_2}{h_2^2} \cdot \frac{1}{2\,(1+\varkappa_2)}. \tag{337}$$

Verschiebungszustand: $\alpha_1 = 0$; $\varDelta = 1$. Durch diesen Verschiebungszustand finden wir in 1 die Horizontalkraft $H_1 = d_{1-u}$, welche dieser erzwungenen Deformation entgegenwirkt, sowie durch die Verhinderung der Drehung das Festhaltemoment:

$$\overline{M}_1 = - c_{1-u}.$$

Die Knotenpunktsgleichung für den Knoten 2 lautet:

$$A_2 \cdot \alpha_2 + c_{2-3} \cdot 1 = 0, \qquad (332\,\mathrm{c})$$

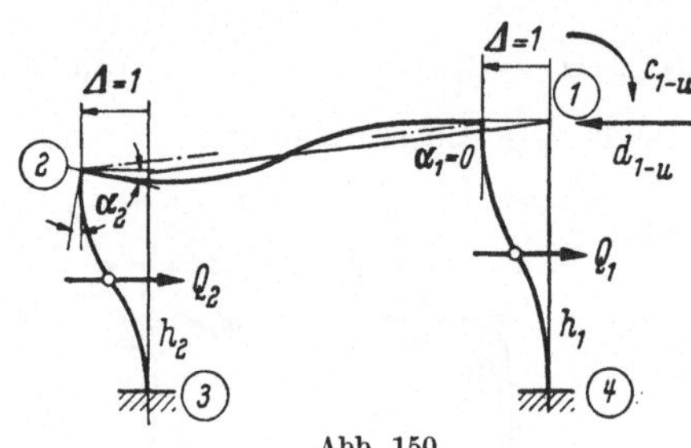

Abb. 150

womit wir

$$\alpha_2 = - \frac{c_{2-3}}{A_2} \qquad (338\,\mathrm{a})$$

finden. Durch Einsetzen der entsprechenden Werte wird:

$$\alpha_2 = - \frac{3 \cdot \varkappa_2}{2\,h_2\,(1 + \varkappa_2)}. \qquad (338\,\mathrm{b})$$

Weiter folgt M_{2u} nach Gl. (333 c):

$$M_{2u} = - \frac{4\,EJ_2 \cdot 3 \cdot \varkappa_2}{2\,h_2^2\,(1 + \varkappa_2)} + \frac{6\,EJ_2}{h_2^2} = \frac{6\,EJ_2}{h_2^2} \cdot \frac{1}{1 + \varkappa_2}$$

und

$$M_{30} = \frac{6\,EJ_2}{h_2^2} \cdot \frac{2 + \varkappa_2}{2\,(1 + \varkappa_2)}$$

sowie

$$Q_2 = \frac{3\,EJ_2}{h_2^3} \cdot \frac{4 + \varkappa_2}{1 + \varkappa_2}.$$

Im Stiel h_1 ist die Querkraft:

$$Q_1 = \frac{12\,EJ_1}{h_1^3}$$

und schließlich ergibt sich der Koeffizient nach Gl. (330):

$$\boxed{d_{1-u} = \frac{12\,EJ_1}{h_1^3} + \frac{3\,EJ_2}{h_2^3} \cdot \frac{4 + \varkappa_2}{1 + \varkappa_2}}. \qquad (339)$$

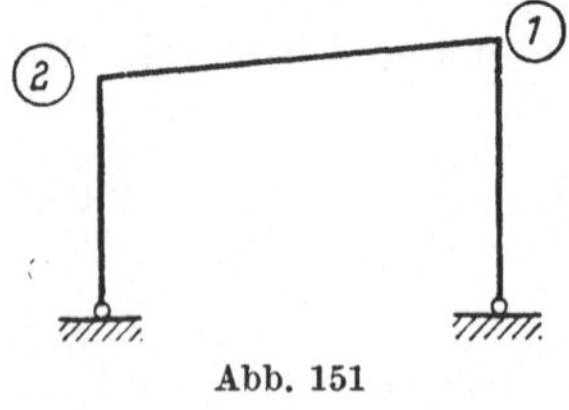

Abb. 151

Die Festwerte für den Zweigelenkrahmen. Wir setzen in den Fußpunkten 3 und 4 Gelenke voraus. Die Berechnung kann leicht mit Hilfe der Tabelle auf S. 34 durchgeführt werden. Die einzelnen Koeffizienten der Stiele sind in der Kolonne für $\varepsilon = \infty$ dargestellt. Wir verzichten auf die Durchführung der Berechnung und geben direkt die drei Koeffizienten wieder. Mit den folgenden Abkürzungen:

$$\varkappa_1' = \frac{3 \cdot J_1 \cdot l}{4 \cdot J_l \cdot h_1} = \frac{3}{4}\,\varkappa_1; \qquad \varkappa_2' = \frac{3 \cdot J_2 \cdot l}{4 \cdot J_l \cdot h_2} = \frac{3}{4}\,\varkappa_2 \qquad (340)$$

ergeben sich die drei Werte:

$$a_{1u} = \frac{4\,EJ_l}{l}\left[1 + \varkappa_1' - \frac{1}{4\,(1 + \varkappa_2')}\right], \qquad (341)$$

$$c_{1-u} = \frac{3\,EJ_1}{h_1^2} - \frac{3\,EJ_2}{h_2^2}\cdot\frac{1}{2\,(1 + \varkappa_2')}, \qquad (342)$$

$$d_{1-u} = \frac{3\,EJ_1}{h_1^3} + \frac{3\,EJ_2}{h_2^3}\,\frac{1}{1 + \varkappa_2'}. \qquad (343)$$

Es ist leicht einzusehen, daß der Rahmen mit Fußgelenken für die Übertragung der Horizontalkraft H_1 stark an Steifigkeit einbüßt im Vergleich zum totaleingespannten. Seine praktische Anwendung ist unwirtschaftlich und bei gutem Baugrunde nicht gebräuchlich.

Äußere Belastung auf den in 1 totaleingespannten Rahmen: Belastungsglieder. Der Rahmen sei wieder in 3 und 4 totaleingespannt. Dieser hat nicht nur die Funktion einer Stützenkonstruktion für die anschließenden

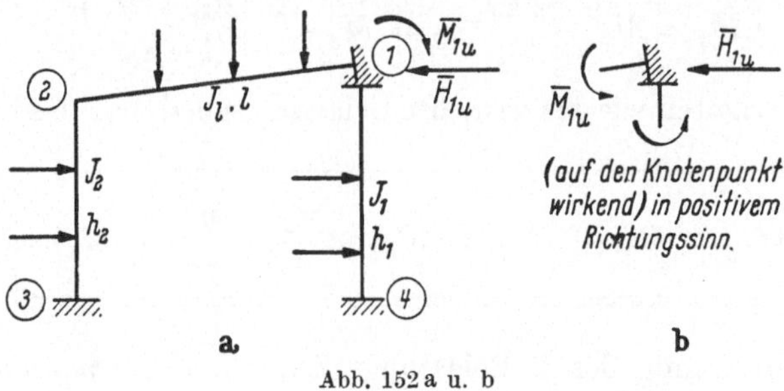

Abb. 152a u. b

Bogen, sondern ist selbst äußeren Kräften und Belastungen unterworfen, die ihrerseits Auflagerkräfte $+\,\overline{M}_{1u}$ und $-\,\overline{H}_{1u}$ an die Gesamtkonstruktion abgeben, vgl. Abb. 152b. Nehmen wir einen beliebigen Belastungsfall gemäß Abb. 152 an und es seien in 1 die einmündenden Stäbe unverschieblich und unverdrehbar eingespannt, was den Voraussetzungen des Grundsystemes Rechnung trägt. Wir haben deshalb in 2 einen drehbar, aber unverschieblichen Knotenpunkt, dessen Drehwinkel wir direkt aus Gl. (326b) bestimmen können.

Es ist nämlich:

$$A_2 \cdot \alpha_2 + \overline{M}_2 = 0 \qquad (326\,\mathrm{c})$$

und der Drehwinkel wird dadurch:

$$\alpha_2 = -\,\frac{\overline{M}_2}{A_2}. \qquad (344)$$

Hier ist M_2 das „Belastungsglied" des Knotens 2. Dieses setzt sich zusammen aus den beiden Einspannungsmomenten der in 2 einlaufenden Stäbe. Es wird somit:

$$M_2 = M_{2r} + M_{2u}. \qquad (345)$$

Die beiden Werte beziehen sich also auf die totaleingespannten Stäbe.

Stabendmomente für sämtliche Knotenpunkte

Diese ergeben sich für den

Knotenpunkt 2:

$$M'_{2r} = - M'_{2u} = \overline{M}_{2r} + \frac{4\,EJ_l}{l}\,\alpha_2 = \frac{1}{1 + \varkappa_2}\left(\varkappa_2\,\overline{M}_{2r} - \overline{M}_{2u}\right) \tag{346}$$

Knotenpunkt 1:

$$M'_{1l} = \overline{M}_{1l} + \frac{2\,EJ_l}{l}\,\alpha_2 = \overline{M}_{1l} - \frac{\overline{M}_{2r} + \overline{M}_{2u}}{2\,(1 + \varkappa_2)}, \tag{347}$$

$$\overline{M}_{1hu} = M'_{1h_1}. \tag{348}$$

Knotenpunkt 3:

$$M'_3 = \overline{M}_3 + \frac{2\,EJ_2}{h_2}\,\alpha_2 = \overline{M}_3 - \frac{\varkappa_2\,(\overline{M}_{2r} + \overline{M}_{2u})}{2\,(1 + \varkappa_2)}. \tag{349}$$

Schließlich erhalten wir das gesuchte Belastungsglied $\overline{M}_{1u}$ des Punktes 1:

$$\boxed{\overline{M}_{1u} = M'_{1l} + M'_{1h_1} = \overline{M}_{1l} - \frac{\overline{M}_{2r} + \overline{M}_{2u}}{2\,(1 + \varkappa_2)} + \overline{M}_{1h_1}}. \tag{350}$$

Für die Berechnung des 2. Belastungsgliedes $\overline{H}_{1u}$ betrachten wir das Gleichgewicht der horizontalen Kräfte gemäß Abb. 153.

Es wird:

$$\boxed{\overline{H}_{1u} = \overline{Q}_{\mathrm{I}} + \overline{Q}_2 + N_h}. \tag{351}$$

Für die beiden Querkräfte erhält man die folgenden Werte:

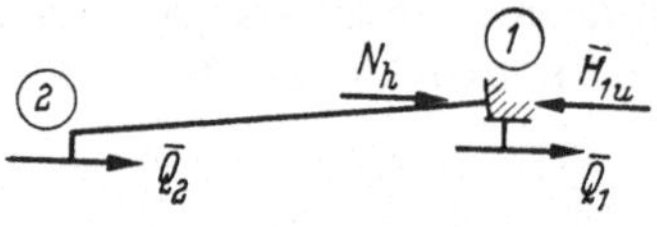

$$\overline{Q}_1 = Q_{10} + \frac{\overline{M}_{1h_1} + \overline{M}_4}{h_1}; \tag{352}$$

$$\overline{Q}_2 = Q_{20} + \frac{M'_{2u} + M'_3}{h_2}. \tag{353}$$

Abb. 153

Sind die äußeren Kräfte, die auf den Riegel 1 wirken, nicht vertikal gerichtet, so geben diese einen horizontalen Beitrag, der gleich ist N_h, und bei jedem einzelnen Belastungsfall zu untersuchen ist.

Anwendungen

1. Gleichmäßig verteilte vertikale Belastung des Riegels g per 1 m. Rechtwinklig auf den Riegel wirkt die Belastung:

$$g^* = g \cdot \cos\alpha.$$

Nach Gl. (349) erhalten wir die folgenden Belastungsglieder des Einzelstieles 1—2

$$\overline{M}_{1l} = g^* \frac{l^2}{12}; \qquad \overline{M}_2 = - g^* \frac{l^2}{12}; \qquad \varkappa_2 = \frac{J_2 \cdot l}{J_l \cdot h_2}$$

und daraus ermitteln wir für diesen Belastungszustand das erste Belastungsglied:

$$\overline{M}_{1u} = g^* \frac{l^2}{12} \cdot \frac{3 + 2\,\varkappa_2}{2\,(1 + \varkappa_2)} \tag{350a}$$

Es wird weiter

$$M'_{2u} = g^* \frac{l^2}{12} \cdot \frac{\varkappa_2}{1 + \varkappa_2}$$

und

$$M'_3 = g^* \frac{l^2}{24} \cdot \frac{\varkappa_2}{1 + \varkappa_2}$$

und somit die Querkraft:

$$\overline{Q}_2 = g^* \frac{l^2}{8\,h_2} \cdot \frac{\varkappa_2}{1 + \varkappa_2}.$$

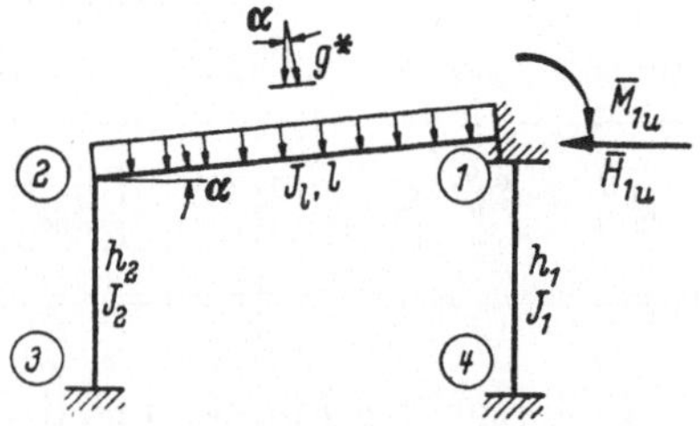

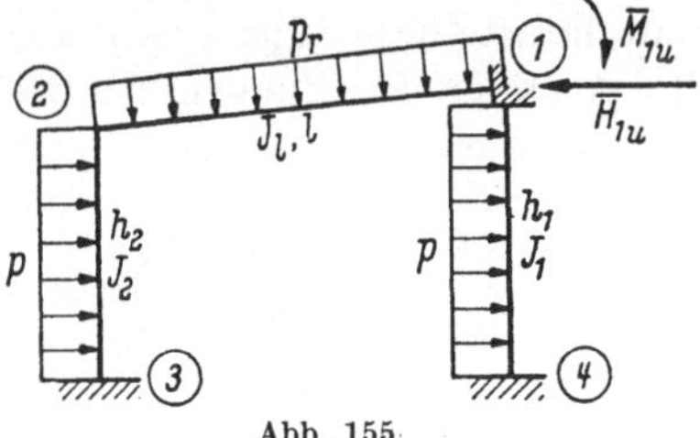

Abb. 154

Da keine weiteren Belastungen vorkommen, sind:

$$\overline{Q}_1 = N_h = 0,$$

und schließlich erhalten wir nach Gl. (351) das zweite Belastungsglied:

$$\overline{H}_{1u} = + g^* \frac{l^2}{8\,h_2} \cdot \frac{\varkappa_2}{1 + \varkappa_2}. \tag{351a}$$

2. Gleichmäßig verteilte Belastungen winkelrecht auf den Riegel und die beiden Stützen. Es werden gemäß Gl. (345):

$$\overline{M}_2 = - p_r \frac{l^2}{12} + \frac{h_2^2}{12} p,$$

$$\overline{M}_{1_{h_1}} = + p \frac{h_1^2}{12},$$

$$\overline{M}_{1l} = + p_r \frac{l^2}{12},$$

Abb. 155

und damit ergibt sich das erste Belastungsglied aus Gl. (349) zu:

$$\overline{M}_{1u} = p_r \frac{l^2}{12} - \frac{p\,h_2^2 - p_r \cdot l^2}{24\,(1 + \varkappa_2)} + p \frac{h_1^2}{12}. \tag{349b}$$

Die Stabmomente der Säule 2—3 sind:

$$M'_{2u} = \frac{1}{1 + \varkappa_2} \left(p \frac{h_2^2}{12} + \varkappa_2 \frac{p_r \cdot l^2}{12} \right),$$

$$M'_3 = - \frac{1}{2\,(1 + \varkappa_2)} \left[\frac{p \cdot h_2^2}{12}\,(2 + 3\,\varkappa_2) - \frac{p_r \cdot l^2}{12} \cdot \varkappa_2 \right].$$

Nach Gl. (353) wird die Querkraft für den Stiel h_2:

$$\bar{Q}_2 = \frac{3 \cdot \varkappa_2}{2\,(1 + \varkappa_2)\,h_2}\left[\frac{p_r \cdot l^2}{12} - \frac{p\,h_2^2}{12}\right] + \frac{p\,h_2}{2}.$$

Da die Säule h_1 an beiden Enden totaleingespannt ist, wird für diese die Querkraft direkt unter dem Knoten 1:

$$Q_1 = \frac{p\,h_1}{2}.$$

Der Beitrag der Horizontalkomponenten der Belastung des Riegels wird:

$$N_h = p_r \cdot \sin\alpha \cdot l,$$

und wir erhalten schließlich für das zweite Belastungsglied:

$$\boxed{\bar{H}_{1u} = \frac{p\,h_1}{2} + \frac{3 \cdot \varkappa_2}{2\,(1 + \varkappa_2)\,h_2} \cdot \left[\frac{p_r \cdot l^2}{12} - \frac{p \cdot h_2^2}{12}\right] + \frac{p\,h_2}{2} + p_r \sin\alpha \cdot l}$$

$$(351\,\mathrm{b})$$

3. Horizontale Einzellast in der Ecke 2 angreifend. Die Belastungsglieder werden in diesem Falle, wie leicht zu sehen ist:

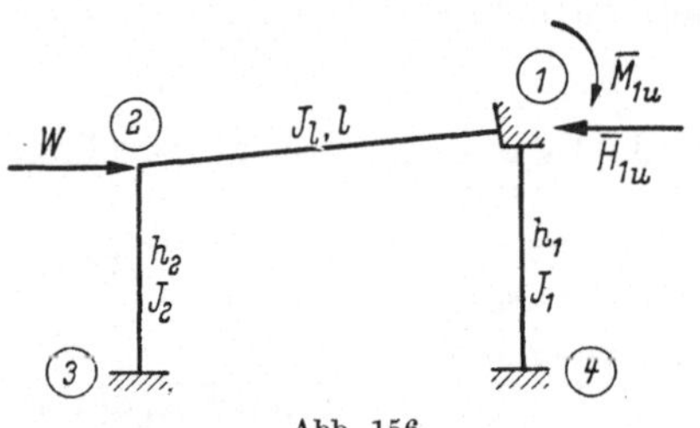

Abb. 156

$$\underline{\bar{M}_{1u} = 0,} \qquad\qquad (350\,\mathrm{c})$$

$$\bar{H}_{1u} = N_h = W. \qquad (351\,\mathrm{c})$$

Moment und Horizontalkraft, die auf den Rahmen wirken, in Funktion der gegebenen Deformationen α_1, δ_1 des Knotenpunktes. Bezüglich der Abb. 157 lauten Moment und Horizontalkraft durch Superposition gemäß den Abschn. β, γ, (δ) und ε, wobei die positiven Richtungen der Verschiebungen α und δ für die durchlaufenden Systeme wieder einzuführen sind:

$$\boxed{\begin{aligned} M_{1u} &= a_{1u} \cdot \alpha_1 - c_{1-u} \cdot \delta_1 + \bar{M}_{1u} \\ H_{1u} &= c_{1-u} \cdot \alpha_1 - d_{1-u} \cdot \delta_1 + \bar{H}_{1u} \end{aligned}}$$

$$(352\,\mathrm{a})$$
$$(352\,\mathrm{b})$$

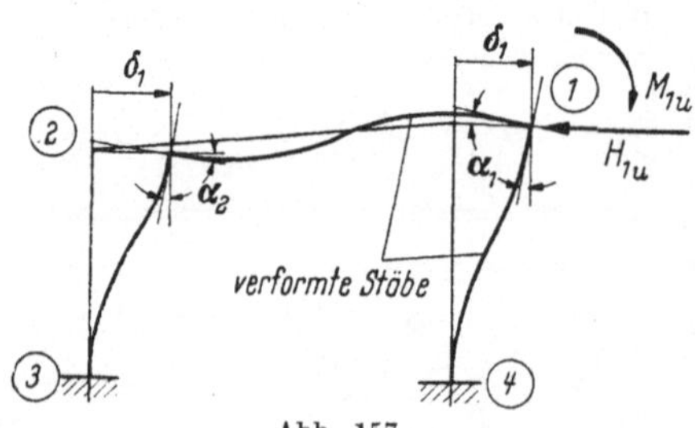

Abb. 157

Die mathematische Form der Ausdrücke Gl. (352) stimmt mit derjenigen einer Säule der durchlaufenden Systeme überein, vgl. Gl. (17).

Endgültige Stabmomente des Rahmens. Wir nehmen gegebene Deformationen δ_1 und α_1 des Rahmenknotenpunktes 1 an, welche im Zusammenhang mit dem totalen durchlaufenden System berechnet wurden. Weiter haben wir dann das auf den Rahmen angreifende Moment M_{1u} und die Horizontalkraft H_{1u} bestimmt nach Gl. (352). Schließlich wirke auch noch eine äußere Belastung auf den Rahmen, die an den totaleingespannten Stäben die entsprechenden Einspannungsmomente oder „Belastungsglieder" erzeuge. Die einzige Unbekannte ist jetzt der Drehwinkel α_2, den wir aus der 1. Knotenpunktsgleichung auf

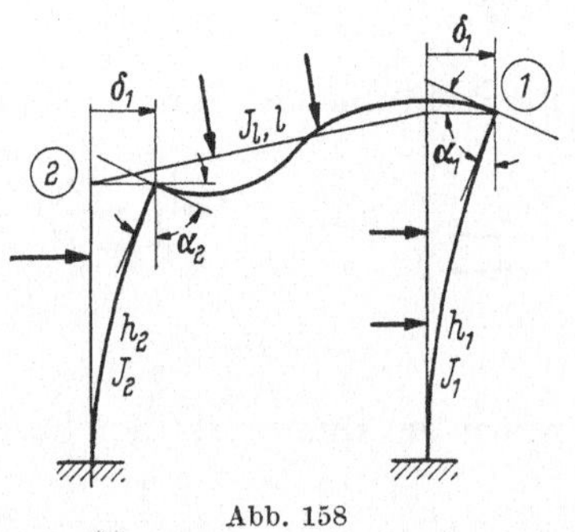
Abb. 158

den Punkt 2 bezogen, berechnen. In Gl. (326b) haben wir einfach den Wert Δ durch $-\delta_1$ zu ersetzen, und diese Gleichung lautet dann:

$$A_2 \cdot \alpha_2 + b_{2-1} \cdot \alpha_1 - c_{2-3} \cdot \delta_1 + \overline{M}_2 = 0, \qquad (326\,\mathrm{d})$$

und die Unbekannte α_2 wird in Funktion der bekannten Werte α_1 und δ_1

$$\alpha_2 = -\frac{b_{2-1}}{A_2}\alpha_1 + \frac{c_{2-3}}{A_2}\delta_1 - \frac{\overline{M}_2}{A_2}. \qquad (353)$$

Nun lautet bekanntlich das Moment im Riegel 1—2, einschließlich der äußeren Belastung des Riegels selbst:

$$M_{1l} = a_{1l} \cdot \alpha_1 + b_{1-2} \cdot \alpha_2 + \overline{M}_{1l}, \qquad (354)$$

mit Gl. (353) eingesetzt findet man:

$$M_{1l} = \left(a_{1l} - \frac{b_{1-2}^2}{A_2}\right)\alpha_1 + \frac{c_{2-3}\cdot b_{1-2}}{A_2}\delta_1 + \overline{M}_{1l} - \frac{\overline{M}_2}{A_2}\cdot b_{1-2}. \quad (355\,\mathrm{a})$$

Für feldweise konstantes Trägheitsmoment ergibt sich dann Gl. (355b):

$$M_{1l} = \frac{4\,EJ_l}{l}\cdot\frac{3+4\,\nu_2}{4\,(1+\varkappa_2)}\alpha_1 + \frac{3\,EJ_2}{h_2^2}\cdot\frac{1}{1+\varkappa_2}\cdot\delta_1 + \overline{M}_{1l} - \frac{\overline{M}_2}{2\,(1+\varkappa_2)}. \quad (355\,\mathrm{b})$$

Für den Stiel 1—4 wird dann das entsprechende Stabendmoment direkt unter 1:

$$M_{1_{h_1}} = \frac{4\,EJ_1}{h_1}\alpha_1 - \frac{6\,EJ_1}{h_1^2}\delta_1 + \overline{M}_{1_{h_1}}. \qquad (356)$$

Die Momente des Knotenpunktes 2 werden analog:

$$M_{2r} = \frac{3\,EJ_l}{l}\cdot\frac{\varkappa_2}{1+\varkappa_2}\cdot\alpha_1 + \frac{6\,EJ_2}{h_2^2}\cdot\frac{1}{1+\varkappa_2}\delta_1 + \overline{M}_{2r} - \frac{\overline{M}_2}{1+\varkappa_2}, \qquad (357\,\mathrm{a})$$

$$M_{2u} = -\frac{2\,EJ_l}{l}\cdot\frac{\varkappa_2}{1+\varkappa_2}\cdot\alpha_1 - \frac{6\,EJ_2}{h_2^2}\cdot\frac{1}{1+\varkappa_2}\delta_1 + \overline{M}_{2u} - \frac{\varkappa_2\cdot\overline{M}_2}{1+\varkappa_2}, \qquad (357\,\mathrm{b})$$

sowie die Momente der totaleingespannten Stützenfußpunkte:

$$M_{30} = -\frac{2\,EJ_2}{h_2} \cdot \frac{1}{2\,(1+\varkappa_2)} \cdot \alpha_1 - \frac{3\,EJ_2}{h_2^2} \cdot \frac{2+\varkappa_2}{1+\varkappa_2}\,\delta_1 + \overline{M}_{30} - \frac{\varkappa_2 \cdot \overline{M}_2}{2\,(1+\varkappa_2)},$$

$$\text{(358a)}$$

$$M_{40} = \frac{2\,EJ_1}{h_1} \cdot \alpha_1 - \frac{6\,EJ_1}{h_1^2} \cdot \delta_1 + \overline{M}_{40}. \tag{358b}$$

Als Kontrolle der Berechnung dient uns das Gleichgewicht der Horizontaltalkräfte bezüglich der Abb. 159.

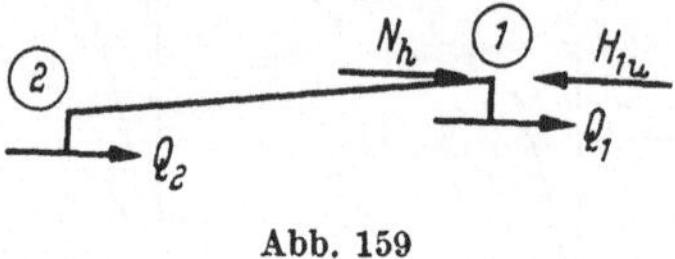
Abb. 159

Es wird:

$$\boxed{H_{1u} = Q_1 + Q_2 + N_h}, \tag{359}$$

wobei die Querkräfte der Stiele lauten:

$$Q_1 = Q_{10} + \frac{M_{1h_1} + M_{40}}{h_1}, \tag{360a}$$

$$Q_2 = Q_{20} + (M_{2u} + M_{30}) \cdot \frac{1}{h_2} \tag{360b}$$

mit den Werten der entsprechenden Momente aus den Gln. (356), (357) und (358) eingesetzt.

b) Der symmetrische einschiffige Hallenbogen

Dieser Fall ist besonders einfach zu berechnen nach unserer Methode, speziell wenn wir noch eine zweckmäßige Belastungsumordnung vornehmen bei einem beliebigen Lastfall. Wir können nämlich jeden Belastungsfall zurückführen auf einen symmetrischen und einen antimetrischen. Dieses System hat im allgemeinen Fall vier unbekannte Verschiebungsgrößen.

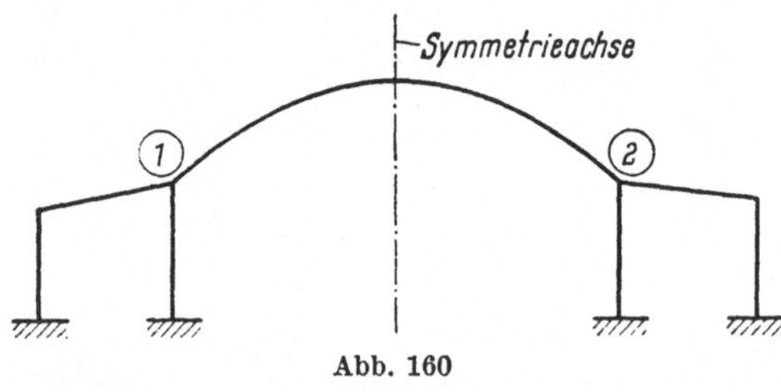

Abb. 160

Es sind dies die horizontalen Verschiebungen und die Knotenpunktsdrehungen der beiden Knotenpunkte 1 und 2.

1. Symmetrische Belastung bezüglich der Symmetrieachse des Bogens

Für diesen Belastungsfall haben wir zwei Unbekannte zu bestimmen, es sind dies die Horizontalverschiebung δ und der Drehwinkel α des Bogenknotenpunktes. Wegen der Symmetrie der Belastung können wir entgegengesetzt gleiche Deformationen annehmen in den beiden Knotenpunkten.

Die Knotenpunktsgleichungen lauten für den Knoten 1 gemäß Gl. (321) und Gl. (324):

$$A_1 \cdot \alpha + b_{1-2} \cdot \alpha + C_1 \cdot \delta + c_{1-2} \cdot \delta + \overline{M}_1 = 0$$

oder kürzer:

$$(A_1 + b_{1-2})\,\alpha + (C_1 + c_{1-2}) \cdot \delta + \overline{M}_1 = 0. \tag{361}$$

Die zweite Knotenpunktsgleichung lautet aus Gl. (324):

$$C_1 \cdot \alpha + c_{2-1} \cdot \alpha + D_1 \cdot \delta + d_{1-2} \cdot \delta + \overline{H}_1 = 0,$$

wobei durch das Zusammenziehen der entsprechenden Glieder folgt:

$$(C_1 + c_{2-1}) \cdot \alpha + (D_1 + d_{1-2}) \cdot \delta + \overline{H}_1 = 0. \tag{362}$$

Aus diesen Gleichungen können wir die beiden Unbekannten berechnen, diese werden:

$$\boxed{\begin{aligned} \delta_{\text{sym}} &= \frac{(C_1 + c_{1-2}) \cdot \overline{M}_1 - (A_1 + b_{1-2}) \cdot \overline{H}_1}{(D_1 + d_{1-2}) \cdot (A_1 + b_{1-2}) - (C_1 + c_{1-2})^2} \\ \alpha_{\text{sym}} &= \frac{(C_1 + c_{1-2}) \cdot \overline{H}_1 - (D_1 + d_{1-2}) \cdot \overline{M}_1}{N} \end{aligned}} \tag{363}$$

In Gl. (363) haben die Belastungsglieder $\overline{M}_1$ und $\overline{H}_1$ die folgenden Werte:

$$\overline{M}_1 = \overline{M}_{1r} + \overline{M}_{1u}; \qquad \overline{H}_1 = \overline{H}_{1-2} - \overline{H}_{1u}, \tag{364}$$

wobei wir die Vorzeichenregel für positive Richtungssinne der Glieder berücksichtigen müssen, gemäß Abb. 161.

Die Kräfte sind auf den herausgeschnittenen Knoten bezogen.

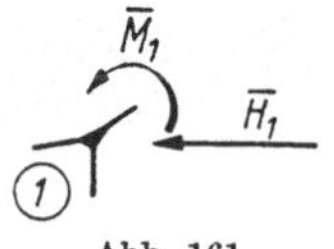

Abb. 161

2. Unsymmetrische Belastung

In diesem Falle hätten wir für die zwei Knotenpunkte 1 und 2 total vier Gleichungen zur Auflosung der vier Unbekannten Deformationen α_1, δ_1; α_2 und δ_2 zur Verfügung. Wir können jedoch stets die Belastung so umordnen, daß wir zwei Belastungszustände erhalten, wo der eine symmetrisch und der andere antimetrisch zur Symmetrieachse des Trägers bezogen ist. Man hat dann zweimal zwei Gleichungen mit zwei Unbekannten aufzulösen, und erhält den endgültigen Zustand durch Zusammenlegen der zwei Einzelzustände.

Anwendung. Gegeben sei der folgende in der Abb. 162 dargestellte Belastungszustand.

Den symmetrischen Belastungszustand, der dem gegebenen der Abb. 162 entspricht, erhalten wir durch die in der Abb. 163 dargestellte Belastung. Durch diesen Zustand werden die Verformungen der beiden Knotenpunkte einander entgegengesetzt gleich, also

$$\alpha_1 = -\alpha_2 \quad \text{und} \quad \delta_1 = -\delta_2 \,,$$

und wir können die Unbekannten nach den Gln. (363) direkt auflösen.

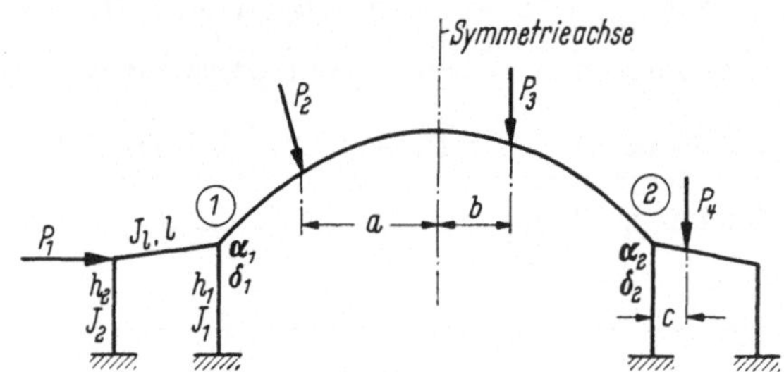

Abb. 162. Gegebener Belastungszustand

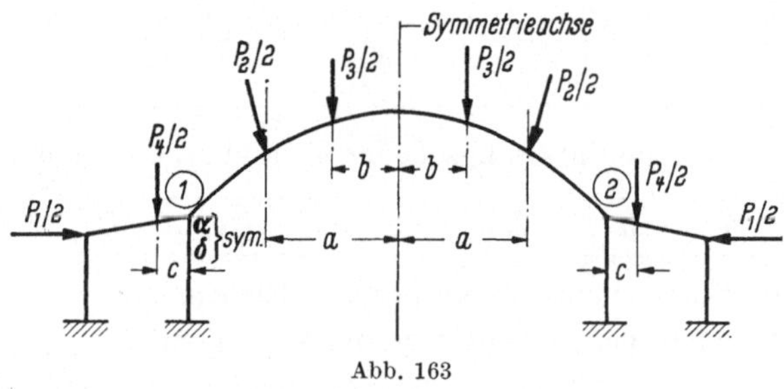

Abb. 163

Den antimetrischen Zustand erreichen wir durch die folgende, in Abb. 164 dargestellte Lastanordnung. Mit diesen Lasten erhalten wir gleiche Verschiebungen und Drehungen der beiden Knotenpunkte, also:

$$\alpha_1 = \alpha_2 = \alpha_{\text{ant}}, \qquad \delta_2 = \delta_1 = \delta_{\text{ant}}.$$

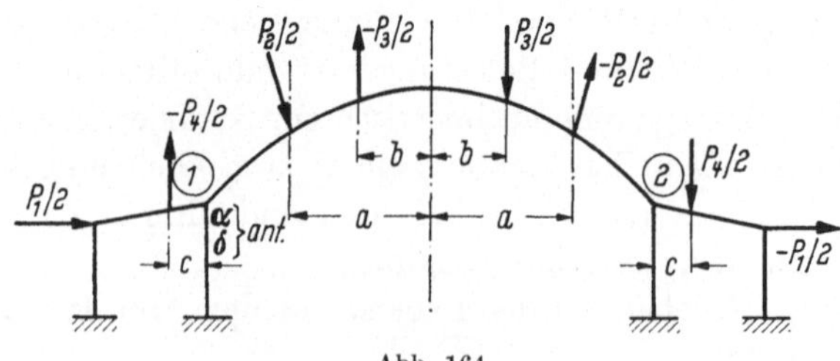

Abb. 164

Für die zwei unbekannten Deformationen ergeben sich die Werte:

$$\boxed{\begin{aligned}
\delta_{\mathrm{ant}} &= \frac{(C_1 - c_{1-2}) \cdot \overline{M}_1 - (A_1 - b_{1-2})\,\overline{H}_1}{(D_1 - d_{1-2})(A_1 - b_{1-2}) - (C_1 - c_{1-2})^2} \\[2mm]
\alpha_{\mathrm{ant}} &= \frac{(C_1 - c_{1-2}) \cdot \overline{H}_1 - (D_1 - d_{1-2}) \cdot \overline{M}_1}{N}
\end{aligned}} \tag{365}$$

Durch Zusammensetzen der Deformationen der beiden Zustände ergibt sich der Zustand, wie er aus der Abb. 162 hervorgeht, und es resultieren die schlußendlichen Horizontalverschiebungen und Drehwinkel der beiden Knotenpunkte:

$$\text{Für den Knoten } 1: \begin{cases} \alpha_1 = \alpha_{\mathrm{sym}} + \alpha_{\mathrm{ant}} \\ \delta_1 = \delta_{\mathrm{sym}} + \delta_{\mathrm{ant}}. \end{cases}$$

$$\text{Für den Knoten } 2: \begin{cases} \alpha_2 = -\alpha_{\mathrm{sym}} + \alpha_{\mathrm{ant}} \\ \delta_2 = -\delta_{\mathrm{sym}} + \delta_{\mathrm{ant}}. \end{cases} \tag{366}$$

Dieses Verfahren der Lastumordnung ist für jeden möglichen Belastungsfall möglich, vereinfacht sehr die Berechnung und zeigt auch deutlich den Vorteil, den hier die Methode der Deformationen gegenüber der gewöhnlichen Kräftemethode besitzt.

3. Momente und Horizontalkräfte

Gemäß Gl. (16) finden wir nun die statisch unbestimmten Größen für den Bogen in Funktion der Deformationen aus Gl. (366):

$$M_{1r} = a_{1r} \cdot \alpha_1 - b_{1-2} \cdot \alpha_2 + c_{1-2}(\delta_1 - \delta_2) + \overline{M}_{1r},$$

$$M_{2l} = a_{1r} \cdot \alpha_2 - b_{1-2} \cdot \alpha_1 + c_{1-2}(\delta_2 - \delta_1) + \overline{H}_{2l}, \tag{367}$$

$$H_{1-2} = c_{1-2} \cdot \alpha_1 - c_{1-2} \cdot \alpha_2 - d_{1-2}(\delta_2 - \delta_1) + \overline{H}_{1-2}.$$

Für den anschließenden Rahmen folgen nach den Gln. (355) und (356) gemäß dem Belastungsfall der Abb. 162 die beiden Stabmomente im Knoten 1:

$$M_{1_{h_1}} = \frac{4\,EJ_1}{h_1}\,\alpha_1 - \frac{6\,EJ_1}{h_1^2}\,\delta_1\,, \tag{356}$$

$$M_{1l} = \frac{4\,EJ_l}{l} \cdot \frac{3 + 4\varkappa_2}{4(1 + \varkappa_2)} \cdot \alpha_1 + \frac{3\,EJ_2}{h_2^2} \cdot \frac{1}{1 + \varkappa_2}\,\delta_1\,. \tag{355b}$$

Die weiteren Rahmenmomente bestimmen wir nach Gl. (357) und als Kontrolle dient für den Belastungsfall der Abb. 162 das Gleichgewicht der Horizontalkräfte:

$$Q_{h_1} + Q_{h_2} + P_1 - H_{1-2} = 0, \tag{368}$$

wobei Q_{h_1} und Q_{h_2} die Querkräfte der beiden Stützen h_1 und h_2 bedeuten, im Gegensatz zu den Bezeichnungen des Abschn. b, um nicht die Indices mit denjenigen des Bogens zu verwechseln.

4. Festwerte eines kreisförmigen Bogens mit konstantem Trägheitsmoment

Bei Schalendächern mit einer oder mehreren Öffnungen kommen oft

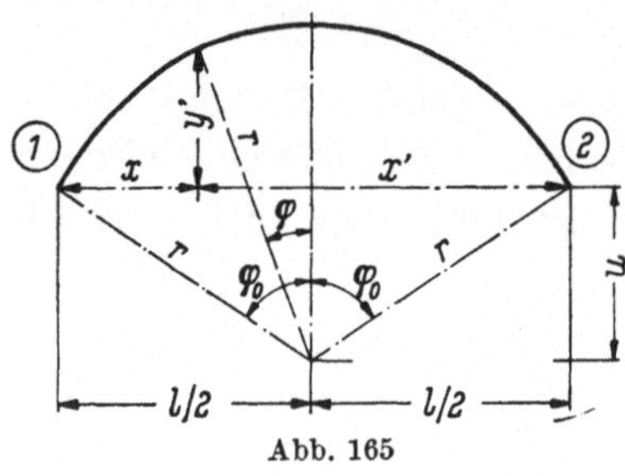
Abb. 165

kreisförmige Binder in Frage. Wir geben hier die Integralwerte, die zur Berechnung der Festwerte nötig sind, unter Voraussetzung eines konstanten Trägheitsmomentes.

Wir können für die rechtwinkligen Koordinaten eines Kreiselementes die folgenden Werte in Polarkoordinaten schreiben:

$$x = \frac{l}{2} - r \cdot \sin \varphi, \quad y' = r \cdot \cos \varphi - u,$$

$$x' = \frac{l}{2} + r \cdot \sin \varphi, \quad y = r \cdot \cos \varphi - (u + t), \tag{369}$$

$$dw = \frac{ds}{EJ} = \frac{r \cdot d\varphi}{EJ}, \quad dw' = \frac{r \, d\varphi}{EF}.$$

Wir ermitteln die beiden Integrale der Balkengleichungen in bezug auf die Abb. 165:

$$\int_0^l \frac{x^2 \cdot dw}{l^2} = \frac{r}{l^2 \, EJ} \left[\varphi_0 \left(\frac{l^2}{2} + r^2 \right) - \frac{u \, l}{2} \right],$$

$$\int_0^l \frac{x \cdot x' \cdot dw}{l^2} = \frac{r}{l^2 \, EJ} \left[\varphi_0 \left(\frac{l^2}{2} - r^2 \right) + \frac{u \, l}{2} \right], \tag{370}$$

für $\varphi_0 = 90°$ werden:

$$\int \frac{x^2 \, dw}{l^2} = \frac{3 \, l}{5{,}09 \, EJ}; \qquad \int \frac{x \, x' \, dw}{l^2} = \frac{l}{5{,}09 \, EJ};$$

für $\varphi_0 = 45°$ werden:

$$\int \frac{x^2 \, dw}{l^2} = \frac{l}{2{,}64 \, EJ}; \qquad \int \frac{x \, x' \, dw}{l^2} = \frac{l}{5{,}66 \, EJ}.$$

Die Nennerwerte sind für:

$$\varphi_0 = 90°: \quad N = 0{,}309 \frac{l^2}{(EJ)^2}; \qquad \varphi_0 = 45°: \quad N = 0{,}112 \frac{l^2}{(EJ)^2}.$$

Der Abstand der starren Scheiben ergibt sich:

$$t = \frac{\int y' \, dw}{\int dw} = \frac{r \cdot \sin \varphi_0 - u \cdot \varphi_0}{\varphi_0}. \tag{371}$$

Somit lautet das Integral des Nenners für den Horizontalschub:

$$\int_0^l y^2\, dw = \frac{2\,r}{EJ}\left\{\varphi_0\left[\frac{r^2}{2}+(u+t)^2\right]-l\left[t+\frac{3\cdot u}{4}\right]\right\} \qquad (372\,\mathrm{a})$$

und

$$\int_0^l \frac{ds}{EF} = \frac{2\,r\,\varphi_0}{EF}, \qquad\qquad (372\,\mathrm{b})$$

für $\varphi_0 = 90°$ werden:

$$t = \frac{l}{\pi}, \qquad \int y^2\, dw = \frac{l^3}{27{,}0\,EJ},$$

für $\varphi_0 = 45°$ werden:

$$t = 0{,}1366\cdot l, \qquad y^2\, dw = \frac{l^3}{228\cdot EJ}.$$

Wir finden die Festwerte aus den Gln. (8) und (10) für die beiden Werte φ_0 zu:

für $\varphi_0 = 90° = \dfrac{\pi}{2}$

$$a_{1r} = a_{2l} = 1{,}91\,\frac{EJ}{l} + 2{,}74\,\frac{EJ}{l} = 4{,}65\,\frac{EJ}{l},$$

$$b_{1-2} \;\;\;\;= -\,0{,}636\,\frac{EJ}{l} + 2{,}74\,\frac{EJ}{l} = 2{,}104\,\frac{EJ}{l},$$

$$c_{1-2} \;\;\;\;= 8{,}60\,\frac{EJ}{l^2}; \qquad d_{1-2} = 27{,}0\,\frac{EJ}{l^3}$$

für $\varphi_0 = 45° = \dfrac{\pi}{4}$

$$a_{1r} = a_{2l} = 3{,}38\,\frac{EJ}{l} + 4{,}25\,\frac{EJ}{l} = 7{,}63\,\frac{EJ}{l},$$

$$b_{1-2} \;\;\;\;= -\,1{,}578\,\frac{EJ}{l} + 4{,}25\,\frac{EJ}{l} = +\,2{,}672\,\frac{EJ}{l},$$

$$c_{1-2} \;\;\;\;= 31{,}14\,\frac{EJ}{l^2}; \qquad d_{1-2} = 228\,\frac{EJ}{l^3}.$$

In allen diesen Werten ist der Einfluß des Gliedes $\int \dfrac{ds}{EF}$ nicht einbezogen.

c) Durchlaufende symmetrische Rahmen auf elastischen Säulen

1. Allgemeines

Durchlaufende symmetrische Rahmen sind im Prinzip gleich zu behandeln wie durchlaufende Bogen. An Stelle von einer stetig gekrümmten Bogenachse tritt nun ein Stabzug mit stabweise konstantem Trägheitsmoment. Das Grundsystem ist der totaleingespannte Rahmen. Wir können auch hier, wie bei den Bogen, die Festwerte und Belastungsglieder dieser Stabwerke berechnen, und erhalten schließlich die gleichen Knotenpunktsgleichungen wie für die durchlaufenden Bogenträger. Im Hochbau kommen oft bei diesen Ausführungen, wenn von Zugbändern abgesehen wird, Rand- oder Stützenkonstruktionen zur Ausführung für die Aufnahme des Bogenschubes, wie es unter A gezeigt wurde. Für das

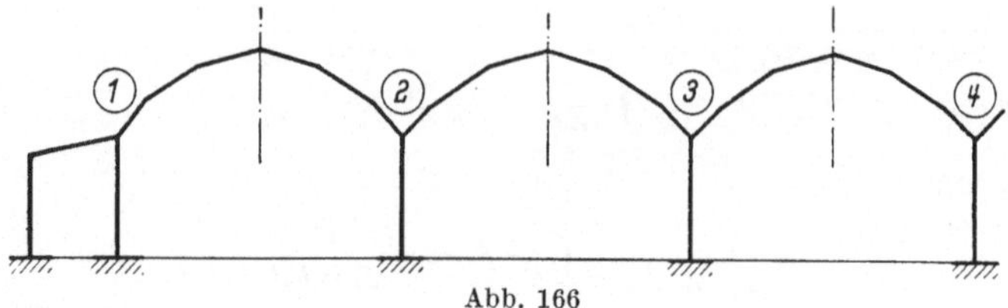

Abb. 166

Grundsystem wollen wir die Festwerte berechnen unter Voraussetzung symmetrischer Einzelrahmen. Dies drückt sich durch die Horizontallage der Endpunkte der starren Scheiben aus. Für die Belastungsglieder verweisen wir auf die „Rahmenformeln von KLEINLOGEL", oder andere Rahmentafeln, eine Behandlung derselben erübrigt sich hier in dieser Arbeit, da darüber genügend einschlägige Literatur vorliegt.

2. Integrale der Festwerte für einen Teil des Grundsystemes

Der totaleingespannte symmetrische Einzelrahmen der Abb. 167a bilde das Grundsystem in unserem Falle.

In der Abb. 167b haben wir einen beliebigen Stab $i-k$ des vollständigen Rahmens herausgenommen. Die Koordinatenpunkte seiner

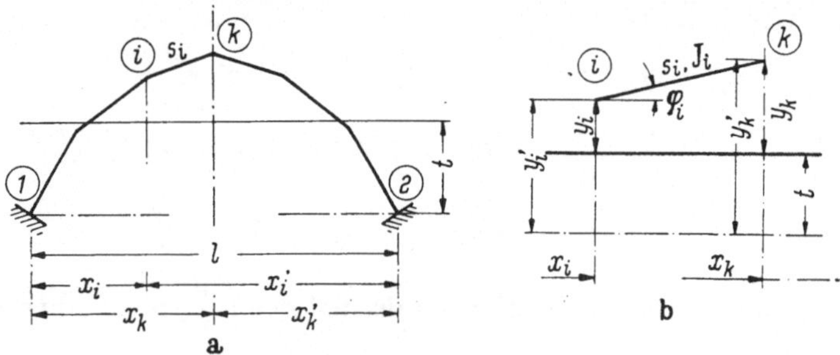

Abb. 167a u. b

Eckpunkte seien bezüglich eines Koordinatensystemes durch die Auflagerpunkte des Rahmens festgelegt, was aus der Abbildung ersichtlich ist.

Die Integrale, die für die Berechnung der Festwerte in Frage kommen, können für einen Teilstab ausgerechnet werden. Für den ganzen Stabzug können dann einfach die entsprechenden Teilintegrale zusammengesetzt werden.

Der Reihe nach finden wir die folgenden Teilintegrale für den Einzelstab $i\!-\!k$.

$$\int_i^k \frac{x \cdot x'\, dw}{l^2} = \frac{s_i}{l^2\, EJ_i}\left[l\,\frac{x_k + x_i}{2} - \frac{1}{3}\,(x_k^2 + x_i \cdot x_k + x_i^2)\right], \qquad (373\,\mathrm{a})$$

$$\int_i^k \frac{x^2\, dw}{l^2} = \frac{s_i}{l^2 \cdot EJ_i \cdot 3}\,(x_k^2 + x_i \cdot x_k + x_i^2). \qquad (373\,\mathrm{b})$$

Das Teilintegral für den Abstand der Endpunkte der „starren Scheiben" lautet:

$$\int_i^k y'\, dw = \frac{s_i}{2\, EJ_i}\,(y_i' + y_k') \qquad (374\,\mathrm{a})$$

und

$$\int_i^k dw = \frac{s_i}{EJ_i}. \qquad (374\,\mathrm{b})$$

Schließlich lautet für den Nenner des Horizontalschubes der Beitrag des Stabes $i\!-\!k$:

$$\int_i^k y^2\, dw = \frac{s_i}{3\, EJ_i}\,(y_i^2 + y_i \cdot y_k + y_k^2) \qquad (375\,\mathrm{a})$$

mit dem Einfluß der Normalkräfte in der Arbeitsgleichung:

$$\int_i^k \frac{ds}{EF} = \frac{s_i}{EF_i}. \qquad (375\,\mathrm{b})$$

Der Nenner der Balkengleichungen für den ganzen Stabzug wird dann:

$$N = \left(\sum_i \int \frac{x^2}{l^2}\, dw\right)^2 - \left(\sum_i \int \frac{x\, x'}{l^2}\, dw\right)^2 \qquad (376)$$

und der Abstand der starren Scheiben:

$$t = \frac{\sum_i \int y'\, dw}{\sum dw}. \qquad (377)$$

Daraus erhalten wir die gesuchten Festwerte für den Rahmen aus den Gln. (8) und (10):

$$a_1 \;\; = a_2 \;\;\; = \frac{1}{N}\sum_i \int \frac{x^2}{l^2}\, dw + \frac{t^2}{\sum_i (\int y^2\, dw + \int dw')}, \qquad (378\,\mathrm{a})$$

$$b_{1-2} = b_{2-1} = -\frac{1}{N}\sum_i \int \frac{x\, x'\, dw}{l^2} + \frac{t^2}{\sum_i (\int y^2\, dw + \int dw')}, \qquad (378\,\mathrm{b})$$

$$c_{1-2} = c_{2-1} = \frac{t}{\sum_i (\int y^2\, dw + \int dw')}, \qquad (378\,\mathrm{c})$$

$$d_{1-2} = d_{2-1} = \frac{1}{\sum_i (\int y^2\, dw + \int dw')}. \qquad (378\,\mathrm{d})$$

3. Anwendungen

Der symmetrische Dreiecksrahmen. Die Koordinaten der Formeln (373), (374) und (375) werden gemäß der Abb. 168 für die beiden Stäbe:

$$\text{Stab 1} \begin{cases} x_i = 0, \ x_k = \dfrac{l}{2}, \\[2mm] y_i' = 0, \ y_k' = h \end{cases} \qquad \text{Stab 2} \begin{cases} x_i = \dfrac{l}{2}, \ x_k = l \\[2mm] y_i' = h, \ y_k' = 0 \end{cases}.$$

Die Integrale für den totalen Rahmen ergeben sich somit [Gl. (373)]

$$\int\limits_0^l \frac{xx'}{l^2}\, dw = \frac{s}{3\,EJ}\,; \qquad \int\limits_0^l \frac{x^2}{l^2}\, dw = \int\limits_0^l \frac{x'^2}{l^2}\, dw = \frac{2\cdot s}{3\,EJ}.$$

Die Höhe der starren Scheiben [Gl. (374)]:

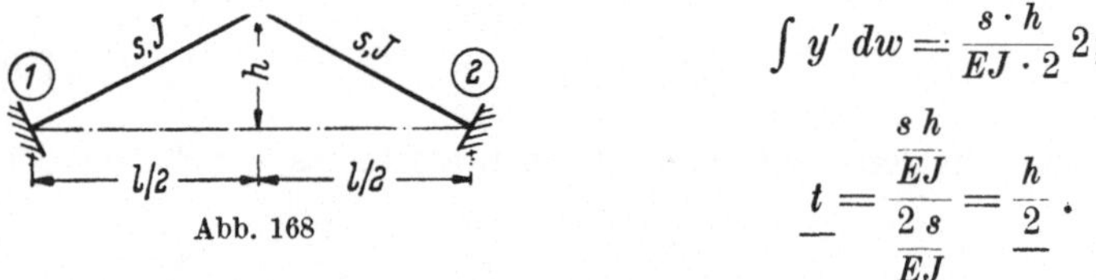

Abb. 168

$$\int y'\, dw = \frac{s\cdot h}{EJ\cdot 2}\,2;$$

$$t = \frac{\dfrac{s\,h}{EJ}}{\dfrac{2\,s}{EJ}} = \frac{h}{2}.$$

Der Nenner der Balkengleichungen wird:

$$N = \left(\int \frac{x^2}{l^2}\, dw\right)^2 - \left(\int \frac{x\,x'}{l^2}\, dw\right)^2 = \frac{4\cdot s^2}{9\,(EJ)^2} - \frac{s^2}{9\,(EJ)^2} = \frac{s^2}{3\,(EJ)^2},$$

sowie der Nenner des Horizontalschubes:

$$\int\limits_0^l y^2\, dw + \int\limits_0^l dw' = \frac{s\cdot h^2}{6\cdot EJ} + \frac{2\,s}{EF}.$$

Daraus können wir die Festwerte berechnen gemäß den Gln. (378) für den in der Abb. 168 dargestellten Dreiecksrahmen.

Es werden:

$$a_1 = a_2 = \frac{2\,EJ}{s} + \frac{3\,EJ}{2\left(s + \dfrac{12\,s}{\varrho\cdot h^2}\right)} \quad \text{mit } F = \varrho\cdot J,$$

und ohne die Berücksichtigung des Einflusses der Normalkräfte in der Arbeitsgleichung, wird:

$$a_1 = a_2 = \frac{2\,EJ}{s} + \frac{3\,EJ}{2\cdot s} = \frac{7\cdot EJ}{2\cdot s}.$$

Analog finden wir für:

$$b_{1-2} = -\frac{EJ}{s} + \frac{3\,EJ}{2\left(s + \dfrac{12\,s}{\varrho\cdot h^2}\right)},$$

und ohne Einfluß der Normalkräfte:

$$b_{1-2} = -\frac{EJ}{s} + \frac{3\,EJ}{2\,s} = +\frac{EJ}{2\,s}.$$

Die beiden Festwerte c_{1-2} und d_{1-2} werden:

$$c_{1-2} = \frac{\dfrac{h}{2}}{\dfrac{s\,h^2}{6\,EJ} + \dfrac{12\,s}{6\,EF}} = \frac{3\,h\cdot EJ}{\left(s\,h^2 + \dfrac{12\cdot s}{\varrho}\right)},$$

ohne den Einfluß der Normalkräfte:

$$c_{1-2} = \frac{3\,EJ}{s\cdot h}$$

$$d_{1-2} = \frac{6\,EJ}{s\,h^2 + \dfrac{12\,s}{\varrho}}.$$

ohne den Einfluß der Normalkräfte:

$$d_{1-2} = \frac{6\,EJ}{s\cdot h^2}$$

Der symmetrische Trapezrahmen. Wir legen für unsere Berechnung den in Abb. 169 dargestellten Rahmen zugrunde. Die Koordinaten der drei Stäbe sind:

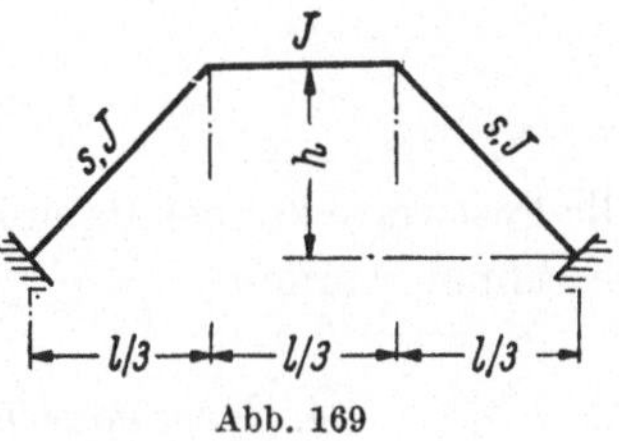

Abb. 169

$$\text{1. Stab: } x_i = 0,\ x_k = l/3,\ y_i' = 0,\ y_k' = h,$$

$$\text{2. Stab: } x_i = l/3,\ x_k = \frac{2}{3}\,l,\ y_i' = h,\ y_k' = h,$$

$$\text{3. Stab: } x_i = \frac{2}{3}\,l,\ x_k = l,\ y_i' = h,\ y_k' = 0.$$

Die beiden Integrale der Balkengleichungen lauten, auf den ganzen Rahmen ausgeführt, wenn wir die folgende Abkürzung einführen: $s = \varrho \cdot l$ gemäß Gl. (373)

$$\int\limits_0^l \frac{x\cdot x'}{l^2}\,dw = \frac{l}{EJ}\left[\frac{7\,\varrho}{27} + \frac{13}{162}\right] = \frac{l}{EJ}\,(0{,}259\cdot\varrho + 0{,}080),$$

$$\int\limits_0^l \frac{x^2}{l^2}\,dw = \frac{l}{EJ}\left[\frac{20\,\varrho}{27} + \frac{14}{162}\right] = \frac{l}{EJ}\,(0{,}741\cdot\varrho + 0{,}0864).$$

Somit folgt der Nennerwert der Balkengleichungen Gl. (376):

$$N = \frac{l^2}{(EJ)^2}\,(0{,}481\cdot\varrho^2 + 0{,}0864\,\varrho + 0{,}001).$$

Die beiden Werte für die „starren Scheiben" werden:

$$\int\limits_0^l y'\,dw = \frac{l\cdot h}{EJ}\left(\varrho + \frac{1}{3}\right) \quad \text{und} \quad \int\limits_0^l dw = \frac{l}{EJ}\left(2\,\varrho + \frac{1}{3}\right)$$

und es ergibt sich für t:

$$t = \frac{3\varrho + 1}{6\varrho + 1}\,h = \beta \cdot h, \quad \beta = \frac{3\varrho + 1}{6\varrho + 1}.$$

Den Nenner des Horizontalschubes ermitteln wir mit Hilfe der folgenden Ordinaten für den 1. und 3. Stab:

$$y_i = -t, \quad y_k = h - t = h(1 - \beta),$$

für den 2. Stab:

$$y_i = y_k = h(1 - \beta)$$

und es ergibt sich somit für den Nenner des ganzen Rahmens Gl. (375)

$$\int_0^l y^2\, dw = \frac{l \cdot h^2}{EJ}\left[2\varrho\left(\beta^2 - \beta + \frac{1}{3}\right) + (1 - \beta)^2\right],$$

sowie der Einfluß der Normalkräfte:

$$\int_0^l dw' = \frac{l}{3\,EF}\,(6\varrho + 1).$$

Die Festwerte können dann für den einzelnen Fall nach den Formeln (378) gerechnet werden.

4. Durchlaufende Systeme, Zusammenfassung

Haben wir ein System nach der Abb. 170 und die Festwerte der Rahmen und Säulen nach Gl. (378) und Gl. (335) bestimmt, so können wir im durchlaufenden System die Knotenpunktsgleichungen anschreiben

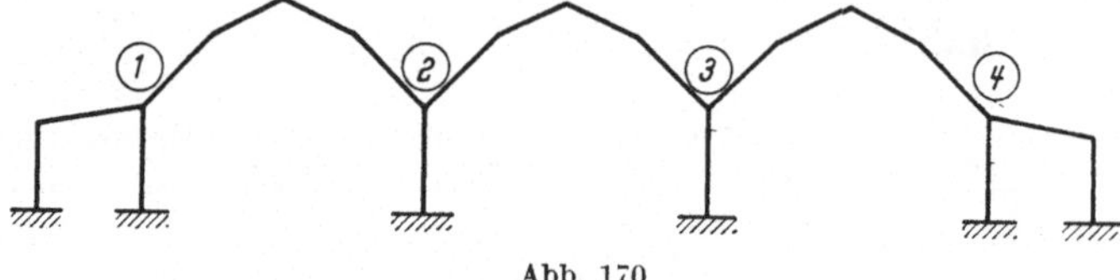

Abb. 170

für jeden Knotenpunkt. Für den ersten und letzten Punkt gelten dann die Gln. (321) und (324) mit den Werten a_{1u}, c_{1-u} und d_{1-u} aus den Gln. (335), (337) und (339). Für einen beliebigen Knotenpunkt haben wir somit die zwei folgenden, bekannten Knotenpunktsgleichungen gemäß Gl. (73) und Gl. (76):

$$A_m \cdot \alpha_m - b_{m-n} \cdot \alpha_n - b_{m-l} \cdot \alpha_l + C_m \cdot \delta_m - c_{m-n} \cdot \delta_n -$$
$$- c_{m-l} \cdot \delta_l + \overline{M}_m = 0, \tag{73}$$

$$C_m\ \alpha_m - c_{m-n} \cdot \alpha_n - c_{m-l} \cdot \alpha_l + D_m \cdot \delta_m - d_{m-n} \cdot \delta_n -$$
$$- \delta_{m-l} \cdot \delta_l + \overline{H}_m = 0, \tag{76}$$

wobei die Koeffizienten auf die Rahmen und Stützen bezogen sind, und diese lauten wie bekanntlich:

$$A_m = a_{mr} + a_{ml} + a_{mu},$$
$$C_m = c_{m-n} + c_{m-l} - c_{m-u}.$$
$$D_m = d_{m-l} + d_{m-n} + d_{m-u},$$

Handelt es sich um nicht mehr als drei Hauptöffnungen, wie die Abb. 170 aufweist, so kann ein beliebiger Belastungszustand am besten durch eine Lastumordnung in einen symmetrischen und antimetrischen Zustand verwandelt werden. Bei gleichen Hauptöffnungen und gleichen Stützenrahmen in den Endpunkten können wir die Gleichungssysteme leicht auflösen, wobei wir für jeden Belastungszustand nur vier Gleichungen mit vier Unbekannten aufzulösen haben.

Für den symmetrischen Belastungszustand wird:

$$\alpha_1 = -\alpha_4; \quad \alpha_2 = -\alpha_3; \quad \delta_1 = -\delta_4 \text{ und } \delta_2 = -\delta_3$$

und für den antimetrischen erhalten wir:

$$\alpha_1 = \alpha_4; \quad \alpha_2 = \alpha_3; \quad \delta_1 = \delta_4 \text{ und } \delta_2 = \delta_3.$$

d) Durchlaufende unsymmetrische Rahmen auf elastischen Säulen

1. Allgemeines

Im Hochbau weit verbreitete Konstruktionen sind die in den Abb. 171 und 172 dargestellten Formen. Diese Ausführungsart kennen wir unter

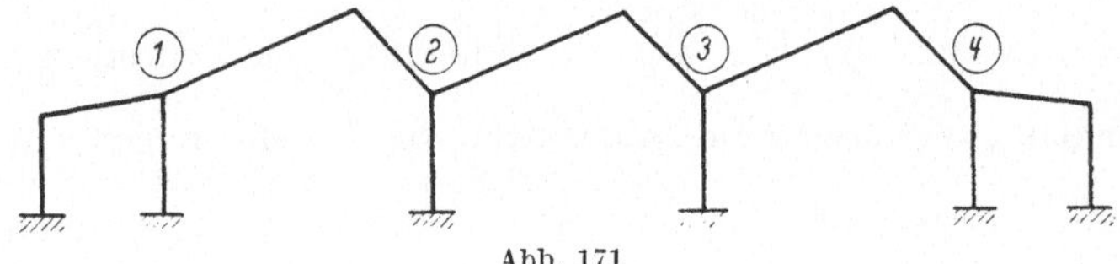

Abb. 171

dem Namen „Shedkonstruktionen". Der einzelne Rahmen ist unsymmetrisch. Der größere Teil des Binders kann auch aus einem Bogensegment

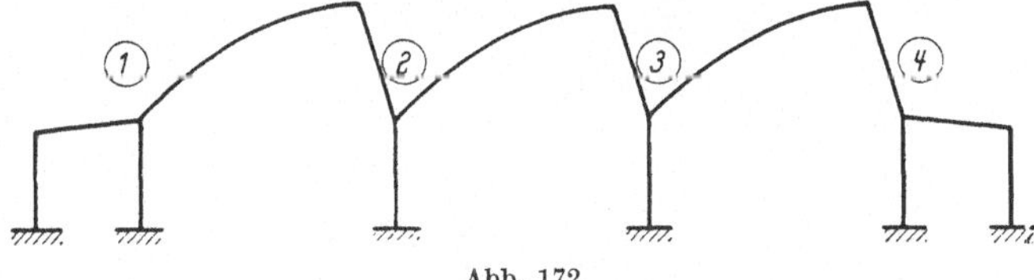

Abb. 172

bestehen (Abb. 172). Die Horizontalschübe werden wieder auf die Randkonstruktionen abgegeben. Unsere Konstruktionen sehen ja bekanntlich keine Zugbänder vor. Es ist daher notwendig, auf das unsymmetrische Grundsystem des totaleingespannten Rahmens ein wenig näher einzugehen und die Berechnung der Festwerte kurz anzugeben. Für die Belastungsglieder des Grundsystemes kann auch die hier behandelte Theorie angewendet werden, oder einfacher die für Rahmen zahlreich vorhandene Literatur benutzt werden, speziell sind wieder die „Rahmenformeln von KLEINLOGEL" besonders nützlich.

2. Der total eingespannte unsymmetrische Rahmen: Festwerte

Die Elastizitätsgleichungen bestehen aus Verschiebungsgrößen des frei aufliegenden Balkens mit polygonaler Achse, die Summen $\sum_l$ der einzelnen Stäbe darstellen. Die Werte der Stäbe sind ihrerseits Stabintegrale $\int_i^k$, die wir in geschlossener Form für den Einzelstab berechnen

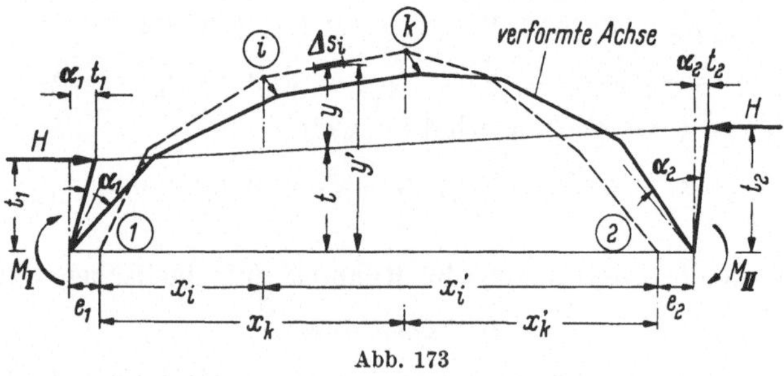

Abb. 173

können. Diese Verschiebungsgrößen müßten deshalb auf die folgende Art bezeichnet werden: $\sum_l \int_i^k$. Zur Vereinfachung der Schreibweise nehmen wir das symbolische Integralzeichen wie für die Bogen mit stetig gekrümmter Achse, also $\sum_l \int_i^k = \int_l$ Durch die Unsymmetrie des Rahmens ist der Abstand t der Endpunkte der starren Scheiben nicht mehr konstant, sondern wie leicht einzusehen ist, aus den vollständigen Elastizitätsgleichungen, über den beiden Auflagern gleich den folgenden Werten, die aus den Bedingungen hervorgehen:

$$\int x\,y\,dw = \int x'\,y\,dw = 0,$$

$$t_1 = \frac{\int_l \frac{x^2}{l^2}\,dw \cdot \int_l \frac{x'\,y'}{l}\,dw - \int_l \frac{x \cdot x'}{l^2}\,dw \cdot \int_l \frac{x\,y'}{l}\,dw}{\int_l \frac{x^2}{l^2}\,dw \cdot \int_l \frac{x'^2}{l^2}\,dw - \left(\int_l \frac{x \cdot x'}{l^2}\,dw\right)^2},$$

$$t_2 = \frac{\int_l \frac{x'^2}{l^2}\,dw \cdot \int_l \frac{x\,y'}{l}\,dw - \int_l \frac{x\,x'}{l^2}\,dw \cdot \int_l \frac{x'\,y'}{l}\,dw}{N}.$$

(379)

Die Elastizitätsgleichungen für die drei Deformationen α_1, α_2, δ' lauten in Abhängigkeit der in den Auflagerpunkten angreifenden Momente M_I und M_{II} sowie des Horizontalschubes H, der an den Enden der starren Scheiben angreife:

$$\alpha = M_I \int\limits_l \frac{x'^2}{l^2}\, dw - M_{II} \int\limits_l \frac{x \cdot x'}{l^2}\, dw\,,$$

$$\alpha_2 = - M_I \int\limits_l \frac{x \cdot x'}{l^2}\, dw + M_{II} \int\limits_l \frac{x^2}{l^2}\, dw\,, \tag{380}$$

mit

$$\delta' = \delta'_3 \cdot H = e_1 + e_2 - \alpha_1 \cdot t_1 + \alpha_2 \cdot t_2 \tag{381}$$

$$\delta'_3 = - \int\limits_l y^2\, dw - \int\limits_l dw'$$

und

$$e = e_1 + e_2.$$

Es ist außerdem keine weitere äußere Belastung vorhanden, alle Glieder

$$\int\limits_l^l M_0\, x\, dw = \int\limits_l M_0\, x'\, dw = \int\limits_l M_0\, y\, dw = 0$$

verschwinden, denn es ist der Zweck der Rechnung die Festwerte des Rahmens zu bestimmen. Wie aus den früheren Überlegungen bekannt ist, bildet die Einführung der „starren Scheiben" ein mathematisches Hilfsmittel, um die linearen Elastizitätsgleichungen zu vereinfachen und in zwei Balkengleichungen und eine Bogengleichung aufzuspalten.

Die δ'-Werte sind die Verschiebungen der Endpunkte der starren Scheiben. Die Festwerte sind Einspannungsmomente und Horizontalschübe für sog. Einheitsdeformationen:

$$\alpha_1 = \pm\, 1,\ \alpha_2 = \pm\, 1;\ e = \pm\, 1,$$

wobei abwechslungsweise stets nur eine Verschiebung gleich 1 gesetzt wird und gleichzeitig alle übrigen Verschiebungen verschwinden. Die Auflösung nach den Balkenmomenten M_I und M_{II} von Gl. (380) ergibt:

$$M_I = \frac{\alpha_1 \cdot \int\limits^l \frac{x^2}{l^2}\, dw + \alpha_2 \int\limits^l \frac{x\, x'}{l^2}\, dw}{N}\,,$$

$$M_{II} = \frac{\alpha_2 \int\limits^l \frac{x'^2}{l^2}\, dw + \alpha_1 \int\limits^l \frac{x\, x'}{l^2}\, dw}{N}\,, \tag{382}$$

und der Horizontalschub H ist gleich:

$$H = \frac{-e + t_1 \cdot \alpha_1 - t_2 \cdot \alpha_2}{\int\limits_l y^2\, dw + \int\limits_l dw'} \tag{383}$$

Die Festwerte werden nun der Reihe nach entsprechend ihrer Definitionen im Teil A (S. 5)

$$a_{\mathrm{I}} \;\; = \frac{1}{N} \int\limits_l \frac{x^2}{l^2}\, dw + \frac{t_1^2}{\int\limits_l y^2\, dw + \int\limits_l dw'}\,, \tag{384a}$$

$$a_2 \;\; = \frac{1}{N} \int\limits_l \frac{x'^2}{l^2}\, dw + \frac{t_2^2}{\int\limits_l y^2\, dw + \int\limits_l dw'}\,, \tag{384b}$$

$$b_{1-2} = b_{2-1} = -\frac{1}{N} \int\limits_l \frac{x \cdot x'}{l^2}\, dw + \frac{t_1 \cdot t_2}{\int\limits_l y^2\, dw + \int\limits_l dw'}\,, \tag{384c}$$

$$c_{1-2} = \frac{t_1}{\int\limits_l y^2\, dw + \int\limits_l dw'}\,; \quad c_{2-1} = \frac{t_2}{\int\limits_l y^2\, dw + \int\limits_l dw'}\,, \tag{384d}$$

$$d_{1-2} = d_{2-1} = \frac{1}{\int\limits_l y^2\, dw + \int\limits_l dw'}\,. \tag{384e}$$

mit:

$$N = \int\limits_l \frac{x^2}{l^2}\, dw \cdot \int \frac{x'^2}{l^2}\, dw - \left(\int\limits_l \frac{x \cdot x'}{l^2}\, dw\right)^2. \tag{384f}$$

3. Integrale der Festwerte für einen Teilstab des Rahmens

Der Rahmen der Abb. 173 bilde unser Grundsystem. Betrachten wir den einzelnen Stab i—k, so ist zu berücksichtigen, daß die Verbindungslinie der Endpunkte der starren Scheiben nicht horizontal liegt, wie aus der Abb. 174 ersichtlich ist. Im Punkt i z. B. sei ihre Höhe gleich t_i usw.

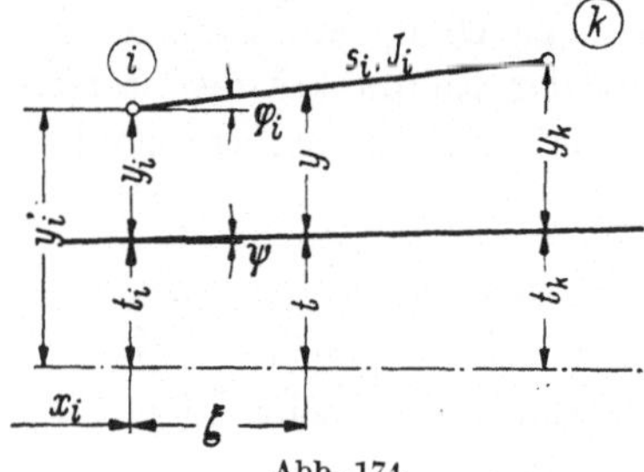

Abb. 174

Wir bilden nun sämtliche Integralwerte für den Stab i—k, die für die Berechnung der Festwerte des gesamten Stabzuges nötig sind.

a) Integralwerte der Balkengleichungen:

Diese sind bekanntlich gemäß Gl. (373):

$$\int\limits_i^k \frac{x \cdot x'}{l^2}\, dw = \frac{s_i}{l^2\, EJ_i} \left[l\,\frac{x_k + x_i}{2} - \frac{1}{3}\,(x_i^2 + x_i \cdot x_k + x_k^2) \right], \tag{385a}$$

$$\int\limits_i^k \frac{x^2}{l^2}\, dw = \frac{s_i}{3\, l^2 \cdot EJ_i}\, [x_i^2 + x_i \cdot x_k + x_k^2]\,, \tag{385b}$$

$$\int\limits_i^k \frac{x'^2}{l^2}\, dw = \frac{s_i}{3\, l^2 \cdot EJ_i}\, [x_i'^2 + x_i' \cdot x_k' + x_k'^2]\,. \tag{385c}$$

b) Zusätzliche Integrale des Stabes $i—k$ für die Abstände der starren Scheiben. Wir bilden gemäß Abb. 174 zur Integration die Hilfswerte:

$$x = x_i + \xi; \quad x' = x_i' - \xi; \quad y' = y_i' + \operatorname{tg}\varphi_i \cdot \xi; \quad d\xi = ds\cos\varphi_i.$$

Mit Hilfe dieser erhalten wir nun leicht die über den Stab $i—k$ ausgeführten Summen. Es ergibt sich:

$$\int_i^k \frac{x}{l}\, y'\, dw = \frac{s_i}{l \cdot EJ_i}\Big[x_i\, y_i' + (x_i \cdot \operatorname{tg}\varphi_i + y_i')\frac{x_k - x_i}{2} +$$

$$+ \operatorname{tg}\varphi_i \frac{(x_k - x_i)^2}{3}\Big], \tag{386a}$$

$$\int_i^k \frac{x'}{l}\, y'\, dw = \frac{s_i}{l \cdot EJ_i}\Big[x_i'\, y_i' + (x_i' \cdot \operatorname{tg}\varphi_i - y_i')\frac{x_k - x_i}{2} -$$

$$- \operatorname{tg}\varphi_i \cdot \frac{(x_k - x_i)^2}{3}\Big]. \tag{386b}$$

Mit den Gln. (385) und (386) summiert über den ganzen Rahmen ergeben sich die gesuchten Werte zur Berechnung von t_1 und t_2 nach Gl. (379).

c) Integralwert des Stabes $i—k$ für den Nenner des Horizontalschubes. Gesucht ist das Integral:

$$\int_i^k y^2\, dw$$

nach Abb. 174. Wir setzen:

$$y = y' - t;\; t = t_i + \xi \cdot \operatorname{tg}\psi;\; y' = y_i' + \xi \cdot \operatorname{tg}\varphi_i;\; ds = \frac{d\xi}{\cos\varphi_i}$$

Diese Werte eingesetzt liefert uns schließlich:

$$\int_i^k y^2\, dw = \frac{s_i}{3\,EJ_i}\,(y_k'^2 + y_i' \cdot y_k' + y_i'^2) +$$

$$+ \frac{s_i}{EJ_i}\Big[t_i\,(t_i - 2\,y_i') + (x_k - x_i)\,(t_i \cdot \operatorname{tg}\psi - t_i\operatorname{tg}\varphi_i - y_i'\operatorname{tg}\psi) +$$

$$+ \frac{(x_k - x_i)^2}{3}\,(\operatorname{tg}^2\psi - 2\operatorname{tg}\varphi_i \cdot \operatorname{tg}\psi)\Big] \tag{387a}$$

und weiter wird:

$$\int_i^k \frac{ds}{EF_i} = \frac{s_i}{EF_i}. \tag{387b}$$

Einfacher jedoch ist es, die Formel der fertigen y-Werte anzuwenden, diese Werte können leicht mit Hilfe der y' und den gerechneten t-Werten für jeden Knotenpunkt bestimmt werden. Es wird dann anstatt Gl. (387a) die einfachere Formel:

$$\int_i^k y^2 \cdot dw = \frac{s_i}{3\,EJ_i}\,(y_i^2 + y_i \cdot y_k + y_k^2). \tag{387c}$$

4. Der unsymmetrische Dreiecksrahmen

Wir legen den in Abb. 175 abgebildeten Dreiecksrahmen zugrunde.
Für den 1. Stab haben wir die Koordinaten:

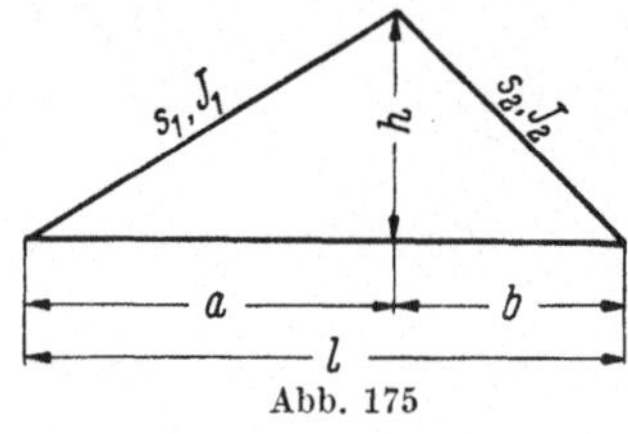

Abb. 175

$$x_i = 0,\ \ x_k = a,\ \ y_i' = 0,\ \ y_k' = h,$$
$$x_i' = 1,\ \ x_k' = b$$

und für den 2. Stab:

$$x_i = a,\ \ x_k = l,\ \ y_i' = h,\ \ y_k' = 0,$$
$$x_i' = b,\ \ x_k' = 0.$$

Wir führen noch die folgenden Abkürzungen ein:

$$\lambda_1 = \frac{a}{l}\,;\quad \lambda_2 = \frac{b}{l}\,;\quad \varkappa_1 = \frac{J_c \cdot s_1}{J_1 \cdot l}\,;\quad \varkappa_2 = \frac{J_c \cdot s_2}{J_2 \cdot l}.$$

J_c ist dabei ein beliebiger Wert. Die Integrale der Balkengleichungen
lauten nun für den ganzen Rahmen gemäß Gl. (385):

$$EJ_c \int_l \frac{x \cdot x'}{l^2}\,dw = \varkappa_1 \cdot l \cdot \lambda_1 \left(\frac{1}{2} - \frac{\lambda_1}{3}\right) + \varkappa_2 \cdot l\,\frac{1}{6}\,(\lambda_1 + 1 - 2\,\lambda_1^2)\,, \tag{a}$$

$$EJ_c \int_l \frac{x^2}{l^2}\,dw = \frac{1}{3}\,l \cdot \varkappa_1 \cdot \lambda_1^2 + \frac{1}{3}\,l \cdot \varkappa_2\,(\lambda_1^2 + \lambda_1 + 1)\,, \tag{b}$$

$$EJ_c \int_l \frac{x'^2}{l^2}\,dw = \frac{1}{3}\,l \cdot \varkappa_2 \cdot \lambda_2^2 + \frac{1}{3}\,l \cdot \varkappa_1\,(\lambda_2^2 + \lambda_2 + 1)\,. \tag{c}$$

Für die Berechnung der Abstände der starren Scheiben benötigen wir
noch die folgenden Integrale [Gl. (386)]

$$EJ_c \int_l \frac{x\,y'}{l}\,dw = \varkappa_1 \cdot l \cdot h\,\frac{\lambda_1}{3} + \varkappa_2 \cdot l \cdot h \left(\frac{\lambda_1}{2} + \frac{\lambda_2}{6}\right), \tag{a}$$

$$EJ_c \int_l \frac{x'\,y'}{l}\,dw = \varkappa_1 \cdot l \cdot h \left(\frac{1}{2} - \frac{\lambda_1}{3}\right) + \frac{1}{3}\,\varkappa_2 \cdot l \cdot h \cdot \lambda_2. \tag{b}$$

Für die weitere Berechnung der starren Scheiben und der Festwerte wird
jeder einzelne Fall numerisch weitergeführt.

Spezialfall: Unsymmetrischer Dreiecksrahmen mit einem Vertikalstab.
In den Balkengleichungen des allgemeinen Falles der Abb. 175, sowie
in denjenigen für die starren Scheiben können wir einfach die folgenden

Vereinfachungen treffen:

$$a = l, \ b = 0, \ s_2 = h,$$
$$\lambda_1 = 1; \ \lambda_2 = 0.$$

Somit werden die entsprechenden Integrale der Balkengleichungen vereinfacht [Gl. (385)]

$$EJ_c \int_l \frac{x\,x'}{l^2}\,dw = \varkappa_1 \frac{l}{6}, \qquad EJ_c \cdot \int_l \frac{x'^2}{l^2}\,dw = \frac{l}{3}\,\varkappa_1,$$
$$EJ_c \int_l \frac{x^2}{l^2}\,dw = \frac{l}{3}\,(\varkappa_1 + 3\,\varkappa_2)$$

und die Gleichungen für die starren Scheiben werden [Gl. (386)]:

$$EJ_c \int_l \frac{x\,y'}{l}\,dw = l \cdot h \left(\frac{\varkappa_1}{3} + \frac{\varkappa_2}{2}\right),$$
$$EJ_c \int \frac{x'\,y'}{l}\,dw = \frac{l\,h}{6}\,\varkappa_1.$$

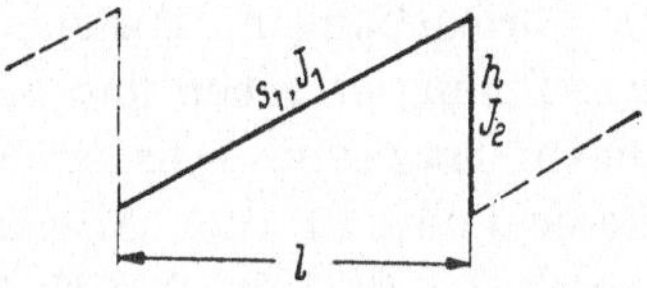

Abb. 176

Der Nenner der Balkengleichungen resultiert:

$$N = \frac{l^2}{9}\,\varkappa_1\,(\varkappa_1 + 3\,\varkappa_2) - \varkappa_1^2 \frac{l^2}{36} = \frac{l^2 \cdot \varkappa_1}{12}\,(\varkappa_1 + 4\,\varkappa_2)$$

womit wir die starren Scheiben finden zu [Gl. (379)]:

$$t_1 = \frac{\varkappa_2 \cdot h}{\varkappa_1 + 4\,\varkappa_2}; \qquad t_2 = \frac{h(\varkappa_1 + 2\,\varkappa_2)}{\varkappa_1 + 4\,\varkappa_2}.$$

Für das Integral des Nenners des Horizontalschubes finden wir mit den folgenden y-Werten für den 1. Stab:

$$y_i = -\,t_1, \ y_k = h - t_2$$

und für den 2. Stab:

$$y_i = h - t_2, \ y_k = -\,t_2,$$

schließlich die totale Summe [Gl. (387)]

$$EJ_c \int_l y^2\,dw = \frac{l \cdot h^2}{3(\varkappa_1 + 4\,\varkappa_2)^2} \cdot [4 \cdot \varkappa_2^3 + 5\,\varkappa_1 \cdot \varkappa_2^2 + \varkappa_2 \cdot \varkappa_1^2].$$

Mit all diesen Integralwerten sind die Festwerte des Rahmens leicht aus den Gln. (384) zu bestimmen.

5. Durchlaufende unsymmetrische Rahmen, Zusammenfassung

Die Berechnung dieser durchlaufenden Träger ist durch die Unsymmetrie der Einzelöffnung beschwerlicher, denn auch für wenige Öffnungen ist z. B. die Methode der Lastumordnung, die uns in früheren Fällen die Zahl der Unbekannten auf die Hälfte reduzierte, hier nicht anzuwenden. Wir sind daher gezwungen, auch schon bei einer relativ kleinen

Anzahl Öffnungen, das in Teil A abgeleitete Verfahren zur Auflösung der Knotenpunktsgleichungen (73) und (76) nach den unbekannten Deformationen α und δ anzuwenden. Haben wir die Festwerte der Rahmen und Stützen nach Gl. (384) berechnet, so können wir ohne Mühe die Knotenpunktsgleichungen (73) und (76) für jeden Knoten anschreiben.

II. Näherungsweise Berechnung

a) Übersicht

Für eine Vorberechnung und eine Bestimmung der Hauptabmessungen des Tragwerkes ist es notwendig, durch Vereinfachungen oder bestimmte Formgebungen, Formeln abzuleiten, die eine rasche Übersichtsberechnung erlauben und hauptsächlich das Suchen nach Dimensionen dieser Tragwerke sehr erleichtern. Wir können diese näherungsweise Berechnung in drei Abschnitte zerlegen. Zuerst behandeln wir in Abschn. b (S. 151) die Festwerte und Belastungsglieder der Grundsysteme, wobei der Bogen ohne Versteifungsträger untersucht wird. Durch die Annahme einer gewöhnlichen Parabel 2. Grades als Bogenachse, sowie der Bedingung der Trägheitsmomente, daß deren Projektionen auf die Vertikale konstant und gleich des Scheitelträgheitsmomentes sind, können wir sehr einfache Formeln für die Festwerte und die Belastungsglieder des Grundsystemes ableiten. Dabei werden auch die Festwerte der Säulen für einen bestimmten Verlauf des Trägheitsmomentes untersucht. Gehen wir in Abschn. d (S. 155) über zur angenäherten Berechnung der durchlaufenden Systeme, so besteht die Annäherung darin, daß wir die Berechnung nach der 1. Stufe der schrittweisen Berechnung abschließen und nur das belastete Feld untersuchen. Wir sind dadurch in der Lage, die Knotenpunktsdeformationen für gleiche Öffnungen mit Hilfe einer Tabelle und expliziten Formeln für eine beliebige vertikale Belastung, sofort zu bestimmen. Diese erste Stufe liefert bis zu 75% gültige Resultate und darf natürlich nie eine exakte Berechnung ersetzen. Im dritten Abschnitt wird eine approximative Berechnung des Grundsystemes des eingespannten Bogens mit Versteifungsträger gegeben. Wir nehmen zur Vereinfachung an, daß die Biegungslinien von Bogen und Versteifungsträger identisch sind, und führen die Berechnung dadurch auf einen „Ersatzbogen" zurück, der wie in Abschn. b (S. 151) als freier Bogen behandelt werden kann. Hier werden wieder Festwerte und Belastungsglieder in fertigen Formeln gegeben, was eine Projektierung dieses Tragwerkes sehr erleichtert. Die zugehörigen durchlaufenden Systeme können nach der Bestimmung der Festwerte und Belastungsglieder gemäß dem Abschn. d (S. 155) näherungsweise untersucht werden.

b) Die Festwerte der Grundsysteme

1. Der eingespannte Bogen ohne Versteifungsträger

Nehmen wir für die Bogenachse und den Querschnitt des Bogens bestimmte mathematische Funktionen an, so können wir alle Festwerte in expliziter Form darstellen. Man trifft für diese Berechnung die folgenden Annahmen:

1. Die Bogenachse sei eine Parabel 2. Grades nach der Gleichung:

$$y' = \frac{4 \cdot f \cdot x \cdot (L - x)}{L^2}. \tag{388}$$

Hier bedeutet L die Spannweite und f die Pfeilhöhe der Achse.

2. Das Trägheitsmoment des Bogenquerschnittes folge der Funktion:

$$J \cdot \cos \varphi = J_s. \tag{389}$$

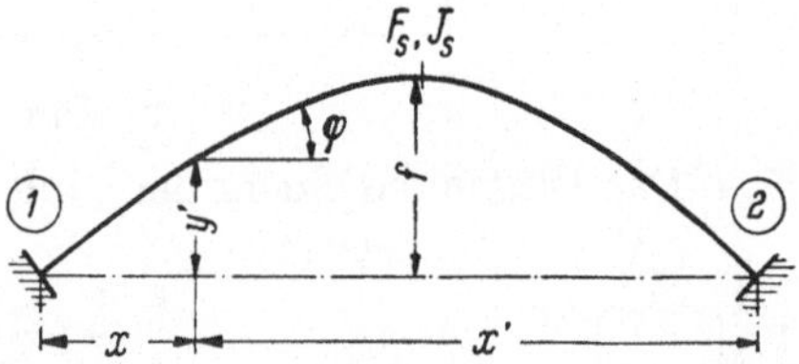

Abb. 177

Wir definieren hier J_s und F_s, Trägheitsmoment bzw. Querschnittsfläche des Scheitelquerschnittes.

Unter diesen Voraussetzungen folgt zuerst der Abstand der starren Scheiben zu:

$$t = 2/3 \cdot f, \tag{390}$$

und die beiden Integrale des Horizontalschubes ergeben:

$$\int_l y^2 \, dw = \frac{4 \cdot f^2 \cdot L}{45 \cdot EJ_s}, \tag{391}$$

$$\int_l dw' = \frac{L}{EF_s}, \tag{392}$$

damit folgt der Koeffizient der Ergänzungskraft ΔH:

$$\mu = 11{,}25 \left(\frac{i_s}{f}\right)^2 \tag{393}$$

mit

$$i_3^2 = \frac{J_s}{F_s}. \tag{394}$$

Der Festwert der Horizontalverschiebung wird somit:

$$d_{1-2} = \frac{1}{\int y^2 \, dw + \int dw'} = \frac{EJ_s}{L\,(0{,}089\,f^2 + i_s^2)}. \tag{395}$$

Die Summen der Balkengleichungen lauten:

$$\int_l \frac{x^2}{L^2} \, dw = \int_l \frac{x'^2}{L^2} \, dw = \frac{L}{3\,EJ_s} \; ; \quad \int \frac{x\,x'}{L^2} \, dw = \frac{L}{6 \cdot EJ_s} \tag{396}$$

mit dem Nennerwert:

$$N = \frac{1}{12} \cdot \frac{L^2}{(EJ_s)^2}.$$

(397)

Schließlich ermitteln wir die übrigen Festwerte des Bogens:

$$a_1 = 4\frac{EJ_s}{L} + t^2 \cdot d_{1-2} \qquad \text{(a)}$$

$$b_{1-2} = -2\frac{EJ_s}{L} + t^2 \cdot d_{1-2} \qquad \text{(b)}$$

$$c_{1-2} = t \cdot d_{1-2}. \qquad \text{(c)}$$

(398)

2. Die Säule

1. Das Trägheitsmoment der Säule erfülle das folgende mathematische Gesetz:

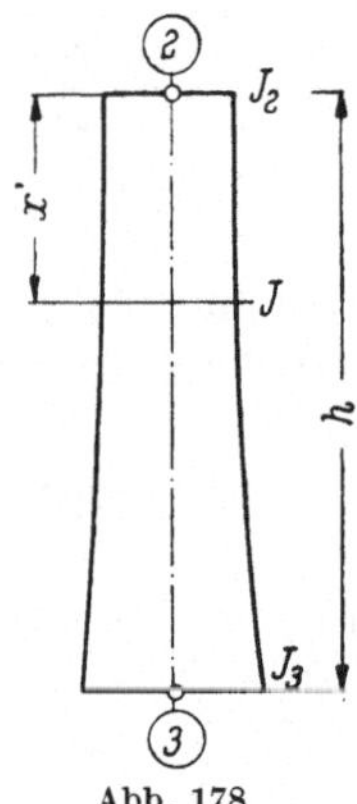

Abb. 178

$$\frac{1}{J} = \frac{1}{J_2}\left(1 - \frac{(J_3 - J_2) \cdot x'^2}{J_3 \cdot h^2}\right).$$

(399)

Dann lauten die wichtigen Integrale zur Bestimmung der Festwerte der Reihe nach:

$$\int_h \frac{x'^2 \cdot dx}{h^2 \cdot EJ} = \frac{3\,J_2 + 2\,J_3}{15\,EJ_2 \cdot J_3} \cdot h,$$

(400a)

$$\int_h \frac{x \cdot x' \cdot dx}{h^2 \cdot EJ} = \frac{7 \cdot J_3 + 3\,J_2}{60\,EJ_2 \cdot J_3} \cdot h,$$

(400b)

$$\int_h \frac{x^2 \cdot dx}{h^2 \cdot EJ} = \frac{9\,J_3 + J_2}{30\,EJ_2 \cdot J_3} \cdot h.$$

(400c)

2. Für eine Säule mit konstantem Querschnitt, also $J_2 = J_3 = J$ ergeben sich die entsprechenden Integrale:

$$\int_h \frac{x^2 \cdot dx}{h^2 \cdot EJ} = \int_h \frac{x'^2 \cdot dx}{h^2 \cdot EJ} = \frac{h}{3\,EJ} \quad \text{und} \quad \int_h \frac{x \cdot x'\, dx}{h^2 \cdot EJ} = \frac{h}{6\,EJ},$$

(401)

und die Festwerte der Säule lauten dann:

$$a_{2u} = \frac{4\,EJ}{h}, \qquad c_{2-3} = \frac{6\,EJ}{h^2},$$

$$b_{2-3} = \frac{2\,EJ}{h}, \qquad d_{2-3} = \frac{12\,EJ}{h^3}.$$

(402)

c) Die Belastungsglieder des eingespannten Bogens

1. Eigengewicht

Wir gehen davon aus, daß die Bogenachse die Drucklinie für Eigengewicht des entsprechenden Dreigelenkbogens sei. Unter Eigengewicht versteht man hier das Eigengewicht des Bogens selbst mit der Auflast zusammen, des Aufbaues. Die Eigengewichtsbelastung bilde folgende Funktion:

$$g = g_s + \frac{g_k - g_s}{L_1^2} \cdot z^2 \, . \tag{403}$$

Somit erhalten wir für den Horizontalschub des Dreigelenkbogens H_g:

$$H_g = \frac{3\,g_s + g_k}{32 \cdot f} L^2 \, . \tag{404}$$

Die Ergänzungskraft wird für den Parabelbogen:

$$\varDelta H = - \frac{\mu}{1 + \mu} H_g \, . \tag{405}$$

Hier besteht die Inkonsequenz, daß wir einmal den Drucklinienbogen als Bogenachse wählten und in der Voraussetzung den Parabelbogen; der Unterschied liegt im Glied μ_v der Gl. (24), den wir hier vernachlässigen, da es sich um eine Näherungsberechnung handelt.

μ wird aus Gl. (25) mit (393) und (394)

$$\mu = 11{,}25 \left(\frac{i_s}{f}\right)^2, \tag{406}$$

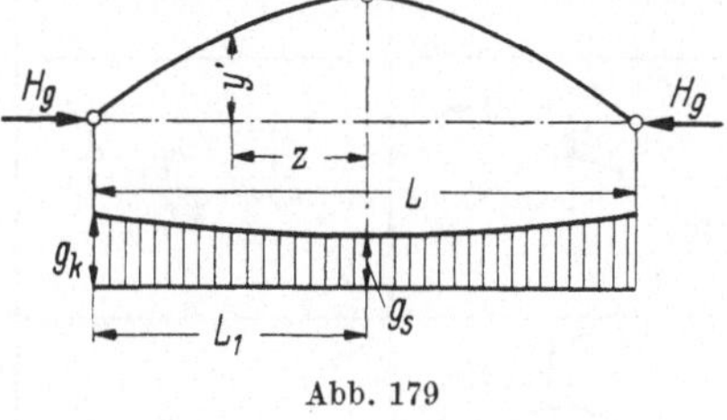

Abb. 179

wobei bekanntlich $i_s^2 = J_s/F_s$ ist.

Somit folgen Horizontalschub und Kämpfermomente des totaleingespannten Bogens, d. h. des Grundsystemes:

$$\overline{H} = H_g + \varDelta H = \frac{1}{1 + \mu} H_g \quad \text{und} \quad \overline{M}_1 = \overline{M}_2 = \varDelta H \cdot t. \tag{407a, b}$$

In den Bogensystemen mit gleichen Spannweiten, und in welchen der Anfangs- und Endpunkt der Serie im Baugrunde totaleingespannt sind, erhalten wir infolge der Eigengewichtsbelastung keine Knotenpunktsverschiebungen, d. h. jeder Bogen der Serie bildet für diesen Belastungsfall einen totaleingespannten Bogen.

2. Schwinden und Temperaturänderungen

Es werden hier dieselben Voraussetzungen getroffen wie unter B 1. Die Temperaturänderung sei positiv für eine Temperaturerhöhung und werde mit $\varDelta t^\circ$ bezeichnet. Wieder sei w der Koeffizient der linearen Ausdehnung des Materials. Der Horizontalschub wird für unseren Parabelbogen:

$$H_t = \frac{w \cdot \varDelta t \cdot L}{\int y^2\, dw + \int dw'} = \frac{11{,}25 \cdot EJ_s \cdot w \cdot \varDelta t}{f^2\,(1 + \mu)} = \overline{H}, \tag{408a}$$

und die entsprechenden Kämpfermomente lauten:

$$\overline{M}_1 = H_t \cdot t = \overline{M}_2 = H_t \cdot 0{,}667 \cdot f. \tag{408b}$$

Auch hier beschränkt sich die Berechnung auf den totaleingespannten Bogen, wenn es sich um Systeme mit gleichen Spannweiten und totaleingespannten Endfeldern handelt.

3. Nutzlast

Für die Berechnungsannahmen hier gelten wieder die Bedingungen unter B 1. Wir geben die Belastungsglieder direkt in einer Tabelle wieder, wobei sieben wichtige Belastungsfälle angegeben werden, und die

Belastungsart	Horizontalschub $\bar H$	Kämpfermoment $\bar M_1$	Kämpfermoment $\bar M_2$
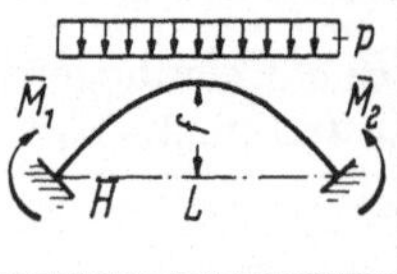 gleichmäßig verteilte Last p	$\dfrac{pL^2}{8f}\cdot\dfrac{1}{1+11{,}25\left(\frac{i_s}{f}\right)^2}$	$-\dfrac{pL^2}{12}\cdot\dfrac{11{,}25\left(\frac{i_s}{f}\right)^2}{1+11{,}25\left(\frac{i_s}{f}\right)^2}$	$=\bar M_1$
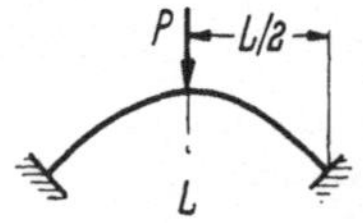 P bei $L/2$	$0{,}937\cdot\dfrac{PL}{4f}$	$+0{,}0313\,PL$	$+0{,}0313\,PL$
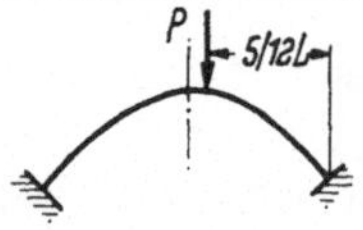 P bei $5/12\,L$	$0{,}885\cdot\dfrac{PL}{4f}$	$+0{,}0463\,PL$	$+0{,}0059\,PL$
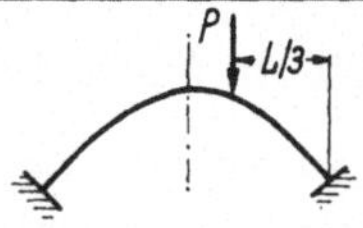 P bei $L/3$	$0{,}739\cdot\dfrac{PL}{4f}$	$+0{,}0493\,PL$	$-0{,}0247\,PL$
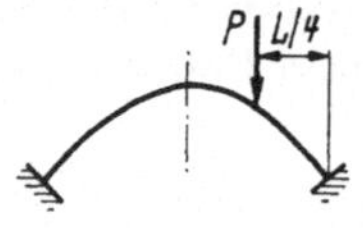 P bei $L/4$	$0{,}525\cdot\dfrac{PL}{4f}$	$+0{,}0405\,PL$	$-0{,}053\,PL$
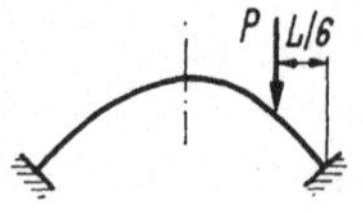 P bei $L/6$	$0{,}288\cdot\dfrac{PL}{4f}$	$+0{,}0249\,PL$	$-0{,}0676\,PL$
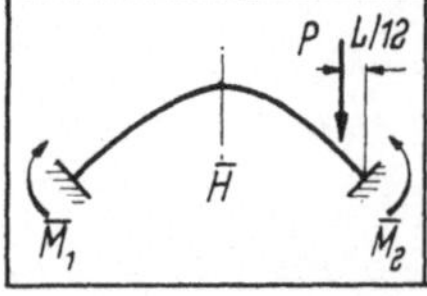 P bei $L/12$	$0{,}0866\cdot\dfrac{PL}{4f}$	$+0{,}0081\,PL$	$-0{,}0556\,PL$

Abb. 180

Einflußlinien rekonstruiert werden können. Die Zahlenwerte dieser Tabelle sind gerechnet nach der Arbeit EL-AROUZY: Studien über das elastische Verhalten von Brückengewölben mit und ohne Aufbau, Zürich 1942 (s. Abb. 180).

d) Näherungsweise Berechnung der durchlaufenden Systeme für verschiebliche Knotenpunkte

Wir gehen zuerst von der Annahme aus, daß sich die Knotenpunkte nur in horizontaler Richtung verschieben und keine Drehungen erleiden. Wie wir nämlich bei der stufenweisen Berechnung gesehen haben, gibt die 1. Rechnungsstufe für eine angenäherte Berechnung der Horizontalkräfte in den Knotenpunkten der belasteten Öffnung schon brauchbare Resultate. Da wir jedoch für die Knotenpunktsmomente die Winkeländerungen auch berücksichtigen müssen, ist es nachträglich gut, diese auch bei der Untersuchung der Horizontalkräfte mit einzubeziehen. Dadurch reduzieren wir den Fehler für diese um weitere Prozente. Wir nehmen somit die 1. Rechnungsstufe der kompletten Berechnung als Näherungslösung, und bauen diese aus zu einer bequemen und raschen Methode.

1. Unbeschränkte Anzahl gleicher Bogen und gleicher Stützen

Voraussetzungen. 1. Anfangs- und Endpunkt des ersten und letzten Bogens der Reihe seien totaleingespannt.

2. Alle Festwerte der Bogen und Stützen seien bekannt, sowie die Belastungsglieder der belasteten Öffnung.

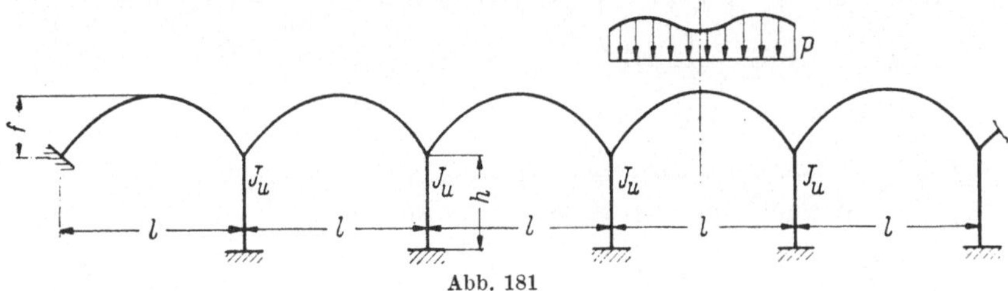

Abb. 181

3. Es sei nur eine Öffnung gleichzeitig belastet, die Belastung sei symmetrisch zur Symmetrieachse des betreffenden Bogens; diese Voraussetzung gilt von S. 155 bis S. 161. Auf S. 162 ist die Belastung beliebig vertikal.

Horizontalverschiebungen der 1. Berechnungsstufe. Da alle Öffnungen und Säulen gleich sind, haben deren Festwerte auch gleiche Werte. Zur Vereinfachung der Schreibweise können wir auch die Indizes weglassen für alle Festwerte der Bogen, hingegen bezeichnen wir diejenigen der Säulen mit dem Index „u".

Die Lösung der zweiten Knotenpunktsgleichungen der ersten Rechnungsstufe. Der Knotenfestwert der 2. Gleichung lautet:

$$D = 2 \cdot d + d_u. \tag{409a}$$

Wir bilden die wichtige Verhältniszahl der d-Werte:

$$\lambda_d = \frac{d_u \text{ (Säule)}}{d \text{ (Bogen)}}. \tag{410}$$

Da wir im weiteren noch mehrere Verhältniszahlen gebrauchen, schreiben wir den Index „d", da es sich um die d-Werte handelt. Somit wird:

$$D = d\,(2 + \lambda_d). \tag{409b}$$

Die Übergangszahlen der horizontalen Verschiebungen lauten für gleiche Öffnungen:

$$\overrightarrow{u_{l-m}} = \frac{d}{D - \mu_{m-n} \cdot d} = \frac{1}{(2 + \lambda_d) - \mu_{m-n}}. \tag{411a}$$

Die Übergangszahl der 2. Öffnung zur Fortschreitung nach links, oder der zweitletzten Öffnung für die Überführung nach rechts, wird mit

$$\mu_1 = 0, \qquad \mu_2 = \frac{1}{2 + \lambda_d}. \tag{411b}$$

Darauf können sämtliche übrigen Übergangszahlen in Funktion von diesen berechnet werden, also z. B.

$$\mu_i = \varkappa_i \cdot \mu_2. \tag{411c}$$

Die auf S. 159 folgende Tabelle gibt die Übergangszahlen in Funktion von λ und von μ_2 für den Fall gleicher Bogen und gleicher Stützen.

Nun erhalten wir für den Nenner der primären Lösung:

$$N_m = D - d \cdot \mu_{m-l} - d \cdot \mu_{m-n} = d(2 + \lambda_d - \mu_{m-l} - \mu_{m-n}) =$$

$$= d\left[2 + \lambda_d - \frac{1}{2 + \lambda_d}(\overleftarrow{\varkappa_m} + \overrightarrow{\varkappa_m})\right] \tag{412}$$

$$= \frac{d}{2 + \lambda_d}\left[(2 + \lambda_d)^2 - (\overleftarrow{\varkappa_m} + \overrightarrow{\varkappa_m})\right].$$

Für eine Mittelöffnung der Serie wird dann $\overleftarrow{\varkappa_m} = \overrightarrow{\varkappa_m} = \varkappa_i$ also folgt:

$$N_i = \frac{d}{2 + \lambda_d}\left[(2 + \lambda_d)^2 - 2\,\varkappa_i\right] \tag{413a}$$

oder

$$N_i = d\left[(2 + \lambda_d) - 2 \cdot \varkappa_i \cdot \mu_2\right]. \tag{413b}$$

Haben wir nun eine beliebige Belastung der Bogen, so bestimmen wir zuerst für jeden Knotenpunkt die Belastungsglieder. Teilen wir die Belastungsglieder der Knotenpunkte durch die entsprechenden Nennerwerte aus Gl. (413), so erhalten wir die primären Werte der Horizontalverschiebungen:

$$\delta_i' = -\frac{\overline{H_i}}{N_i}, \tag{414}$$

die wir mit Hilfe der Übergangszahlen durch alle Öffnungen leiten müssen, um die definitiven angenäherten Werte der Verschiebungen zu erhalten. Dieser Vorgang entspricht tatsächlich der Auflösung eines Gleichungssystems der CLAPEYRONschen Art. In unserem Falle nehmen wir an, daß nur eine Mittelöffnung belastet ist. Dieser Belastungsfall ist für eine Gruppenlast für alle Schnittkräfte der entsprechenden Öffnung ein maßgebender Fall.

Es interessieren uns nur die Knotenpunkte der belasteten Öffnung. Die entsprechenden Belastungsglieder sind $\overline{H}_m$ und $\overline{H}_n$, für die beiden Knoten der belasteten Öffnung. Für eine symmetrische Last wird:

$$\overline{H}_m = -\overline{H}_n = \overline{H}, \tag{415}$$

was unter γ vorausgesetzt wurde. Die Primärwerte der beiden Knotenpunkte werden somit:

$$\delta'_m = -\delta'_n = -\frac{\overline{H}}{N_i}. \tag{416}$$

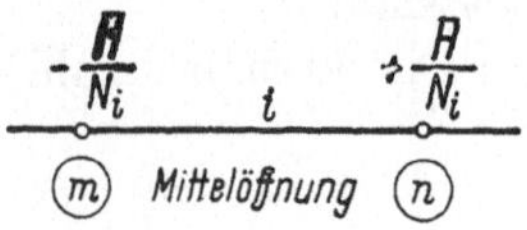

Abb. 182

Wir suchen nun die angenäherten Verschiebungen der zwei Knotenpunkte der belasteten Öffnung m—n.

Der weitergeleitete Wert von links nach n wird:

$$\Delta\delta_n = -\frac{\overline{H}}{N_i}\,\mu_{m-n} \tag{417}$$

und mit $\dfrac{\overline{H}}{N_i}$ als primärer Wert wird nun der definitive Wert der Annäherung für die horizontale Verschiebung:

$$\delta_n = \frac{\overline{H}}{N_i}(1-\mu_{m-n}) = \frac{\overline{H}}{N_i}\left(1-\varkappa_i\,\frac{1}{2+\lambda_d}\right) = \overline{H}\,\frac{(2+\lambda_d-\varkappa_i)}{d\,[(2+\lambda_d)^2-2\,\varkappa_i]}. \tag{418a}$$

Wir schreiben abgekürzt:

$$\boxed{\delta_n = \overline{H}\,\frac{\varepsilon_i}{d}}, \tag{418b}$$

wobei

$$\varepsilon_i - \frac{2+\lambda_d-\varkappa_i}{(2+\lambda_d)^2-2\,\varkappa_i} \tag{419}$$

ist. Der Koeffizient ε_i ist nun in der Tabelle auf S. 159 in Funktion der Verhältniszahl dargestellt.

Die erste Annäherung des Horizontalschubes des Bogens m—n ohne Berücksichtigung der Winkeländerung wäre nun:

$$H_{m-n} = -d(\delta_n-\delta_m)+\overline{H} = \overline{H}\,(1-2\,\varepsilon_i) \tag{420}$$

und die Querkraft der Säule

$$\underline{H_u} = -\,d_u \cdot \delta_m = +\,\overline{H} \cdot \lambda_d \cdot \varepsilon_i. \tag{421}$$

Diese Werte werden wir allerdings verbessern durch die Berücksichtigung der Winkeländerungen.

Knotenpunktsdrehungen der 1. Berechnungsstufe. Ohne die Winkeländerungen der Knotenpunkte zu berücksichtigen, erhalten wir für die Kämpfermomente keine brauchbaren Werte. Wir rechnen somit die Drehwinkel der Knotenpunkte der 1. Rechnungsstufe direkt für die Annahmen gleicher Öffnungen und gleicher Säulen mit einer uneingeschränkten Anzahl Felder, gemäß Abb. 181. Alle Festwerte des Bogens erscheinen ohne Indizes, während diejenigen der Säulen mit „u" bezeichnet sind.

Die Verhältniszahl der a-Werte wird entsprechend:

$$\underline{\lambda_a = \frac{a_u \ (\text{Säule})}{a \ (\text{Bogen})}}. \tag{422}$$

Die Verhältniszahlen werden dagegen mit Indizes versehen.

Die Konstante A der Knotenpunkte wird:

$$A = a(2 + \lambda_a). \tag{423}$$

Die 1. Übergangszahl der 2. Öffnung, die nach links weiterleitet, wird:

$$\mu_{2\alpha} = \frac{b}{A} = \frac{r}{2 + \lambda_a} \tag{424}$$

mit

$$r = \frac{b}{a} < 1. \tag{425}$$

Die Übergangszahlen der mittleren Öffnungen ergeben sich:

$$\mu_{i\alpha} = \frac{1}{\dfrac{2 + \lambda_a}{r} - \varkappa_{i-1} \cdot \mu_{2x}} = \frac{\mu_{2x}}{1 - \varkappa_{i-1} \cdot \mu_{2x}^2}. \tag{426}$$

Drücken wir wieder alle Übergangszahlen in Funktion von $\mu_{2\alpha}$ aus, so finden wir:

$$\varkappa_i = \frac{\mu_{i\alpha}}{\mu_{2\alpha}} = \frac{1}{1 - \varkappa_{i-1} \cdot \mu_{2\alpha}^2}. \tag{427}$$

Wir sehen somit die Gleichheit der $\varkappa_i$-Werte mit denjenigen der Horizontalverschiebungen der Tabelle auf S. 159. Gleiche μ_2-Werte in beiden Fällen haben somit gleiche $\varkappa_i$-Werte, wodurch wir auch für diese Rechnung die oben genannte Tabelle benutzen können, und die Rechnung vereinfacht wird.

Der Nenner der Belastungsglieder wird:

$$N_{i\alpha} = A - 2\,b \cdot \mu_{i\alpha} = a\left[2 + \lambda_a - 2\,\varkappa_i \frac{r \cdot \mu_{2a}}{1}\right] \tag{428}$$

Tabelle der μ_2-, $\varkappa_i$- und ε_i-Werte

$$\mu_2 = \frac{1}{2 + \lambda_d} \; ; \quad \varkappa_i = \frac{1}{1 - \varkappa_{i-1} \cdot \mu_2^2} \; ; \quad \varepsilon_i = \frac{2 + \lambda_d - \varkappa_i}{(2 + \lambda_d)^2 - 2\,\varkappa_i}$$

λ_d	$\varkappa_2 = \dfrac{1}{\mu_2}$	$\varkappa_3$	$\varkappa_4$	$\varkappa_5$	$\cdots$	$\varkappa_i$	ε_i
0	0,500	1,333	1,500	1,600	1,860	1,860	0,500
0,222	0,450	1,254	1,340	1,372	1,385	1,393	0,385
0,500	0,400	1,190	1,235	1,246	1,249	1,250	0,333
0,857	0,350	1,140	1,162	1,166	1,167	1,167	0,290
1,333	0,300	1,100	1,110	1,111	1,111	1,111	0,250
1,448	0,290	1,092	1,101	1,102	1,102	1,102	0,242
1,571	0,280	1,085	1,093	1,094		1,094	0,234
1,704	0,270	1,079	1,085	1,086		1,086	0,227
1,846	0,260	1,073	1,078	1,079		1,079	0,219
2,000	0,250	1,067	1,071	1,072		1,072	0,211
2,167	0,240	1,061	1,065	1,065		1,065	0,204
2,348	0,230	1,056	1,059			1,059	0,196
2,545	0,220	1,051	1,054			1,054	0,188
2,762	0,210	1,046	1,048			1,048	0,180
3,000	0,200	1,042	1,044			1,044	0,173
3,263	0,190	1,037	1,039			1,039	0,165
3,556	0,180	1,033	1,035			1,035	0,157
3,714	0,175	1,032	1,033			1,033	0,153
3,882	0,170	1,030	1,031			1,031	0,149
4,061	0,165	1,028	1,029			1,029	0,145
4,250	0,160	1,026	1,027			1,027	0,141
4,452	0,155	1,025	1,025			1,025	0,137
4,667	0,150	1,023				1,023	0,133
4,897	0,145	1,021				1,021	0,129
5,143	0,140	1,020				1,020	0,125
5,407	0,135	1,018				1,018	0,121
5,692	0,130	1.017				1,018	0,117
6,000	0,125	1,016				1,016	0,113
6,333	0,120	1,015				1,015	0,107
6,696	0,115	1,013				1,013	0,104
7,091	0,110	1,012				1,012	0,100
7,524	0,105	1,011				1,011	0,096
8,000	0,100	1,010				1,010	0,092
8,526	0,095	1,009				1,010	0,087
9,111	0,090	1,008				1,008	0,083
9,765	0,085	1,007				1,007	0,079
10,500	0,080	1,006				1,006	0,075
12,286	0,070	1,005				1,005	0,066
14,667	0,060	1,004				1,004	0,057
18,000	0,050	1,003				1,003	0,048
23,00	0,040	1,002				1,002	0,042
31,33	0,030	1,001				1,001	0,029
48,00	0,020	1,000				1,000	0,020
∞	0	1,000				1,000	0

und der Primärwert des Drehwinkels lautet:

$$\alpha'_m = -\frac{B'_{om}}{N_{m\alpha}} \tag{429}$$

mit:

$$B'_{om} \cong C_m \cdot \delta_m - c_{m-n} \cdot \delta_n + \overline{M}_m .$$

Wir definieren die Verhältniszahl der c-Werte wie folgt:

$$\boxed{\lambda_c = \frac{c_u}{c}} , \tag{430}$$

und es sind die Koeffizienten der Knotenpunkte:

$$\underline{C_m} = 2\,c - c_u = \underline{c\,(2 - \lambda_c)} . \tag{431}$$

Für das Mittelfeld gilt:

$$\delta_m = -\,\delta_n ,$$

somit resultiert

$$B'_{om} = -\,\delta_n\,[C_m + c_{m-n}] + \overline{M}_m \tag{432a}$$

und mit Gl. (431) wird schließlich:

$$B'_{om} = -\,\delta_n \cdot c\,(3 - \lambda_c) + \overline{M}_m = -\,B'_{on} \tag{432b}$$

und der Primärwert der Knotenpunktsdrehung ergibt sich:

$$\alpha'_m = -\frac{B'_{om}}{N_{m\alpha}} = \frac{\delta_n \cdot c\,(3 - \lambda_c) - \overline{M}_m}{N_{m\alpha}} . \tag{433}$$

Der definitive Wert des Knotenpunktsdrehwinkels setzt sich bekanntlich aus dem primären und den weitergeleiteten Werten zusammen. Wir erhalten mit der Symmetriebedingung:

$$\alpha'_m = -\,\alpha'_n ,$$

$$\alpha_m = \alpha'_m - \mu_i \cdot \alpha'_m = \alpha'_m\,(1 - \mu_i) , \tag{434}$$

und mit Hilfe von Gl. (433) lautet der endgültige Drehwinkel der 1. Rechnungsstufe:

$$\boxed{\alpha_m = -\,\alpha_n = \frac{\delta_n \cdot c\,(3 - \lambda_c) - \overline{M}_m}{N_{m\alpha}}\,(1 - \varkappa_i \cdot \mu_{2\alpha})} . \tag{435}$$

Schließlich können wir die gesuchten Kräfte und Momente aus den bekannten Formeln (67) und (75) anschreiben:

$$\boxed{\begin{aligned}
M_{mr} &= -\,M_{nl} = \alpha_m\,(a + b) - 2\,c \cdot \delta_n + \overline{M}_{mr} \\
H_{m-n} &= 2\,c \cdot \alpha_m - 2\,d\,\delta_n + \overline{H}_{m-n} \\
M_{mu} &= a_u \cdot \alpha_m + c_u \cdot \delta_n \\
H_{mu} &= c_u \cdot \alpha_m + d_u \cdot \delta_n
\end{aligned}} . \tag{436}$$

Beispiel. Es handle sich um ein Mittelfeld einer Serie Bogen mit gleichen Stützen, dessen Festwerte lauten:

$$a_u = 33{,}9, \quad a = 3{,}29; \quad c_u = 3{,}01, \quad c = 0{,}376; \quad d_u = 0{,}40, \quad d = 0{,}052$$

$$\text{(alle Werte werden mit } E \cdot J_c \text{ multipliziert)}$$

und die Belastungsglieder:

$$\overline{H} = 5{,}48 \text{ t}, \quad \overline{H}_1 = +\,3{,}0 \text{ tm.}$$

Die Verhältniszahlen ergeben sich zu:

$$\lambda_d = 7{,}65, \quad \lambda_a = 10{,}3, \quad r = \frac{2{,}33}{3{,}29} = 0{,}71, \quad \lambda_c = 8{,}0.$$

Aus der Tabelle finden wir für:

$$\lambda_d = 7{,}65 \rightarrow \mu_2 = 0{,}100; \quad \varepsilon_i = 0{,}095 \text{ und } \varkappa_i = 1{,}01$$

mit $\lambda_a = 10{,}3$ folgt

$$\mu_{2\alpha} = \frac{0{,}71}{2 + 10{,}3} = 0{,}0577 \rightarrow \varkappa_{i\alpha} = 1{,}004.$$

Die verschiedenen Werte geben:

Die horizontale Verschiebung wird:

$$\underline{\delta_n} = \overline{H}\,\frac{\varepsilon_i}{d} = 5{,}48\,\frac{0{,}095}{0{,}052} = \underline{9{,}93}\,\frac{1}{EJ_c}$$

$$N_{m\alpha} = 3{,}29 \left[2 + 10{,}3 - 2\,\frac{0{,}504}{12{,}3} \right] = 40{,}20$$

und der Knotendrehwinkel:

$$\underline{\alpha_m = -\,\alpha_n} = \frac{9{,}93 \cdot 0{,}376\,(3 - 8{,}0) - 3{,}00}{40{,}20} \cdot 0{,}9423 = \underline{-\,0{,}509}\,\frac{1}{EJ_c}.$$

Die Kämpfermomente und Horizontalkräfte der belasteten Öffnung erhalten wir aus Gl. (436) zu:

$$M_{mr} = -\,(3{,}29 + 2{,}33)\,0{,}509 - 0{,}376 \cdot 2 \cdot 9{,}93 +$$
$$+\,3{,}00 = -\,7{,}33 \text{ tm } (-\,10{,}33)$$

$$M_{mu} = -\,33{,}9 \cdot 0{,}509 + 3{,}01 \cdot 9{,}93 = 12{,}7 \text{ tm } (15{,}2)$$

$$H_{m-n} = -\,2 \cdot 0{,}376 \cdot 0{,}509 - 2 \cdot 0{,}052 \cdot 9{,}93 + 5{,}48 = 4{,}10 \text{ t } (3{,}65)$$

$$H_{m-u} = -\,3{,}01 \cdot 0{,}509 + 0{,}40 \cdot 9{,}93 = 2{,}44 \text{ t } (3{,}03).$$

(In den Klammerausdrücken sind die wirklichen Zahlenwerte angegeben.)

Symmetrische Belastung des ersten Feldes. Dieser Belastungsfall ist ein Spezialfall der unter a) bis c) abgeleiteten. Die Verschiebung und Drehung des eingespannten Endes sind gleich Null, also:

$$\delta_0 = \alpha_0 = 0. \tag{437}$$

Der Nennerwert der Horizontalverschiebung des ersten Knotens wird:

$$N_1 = d(2 + \lambda_d - \varkappa_i \cdot \mu_2),\tag{438}$$

und die Horizontalverschiebung des 1. Rechnungsganges:

$$\delta_1 = \frac{\overline{H}}{N_1} = \frac{\overline{H}}{d(2 + \lambda_d - \varkappa_i \cdot \overline{\mu}_2)}.\tag{439}$$

Bei der Berechnung der Knotenpunktsdrehung erhalten wir deren Nennerwert zu:

$$N_{1\alpha} = A - b \cdot \varkappa_i \cdot \mu_{2\alpha} = a\left[2 + \lambda_a - \varkappa_i \frac{r^2}{2 + \lambda_a}\right],\tag{440}$$

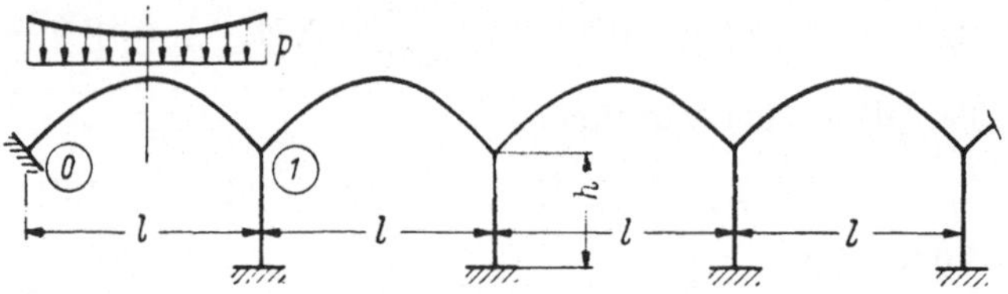

Abb. 183

und der Zähler wird bekanntlich gemäß Gl. (97):

$$B'_{01} \cong C_1 \cdot \delta_1 + \overline{M}_1 = c(2 - \lambda_c)\,\delta_1 + \overline{M}_1.\tag{441}$$

somit folgt schließlich die Drehung des Knotens 1: mit $n = 1$

$$\boxed{\alpha_1 = -\frac{c\,(2 - \lambda_c)\cdot \delta_1 + \overline{M}_1}{N_{1\alpha}}}.\tag{442}$$

Die überzähligen Größen der belasteten Öffnung 0—1 folgen leicht aus den allgemeinen Gln. (67) und (75).

Die Belastung des Mittelfeldes sei vertikal, beliebig unsymmetrisch.

Die Berechnung der horizontalen Verschiebung der beiden Knotenpunkte der belasteten Öffnung ändert sich nicht, denn es wird:

$$\overline{H}_m = -\,\overline{H}_n = \overline{H},$$

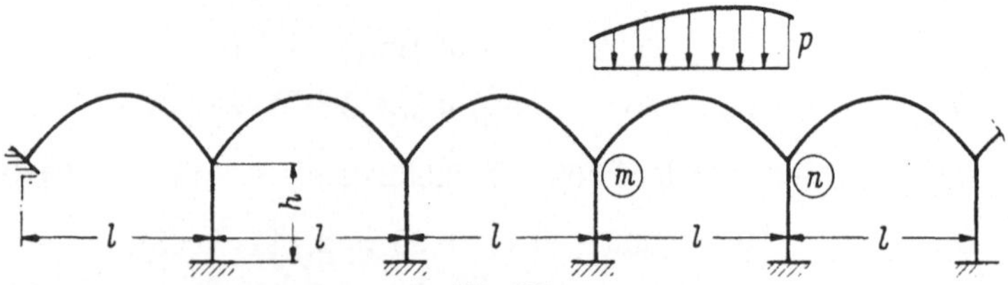

Abb. 184

und die beiden Knotenpunktsverschiebungen lauten nach Gl. (418):

$$\boxed{\delta_n = -\,\delta_m = \overline{H}\,\frac{\varepsilon}{d}}.\tag{418c}$$

Für die Berechnung der Knotenpunktsdrehungen gibt die Unsymmetrie
der Belastung Veränderungen in der Berechnung. Die beiden unsymmetrischen Belastungsglieder können in der folgenden Form geschrieben
werden:

$$\overline{M}_n = -\varrho \cdot \overline{M}_m \qquad (456)$$

(ϱ ist mit dem Vorzeichen einzusetzen)

und die Zähler der primären Werte der Winkeländerungen werden:

$$B'_{om} \cong -\delta_n \cdot c\,(3 - \lambda_c) + \overline{M}_m; \quad B'_{on} = +\delta_n \cdot c\,(3 - \lambda_c) - \varrho \cdot \overline{M}_m.$$

$$(457)$$

Die Primärwerte selbst sind bekanntlich:

$$\alpha'_m = -\frac{B'_{om}}{N_{m\alpha}}; \quad \alpha'_n = -\frac{B'_{on}}{N_{n a}} \ (\text{mit } N_{m\alpha} = N_{n\alpha} = N_\alpha).$$

Der Drehwinkel des Knotens m der 1. Rechnungsstufe ist:

$$\alpha_m = \alpha'_m + \mu_i \cdot \alpha'_n = -\frac{1}{N_\alpha}\left[\delta_n \cdot c\,(3 - \lambda_c)\,(\mu_{i\alpha} - 1) + \overline{M}_m\,(1 - \varrho \cdot \mu_{i\lambda})\right]$$

$$\boxed{\ \alpha_m = -\frac{1}{N_\alpha}\left[\delta_n\, c\,(3 - \lambda_c)\,(\varkappa_i \cdot \mu_{2\varkappa} - 1) + M_m\,(1 - \varrho \cdot \varkappa_i \cdot \mu_{2\alpha})\right]\ }\ ,$$

$$(458\,\mathrm{a})$$

und derjenige des Knotens n:

$$\alpha_n = \alpha'_n + \mu_i \cdot \alpha'_m = -\frac{1}{N_\varkappa}\left[\delta_n \cdot c\,(3 - \lambda_c)\,(1 - \mu_{i\alpha}) + \overline{M}_m\,(\mu_{i\alpha} - \varrho)\right]$$

$$\boxed{\ \alpha_n = -\frac{1}{N_\alpha}\left[\delta_n \cdot c\,(3 - \lambda_c)\,(1 - \varkappa_i \cdot \mu_{2\alpha}) + \overline{M}_m\,(\varkappa_i \mu_{2\alpha} - \varrho)\right]\ }\ . \qquad (458\,\mathrm{b})$$

Die Kämpfermomente und den Horizontalschub der belasteten Öffnung
erhalten wir wieder nach den Formeln (67) und (75).

2. *Unbeschränkte Anzahl gleicher Bogen und ungleicher Stützen*

Voraussetzungen. 1. Anfangs- und Endpunkt des ersten und letzten
Bogens der Reihe seien totaleingespannt.

2. Alle Festwerte der Bogen und Stützen seien bekannt, sowie die
Belastungsglieder der belasteten Öffnung.

3. Es ist nur eine Öffnung gleichzeitig belastet, und die vertikale
Belastung sei beliebig zur entsprechenden Bogenachse.

Horizontalverschiebungen der ersten Berechnungsstufe. Da in diesem
Falle die Festwerte der Säulen nicht gleich sind, ist es notwendig, deren
Indizes für die entsprechenden Knotenpunkte einzuführen. $d_{u,\,i}$ ist
somit der Festwert d der Säule, die in den Knoten i einmündet.

11*

Die Abb. 186 zeigt schematisch die λ-Werte für jeden Knoten einge-tragen.

Die Verhältniszahl der d-Werte für den Knoten i lautet somit:

$$\boxed{\lambda_{d\,i} = \frac{d_{u\,i}}{d}}\,,\tag{443}$$

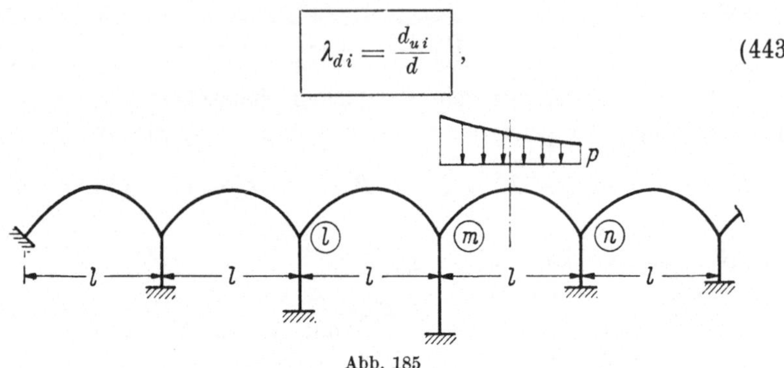

Abb. 185

und jeder Knotenpunkt hat seine entsprechende Verhältniszahl, s. Abb. 186. Der Festwert des Knotenpunktes i folgt somit:

$$D_i = d(2 + \lambda_{d\,i}).\tag{444}$$

Die Übergangszahl der Verschiebungen der Öffnung $n{-}m$ wird:

$$\overleftarrow{\mu_{n-m}} = \frac{d}{D_m - \mu_{m-l}\cdot d} = \frac{1}{2 + \lambda_{d\,m} - \mu_{m-l}}.\tag{445}$$

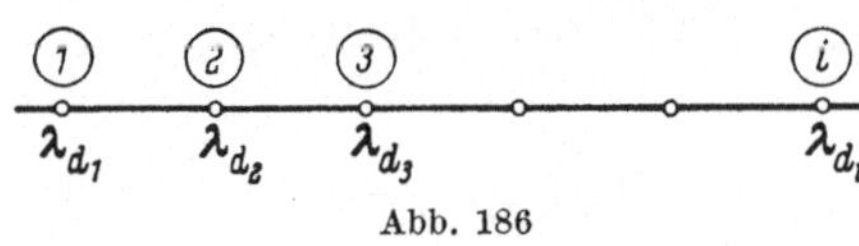

Abb. 186

Da wir in diesem Fall keine Regelmäßigkeit der Säulen-festwerte voraussetzen, ist es notwendig, die Übergangs-zahlen von Fall zu Fall durch-zurechnen, was ja sehr einfach ist. Bei großen λ_d-Werten kann μ_{m-} vernachlässigt werden und $\overleftarrow{\mu_{n-m}}$ direkt bestimmt werden.

Der Nennerwert der primären Verschiebungen des Knotens m ist:

$$\underline{N_m} = d(2 + \lambda_{d\,m}) - d\cdot\mu_{m-l} - d\mu_{m-n} = \underline{d(2 + \lambda_{d\,m} - \mu_{m-l} - \mu_{m-n})},$$
$$\tag{446}$$

somit folgen die primären Werte der horizontalen Verschiebungen mit

$$H_m = -\,\overline{H_n} = \overline{H}$$

zu

$$\delta'_m = -\,\frac{\overline{H}}{N_m}$$

und

$$\delta'_n = +\,\frac{\overline{H}}{N_n},\tag{447}$$

und die horizontalen Verschiebungen der 1. Rechnungsstufe lauten:

$$\delta_m = -\frac{\overline{H}}{N_m} + \mu_{n-m}\frac{\overline{H}}{N_n} = \overline{H}\left(-\frac{1}{N_m} + \frac{\mu_{m-n}}{N_n}\right), \qquad (448\,\mathrm{a})$$

$$\delta_n = \frac{\overline{H}}{N_n} - \mu_{m-n}\frac{\overline{H}}{N_m} = \overline{H}\left(\frac{1}{N_n} - \frac{\mu_{m-n}}{N_m}\right). \qquad (448\,\mathrm{b})$$

Die Winkeländerungen der 1. Stufe. Wir bilden wieder die Konstante $r = \dfrac{b}{a}$ für gleiche Bogen, sowie die bekannten Verhältniszahlen, die wir wegen der Ungleichheit der Stützen mit dem Index des betreffenden Knotenpunktes versehen. Für den Knoten i werden diese:

$$\lambda_{ai} = \frac{a_{ui}}{a}, \qquad\qquad \lambda_{ci} = \frac{c_{ui}}{c}. \qquad (449)$$

Die beiden weiteren Festwerte des Knotenpunktes i lauten:

$$A_i = a(2 + \lambda_{ai}), \quad C_i = c(2 - \lambda_{ci}), \qquad (450)$$

sowie die Übergangszahl der Drehwinkel der Öffnung n—m:

$$\overleftarrow{\mu_{n-m}} = \frac{r}{2 + \lambda_{am} - r\cdot\mu_{m-l}} = \frac{1}{\dfrac{2 + \lambda_{am}}{r} - \mu_{m-l}}. \qquad (451)$$

Auch hier ist man gezungen, diese Übergangszahlen für die betreffenden Öffnungen durchzurechnen. Bei großen λ-Werten kann man für die betreffende Öffnung direkt rechnen, indem man die Übergangszahl der vorangehenden gleich Null setzt. Für den Nenner der Primärwerte der Winkeländerungen des Knotens m findet man:

$$N_{m\alpha} = a\left[2 + \lambda_{am} - r\left(\mu_{m-l} + \mu_{m-n}\right)\right], \qquad (452)$$

und der entsprechende Zähler:

$$\underline{B'_{om}} \cong c\left(2 - \lambda_{cm}\right)\delta_m - c\cdot\delta_n + \overline{M}_m = c\left[\left(2 - \lambda_{cm}\right)\delta_m - \delta_n\right] + \overline{M}_m. \qquad (453)$$

Somit lauten die primären Winkeländerungen bekanntlich:

$$\alpha'_m = -\frac{B'_{om}}{N_{m\alpha}}\ ; \qquad \alpha'_n = -\frac{B'_{on}}{N_{n\alpha}}. \qquad (454)$$

Die endgültigen Drehwinkel der 1. Stufe setzen sich zusammen aus den Primärwerten und den weitergeleiteten, es folgt deshalb für diese:

$$\boxed{\begin{aligned}\alpha_m &\cong -\left(\frac{B'_{om}}{N_{m\alpha}} + \mu_{n-m}\,\frac{B'_{on}}{N_{n\alpha}}\right)\\[2ex] \alpha_n &\cong -\left(\frac{B'_{on}}{N_{n\alpha}} + \mu_{m-n}\,\frac{B'_{om}}{N_{m\alpha}}\right)\end{aligned}} \qquad (455)$$

Mit den Werten aus den Gln. (451), (452) und (453) können wir mit den allgemeinen Gleichungen die Kämpfermomente und Horizontalkräfte der belasteten Öffnung berechnen.

Beispiel für eine Anzahl gleicher Bogen und ungleicher Stützen. Im folgenden sei ein System gegeben, dessen sämtliche Festwerte bekannt sind, und in der Abb. 187 schematisch eingetragen sind. Es gilt nun, die Knotenpunktsmomente sowie die Horizontalkräfte der belasteten Öff-

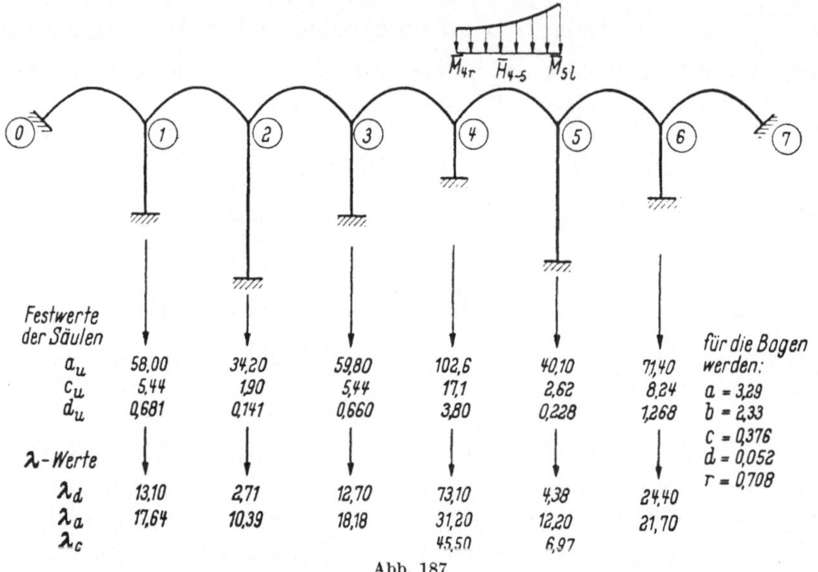

Abb. 187

nung zu berechnen, gemäß den Ableitungen unter 2b und 2c. Das Tragsystem ist in der Abb. 187 gegeben. Die Belastung der Öffnung 4—5 sei beliebig, aber vertikal auf den betreffenden Bogen wirkend.

1. Übergangszahlen der belasteten Öffnung 4—5 und deren Nachbaröffnungen. Wegen der großen Säulensteifigkeiten im Verhältnis zu denjenigen der Bogen, welche sich in den λ-Werten ausdrücken, würde es hier genügen, den Träger in den Knotenpunkten 3 und 6 zu beenden, und diese Endpunkte als totaleingespannt zu betrachten.

Übergangszahlen der Horizontalverschiebungen [nach Gl. (445)]. Von links nach rechts fortschreitend:

$$\mu_{2-1} = \frac{1}{2 + 13,1} = 0,066,$$

$$\mu_{3-2} = \frac{1}{2 + 2,71 - 0,066} = 0,215,$$

$$\mu_{4-3} = \frac{1}{2 + 12,7 - 0,215} = 0,069,$$

$$\mu_{5-4} = \frac{1}{2 + 73,1 - 0,069} = 0,013.$$

(456)

von rechts nach links:

$$\mu_{5-6} = \frac{1}{2 + 24,4} = 0,038,$$

$$\mu_{4-5} = \frac{1}{2 + 4,38 - 0,038} = 0,158,$$

2. Nennerwerte der Verschiebungen der Knotenpunkte 4 und 5 [nach Gl. (446)]:

$$N_4 = 0,052\,[2 + 73,1 - 0,069 - 0,158] = 3,89,$$

$$N_4 = 0,052\,[2 + 4,38 - 0,013 - 0,038] = 0,33.$$

3. Verschiebungen δ der Knotenpunkte 4 und 5 [nach Gl. (448)]:
Wir setzen das Belastungsglied einer willkürlichen Belastung als bekannt voraus: $= \overline{H}$

$$\delta_4 = \overline{H}\left[-\frac{1}{3,89} + \frac{0,013}{0,330}\right] = -0,218 \cdot \overline{H}\,,$$

$$\delta_5 = \overline{H}\left[+\frac{1}{0,33} - \frac{0,158}{3,89}\right] = 2,99 \cdot \overline{H}\,.$$

4. Übergangszahlen der Knotenpunktsdrehungen [nach Gl. (451)]:
Von links nach rechts:

$$\mu_{2-1}_{\alpha} = \frac{0,708}{2 + 17,64} = 0,036,$$

$$\mu_{3-2}_{\alpha} = \frac{1}{\dfrac{2 + 10,39}{0,708} - 0,036} = 0,057,$$

$$\mu_{4-3}_{\alpha} = \frac{1}{\dfrac{2 + 18,18}{0,708} - 0,057} = 0,035$$

$$\mu_{5-4}_{\alpha} = \frac{1}{\dfrac{2 + 31,2}{0,708} - 0,035} = 0,021, \tag{457}$$

von rechts nach links:

$$\mu_{5-6}_{\alpha} = \frac{0,708}{2 + 21,7} = 0,030$$

$$\mu_{4-5}_{\alpha} = \frac{1}{\dfrac{2 + 12,2}{0,708} - 0,03} = 0,050.$$

Auch hier erübrigt sich die Mitschleppung sämtlicher Öffnungen, wie aus der Berechnung deutlich hervorgeht.

5. Nennerwerte der Knotenpunktsdrehungen [nach Gl. (452)]:

$$N_{4\alpha} = 3,29 \, [2 + 31,2 - 0,708 \, (0,035 + 0,050)] = 109,0,$$

$$N_{5\alpha} = 3,29 \, [2 + 12,2 - 0,708 \, (0,021 + 0,03)] = 45,6.$$

6. Belastungsglieder der primären Drehwinkel [nach Gl. (453)]

$$B'_{04} \cong 2,44 \, \overline{H} + \overline{M}_{4r},$$

$$B'_{05} \cong -5,51 \, \overline{H} + \overline{M}_{5l}.$$

($\overline{H}$, $\overline{M}_{4r}$ und $\overline{M}_{5l}$ sind die Belastungsglieder).

7. Drehwinkel der 1. Berechnungsstufe [nach Gl. (455)]: Diese Drehwinkel sind Funktionen der drei Belastungsglieder der Öffnung 4—5, welche wir als bekannt voraussetzen

$$\alpha_4 \cong -\,(0,0199 \, \overline{H} + 0,0092 \, \overline{M}_{4r} + 0,0005 \, \overline{M}_{5l}),$$

$$\alpha_5 \cong +\,0,120 \, \overline{H} - 0,0219 \, \overline{H}_{5l} - 0,0005 \, \overline{M}_{4r}.$$

8. Überzählige Größen der belasteten Öffnung 4—5 [gemäß den Gln. (67) und (75)] in Funktion ihrer Belastungsglieder

$$M_{4r} = -\,1,547 \, \overline{H} + 0,971 \, \overline{M}_{4r} + 0,049 \, \overline{M}_{5l},$$

$$M_{4u} = +\,1,690 \, \overline{H} - 0,944 \, \overline{M}_{4r} - 0,040 \, \overline{M}_{5l},$$

④ $$H_{4-5} = +\,0,780 \, \overline{H} - 0,003 \, \overline{M}_{4r} + 0,008 \, \overline{M}_{5l},$$

$$H_{4n} = +\,0,489 \, \overline{H} - 0,157 \, \overline{M}_{4r} + 0,010 \cdot \overline{M}_{5l}, \qquad (458)$$

$$M_{5l} = +\,1,647 \, \overline{H} + 0,929 \, \overline{M}_{5l} + 0,019 \, \overline{M}_{4r},$$

⑤ $$M_{5u} = -\,3,030 \, \overline{H} - 0,878 \cdot \overline{M}_{5l} - 0,020 \, \overline{M}_{4r},$$

$$H_{5u} = -\,0,367 \, \overline{H} - 0,057 \cdot \overline{M}_{5l} - 0,001 \, \overline{M}_{4r}.$$

Nach der Natur des Rechnungsvorganges muß die Kontrolle der Momente in den beiden Knotenpunkten erfüllt sein, d. h., ihre Summe muß gleich Null sein. Die Summe der Horizontalkräfte muß Null sein, jedoch *ohne* die Berücksichtigung der Knotenpunktsdrehungen.

Anmerkung. Bei großen λ-Werten, wie in diesem Beispiel, ist es zweckmäßiger für eine Feldbelastung wie hier, direkt die vier Verschiebungsgrößen der Knotenpunkte 4 und 5 aus den Knotenpunktsgleichungen zu bestimmen, indem die Knotenpunkte 6 und 3 der zwei unbelasteten Öffnungen als totaleingespannt betrachtet werden (s. Teil A, Kap. X S. 46). Der begangene Fehler ist sogar zulässig für eine praktische Berechnung.

In der Tabelle (S. 159) ist gut ersichtlich, daß für einen Wert von $\varkappa_i = 1{,}00$ theoretisch vollkommene Einspannung vorliegt. Die Fälle für $\lambda_d \geq 5{,}00$ können also für das oben Gesagte in Frage kommen.

e) Das Grundsystem des totaleingespannten Bogens mit Versteifungsträger

M. Ritter hat in IVBH 1940/41 eine sehr einfache Methode zur näherungsweisen Berechnung dieses Trägers entwickelt. Sie besteht darauf, daß Bogen und Versteifungsbalken die gleichen Biegungslinien besitzen. Diese Methode kann man auch hier für eine näherungsweise Berechnung der Festwerte erweitern, die dann mit den Belastungsgliedern zusammen in die Knotenpunktsgleichungen für durchlaufende Systeme eingesetzt werden können. Die Methode beruht auf den folgenden Voraussetzungen:

1. Die Stützen sind einander unendlich nahe.

2. Diese sind starr und gelenkig an Boden und Balken angeschlossen. Diese Voraussetzung stimmt auch mit unserem Grundsystem des 21. Teiles überein.

3. Der Balken und der Bogen haben in den Endpunkten denselben Einspannungsgrad. In unserem Grundsystem ist der Balken am Ende gelenkig gelagert, was also hier mit diesem Punkt nicht übereinstimmt.

Bezeichnen wir alle Größen, die sich auf den versteiften Bogen beziehen, mit gewöhnlichen Buchstaben, diejenigen des Versteifungsbalkens mit überstrichenen Buchstaben, und die Größen, die sich auf den sog. „Ersatzbogen" beziehen, mit einem Kreuz.

Für das Trägheitsmoment des versteiften Bogens nehmen wir den folgenden Verlauf nach dem Potenzgesetz an:

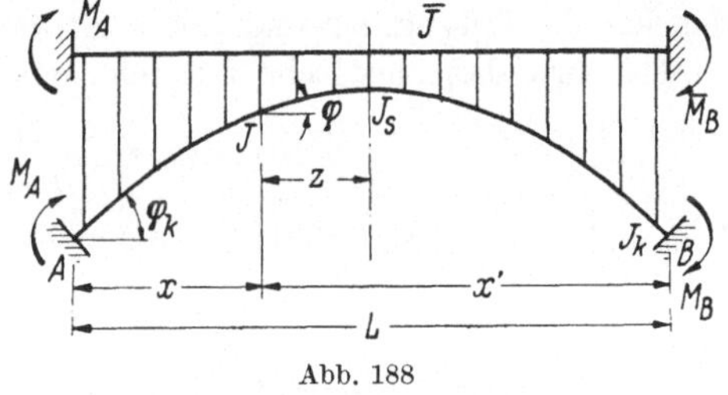

Abb. 188

$$\frac{1}{J \cdot \cos \varphi} = \frac{1}{J_s}\left[1 - (1 - n)\frac{z^2 \cdot 4}{L^2}\right] \qquad (459)$$

mit

$$n = \frac{J_s}{J_K \cdot \cos \varphi_K}. \qquad (460)$$

Das Trägheitsmoment des Balkens sei konstant gleich $\bar{J}$.

Für gleiche elastische Linien für Balken und Bogen erhalten wir:

$$\frac{d^2\delta}{dx^2} = -\frac{M}{EJ \cdot \cos \varphi} = -\frac{\overline{M}}{E\bar{J}}. \qquad (461)$$

Mit Gl. (461) erhalten wir eine Beziehung zwischen den zwei Momenten in jedem Querschnitt mit Gl. (459):

$$\frac{\overline{M}}{M} = \frac{\overline{J}}{J \cdot \cos \varphi} = \frac{\overline{J}}{J_s} \left[1 + (1 - n) \frac{4 \cdot z^2}{L^2} \right] = d. \tag{462}$$

Für den Scheitelquerschnitt wird:

$$ds = \frac{\overline{J}}{J_s}, \tag{463a}$$

und für den Kämpferquerschnitt

$$d_K = \frac{\overline{J}}{J_K \cdot \cos \varphi_K}. \tag{463b}$$

M. RITTER führt nun einen „Ersatzbogen" ein, der die Summen der Steifigkeiten aus Balken und Bogen besitzt, also dessen Biegesteifigkeit wird:

$$EJ^* = EJ + \frac{E\overline{J}}{\cos \varphi}, \tag{464a}$$

oder:

$$EJ^* \cdot \cos \varphi = EJ \cdot \cos \varphi + E\overline{J}, \tag{464b}$$

und gekürzt durch den gleichen Elastizitätsmodul ergibt sich:

$$J^* = J + \frac{\overline{J}}{\cos \varphi}, \tag{464c}$$

das ideelle Trägheitsmoment des Ersatzbogens.

Es wird das elastische Gewicht des Ersatzbogens:

$$dw^* = \frac{ds}{EJ^*}. \tag{465}$$

Dieser Ersatzbogen erhält in jedem Schnitt das Moment:

$$M^* = M + \overline{M}, \tag{466}$$

oder die geteilten Momente in Bogen und Balken werden in Funktion von M^* im Bogen:

$$M = M^* \frac{1}{1 + d}, \tag{467a}$$

im Balken:

$$\overline{M} = M^* \frac{d}{1 + d}. \tag{467b}$$

Für die Kämpfersektion werden diese Momente entsprechend: im Bogen:

$$M_k = M_k^* \frac{1}{1 + d_k}, \tag{468a}$$

im Balken:

$$\overline{M} = M_k^* \frac{d_k}{1 + d_k}. \tag{468b}$$

Berechnung der Festwerte

Die Festwerte sind Kämpfermomente und Horizontalschub für Einheitsdeformationen der Kämpferpunkte, ohne äußere Belastung auf den Träger.

Für die Drehwinkel der Kämpfermomente des versteiften Bogens finden wir:

$$\alpha_A = \int_L M \frac{x'}{L}\, dw \tag{469a}$$

und

$$\alpha_B = \int_L M \frac{x}{L}\, dw \tag{469b}$$

mit

$$M = M^* \frac{1}{1+d}$$

eingesetzt in Gl. (469) gibt sich:

$$\alpha_A = \int_L M^* \frac{x'}{L} \frac{dw}{1+d} = \int_L M^* \frac{x'}{L}\, dw^*. \tag{470a}$$

Wir haben somit den Drehwinkel des versteiften Bogens ausgedrückt durch die Momente und elastischen Gewichte des Ersatzbogens.

Nun ist:

$$M^* = M_{\mathrm{I}}^* \cdot \frac{x'}{L} - M_{\mathrm{II}}^* \frac{x}{L} - H \cdot y \tag{471}$$

ohne äußere Belastung. Analog wird der Drehwinkel α_B:

$$\alpha_B = \int_L M^* \frac{x}{L}\, dw^*. \tag{470b}$$

Wir lassen den Horizontalschub an den Enden der starren Scheiben des Ersatzbogens angreifen, und wählen diese so, daß:

$$\int_L x \cdot y \cdot dw^* = \int_L x' \cdot y \cdot dw^* = 0, \tag{472}$$

somit wird beim symmetrischen Bogen dieser Abstand der starren Scheiben:

$$t = \frac{\int\limits_{L}^{L} y'\, dw^*}{\int\limits_{L} dw^*}, \tag{473}$$

und aus den Gln. (470) erhalten wir:

$$\alpha_A = \frac{M_{\mathrm{I}}^*}{L^2} \int_L x'^2\, dw^* - \frac{M_{\mathrm{II}}^*}{L^2} \int_L x\, x'\, dw^*,$$

$$\alpha_B = \frac{M_{\mathrm{II}}^*}{L^2} \int_L x^2 \cdot dw^* - \frac{M_{\mathrm{I}}^*}{L^2} \int_L x \cdot x'\, dw^*. \tag{470a}$$

Lösen wir diese Gleichungen nach den Momenten auf, so erhalten wir diese in Funktion der Auflagerdrehwinkel:

$$M_{\mathrm{I}}^{*} = M_{\mathrm{I}}\,(1 + d_k) = \frac{\alpha_A \cdot \int\limits^{L} \dfrac{x'^2}{L^2}\,dw^{*} + \alpha_B \int\limits^{L} \dfrac{x \cdot x'}{L^2}\,dw^{*}}{N},$$

$$M_{\mathrm{II}}^{*} = M_{\mathrm{II}}\,(1 + d_k) = \frac{\alpha_B \cdot \int\limits^{L} \dfrac{x'^2}{L^2}\,dw^{*} + \alpha_A \int\limits^{L} \dfrac{x \cdot x'}{L^2}\,dw^{*}}{N}. \tag{474}$$

Die Verschiebung der Endpunkte der starren Scheiben wird:

$$\delta' = \int\limits_{L} M\,y\,dw + \int\limits_{L} N\,dw' = e - t\,(\alpha_A - \alpha_B) \tag{475}$$

oder:

$$- H\left[\int\limits_{L} y^2\,dw^{*} + \int\limits_{L} dw'\right] = e - t\,(\alpha_A - \alpha_B),$$

wobei der Horizontalschub

$$H = \frac{-e + t\,(\alpha_A - \alpha_B)}{\int\limits_{L} y^2\,dw^{*} + \int\limits_{L}' dw'} \tag{476}$$

ist. Es sei bemerkt, daß das Glied $\int\limits_{L} dw'$ auf den versteiften Bogen bezogen ist. Aus den Gln. (474) und (476) können wir somit sämtliche Festwerte bestimmen, wenn wir berücksichtigen, daß die beiden Kämpfermomente des versteiften Bogens werden:

$$M_A = M_{\mathrm{I}} + H \cdot t \quad \text{und} \quad M_B = M_{\mathrm{II}} - H \cdot t. \tag{477}$$

Die Festwerte werden nach den Definitionen des Teiles A bezüglich des Ersatzbogens mit:

$$N = \left(\int\limits_{L} \frac{x^2}{L^2}\,dw^{*}\right)^2 - \left(\int\limits_{L} \frac{x \cdot x'}{L^2}\,dw^{*}\right)^2. \tag{478}$$

Anmerkung zu den Gl. (479a) u. (479b), S. 173. Wir haben im Teil B (S. 76) ein Grundsystem mit gelenkiger Lagerung des Versteifungsträgers in den Endpunkten vorausgesetzt. Das bedeutet, wenn wir auf die hier behandelte Methode zurückkehren, daß das Kämpfermoment allein durch den versteiften Bogen aufgenommen wird. Ersetzen wir in den Festwerten a_1 und b_{1-2} der Formeln (479) das Glied $(1 + d_k)$ durch den Wert 1, so begehen wir eine theoretische Unkorrektheit. Wir erhalten jedoch für unser Grundsystem des Teiles B genauere Festwerte a und b des Bogens, die für eine Näherungsrechnung in Frage kommen. Das gleiche gilt auch für die Belastungsglieder, wo wir das ganze Kämpfermoment des Ersatzbogens M_k dem versteiften Bogen zuteilen. Im folgenden Beispiel werden wir darauf zurückkommen.

$${}^1a_1 = \frac{\int\limits^{L} \dfrac{x'^2}{L^2}\, dw^*}{(1+d_k)\cdot N} + \frac{t^2}{\int\limits_L y^2\, dw^* + \int\limits_L dw'} \quad , \qquad (479\,\mathrm{a})$$

$${}^1b_{1-2} = -\frac{\int\limits^{L} \dfrac{x\cdot x'}{L^2}\, dw^*}{(1+d_k)\cdot N} + \frac{t^2}{\int\limits_L y^2\, dw^* + \int\limits_L dw'} \quad , \qquad (479\,\mathrm{b})$$

$$c_{1-2} = \frac{t}{\int\limits_L y^2\, dw^* + \int\limits_L dw'} \quad , \qquad (479\,\mathrm{c})$$

$$d_{1-2} = \frac{1}{\int\limits_L y^2\, dw^* + \int\limits_L dw'} \quad . \qquad (479\,\mathrm{d})$$

Es bleibt noch die Frage zu beantworten, wie die Zahl n der Formeln (459) und (460), die sich auf das Trägheitsmoment des versteiften Bogens bezieht, sich auf den Ersatzbogen übertragen läßt. EL-AROUZY leitet für n^* des Ersatzbogens folgenden Mittelwert ab.

Es ist bekanntlich:

$$J^* \cdot \cos\varphi = J \cdot \cos\varphi + \bar{J} = \frac{J_s}{1-(1-n)\dfrac{4\cdot z^2}{L}} + \bar{J} =$$

$$= \frac{J_s^*}{1-(1-n)\dfrac{4\cdot z^2}{L}} = \frac{J_s + \bar{J}}{1-(1-n^*)\dfrac{4\cdot z^2}{L}}. \qquad (480)$$

n^* hat somit das gleiche Verhältnis zu J_s^* wie n zu J_s.

Für den Kämpfer ist

$$\frac{4\cdot z^2}{L} = 1$$

und es wird

$$n^* = \frac{J_s + \bar{J}}{\dfrac{J_s}{n} + \bar{J}} . \qquad (481)$$

Festwerte für den gewöhnlichen Parabelbogen 2. Grades

Wir setzen die unter B 1 dargestellte Parabel als Bogenachse voraus. Es ist gemäß Gl. (388) und Abb. 177:

$$y' = \frac{4\,f\cdot x\,(L-x)}{L^2}.$$

Das „elastische Gewicht" lautet für den Ersatzbogen:

$$dw^* = \frac{ds}{EJ^*} = \frac{dz}{EJ^* \cdot \cos\varphi} = \frac{dz}{EJ_s^*}\left[1 - (1-n)\frac{4\cdot z^2}{L}\right]. \qquad (482)$$

Die beiden Integrale der „Balkengleichungen" lauten nach EL-AROUZY für den symmetrischen Bogen:

$$\int\limits_L \frac{x^2}{L^2}\,dw^* = \int\limits_L \frac{x'^2}{L^2}\,dw^* = \frac{6+4\,n^*}{5}\,\frac{L}{6\,EJ_s^*}, \qquad (483\,\text{a})$$

$$\int\limits_L \frac{x\cdot x'}{L^2}\,dw^* = \frac{4+n^*}{5}\cdot\frac{L}{6\,EJ_s^*}. \qquad (483\,\text{b})$$

Der Abstand der starren Scheiben wird für den gewöhnlichen Parabelbogen 2. Grades, mit

$$m^* = 1 - n^*, \qquad (484)$$

$$t = c_0 \cdot f, \qquad (485\,\text{a})$$

wobei

$$c_0 = \frac{2\,(5-m^*)}{5\,(3-m^*)}. \qquad (485\,\text{b})$$

ist. Der Nenner des Horizontalschubes hat nach EL-AROUZY den folgenden Wert:

$$\int\limits_L y^2\,dw^* = \frac{f^2\cdot L}{\lambda\cdot EJ_s^*}, \qquad (486)$$

wobei λ für die gewöhnliche Parabel gerechnet, und

$$c_0' = 1 - c_0 \qquad (487)$$

wird:

$$\frac{1}{\lambda} = c_0'^2\left(1-\frac{m^*}{3}\right) - 2\,c_0'\left(\frac{1}{3}-\frac{m^*}{5}\right) + \left(\frac{1}{5}-\frac{m^*}{7}\right). \qquad (488)$$

Beispiel. Wir nehmen das Beispiel des totaleingespannten Bogens auf S. 91 als Grundlage, mit den folgenden Hauptabmessungen des Bogens und des Versteifungsbalkens:

$$\bar{J} = 0{,}486; \quad J_s = 0{,}667; \quad J_k = 2{,}250;$$

$$\cos\varphi_k = 0{,}630, \quad L = 75\,\text{m}, \quad f = 25{,}0\,\text{m}.$$

Aus Gl. (460) ermitteln wir n des versteiften Bogens zu:

$$n = \frac{0{,}667}{2{,}25\cdot 0{,}63} = 0{,}470.$$

Der mittlere Wert n^* für den Ersatzbogen wird laut Gl. (481):

$$n^* = \frac{0{,}667 + 0{,}468}{0{,}667/0{,}470 + 0{,}486} = 0{,}605.$$

Die Integrale der „Balkengleichungen" resultieren aus Gl. (483):

$$\int_L \frac{x^2}{L^2}\, dw^* = \frac{6 + 4 \cdot 0{,}605}{5} \cdot \frac{L}{6\,EJ_s^*} = 0{,}281\,\frac{L}{EJ_s^*},$$

$$\int_L \frac{x \cdot x'}{L^2}\, dw^* = \frac{4 + 0{,}605}{5} \cdot \frac{L}{6\,EJ_s^*} = 0{,}154\,\frac{L}{EJ_s^*}.$$

Der Nenner N wird gemäß Gl. (478):

$$N = (0{,}0790 - 0{,}0237)\,\frac{L^2}{(EJ_s^*)^2} = 0{,}0553\,\frac{L^2}{(EJ_s^*)^2}.$$

Der Abstand der starren Scheiben ergibt sich gemäß Gl. (485) mit

$$m^* = 1 - n^* = 0{,}395$$

zu

$$t = \frac{2\,(5 - 0{,}395)}{5\,(3 - 0{,}395)} \cdot 25 = \underline{\underline{17{,}70\,\mathrm{m}}}.$$

Das Integral des Nenner des Horizontalschubes wird mit $\lambda = 14{,}5$ nach Gl. (486):

$$\int_L y^2\, dw^* = \frac{25^2 \cdot 75}{14{,}5 \cdot EJ_s^*} = \frac{3233}{EJ_s^*}.$$

Weiter erhalten wir:

$$d_k = \frac{0{,}486}{2{,}25 \cdot 0{,}63} = 0{,}343$$

und

$$J_s^* = \overline{J} + J_s = \overline{J}\,(1 + J_s/\overline{J}) = 2{,}372 \cdot \overline{J}.$$

Die Festwerte ermitteln wir nach Gl. (479), diese werden:

$$^{1)}\underline{a_1} = \left(\frac{0{,}281}{0{,}0533 \cdot 75 \cdot 1} + \frac{313{,}3}{3233} \right) EJ_s^* = 0{,}167\,EJ_s^*$$

$$= \underline{0{,}396\,\overline{EJ}}$$

$$^{1)}b_{1-2} = \left(\frac{-0{,}154}{0{,}0533 \cdot 75 \cdot 1} + \frac{313{,}3}{3233} \right) EJ_s^* = 0{,}0584\,EJ_s^*$$

$$= \underline{0{,}138\,\overline{EJ}}$$

$$c_{1-2} = \frac{17{,}70}{3233}\,EJ_s^* = 0{,}00548\,EJ_s^* \qquad = \underline{0{,}0130\,\overline{EJ}},$$

$$d_{1-2} = \frac{EJ_s^*}{3233} = 0{,}000309\,EJ_s^* \qquad = \underline{0{,}00073\,\overline{EJ}}.$$

$^{1)}$ Die Festwerte a_1 und b_{1-2} sind für den an den Enden frei aufgelagerten Versteifungsbalken.

Punktlast $P = 1$ in Feldmitte angreifend

Aus der Tabelle S. 154 ermitteln wir für den Ersatzbogen die folgenden Kämpfermomente, sowie den Horizontalschub:

$$M_1^* = 0{,}031 \cdot 1 \cdot 75 = 2{,}325 \text{ tm}, \quad H^* = H = 0{,}937 \frac{75}{4 \cdot 25} = 0{,}703 \text{ t}.$$

Das Kämpfermoment des Bogens wäre bei vollständiger Einspannung des Versteifungsträgers:

$$M_1 = M_1^* \frac{1}{1 + d_k} = 2{,}325 \frac{1}{1{,}343} = 1{,}73 \text{ tm}.$$

Da in unserem Falle jedoch der Balken an seinen Enden frei aufliegt, muß das ganze Kämpfermoment durch den Bogen aufgenommen werden, also ist:

$$M_1 = M_1^* = 2{,}325 \text{ tm}.$$

Das Feldmoment unter der Last $P = 1\,t$ wird:

$$M_m^* = \frac{PL}{4} + M_1^* - H \cdot f = 3{,}47 \text{ tm}.$$

Dieses Moment teilen wir in Bogen- und Balkenmoment auf, mit

$$ds = \frac{0{,}486}{0{,}667} = 0{,}728$$

erhalten wir 1. für den Bogen:

$$M_m = M_m^* \frac{1}{1 + d_s} = 3{,}47 \cdot 0{,}579 = 2{,}01 \text{ tm},$$

und 2. für den Balken:

$$\overline{M}_m = 3{,}47 - 2{,}01 = 1{,}46 \text{ tm}.$$

Anhang: Ein Auflösungsverfahren der Knotenpunktsgleichungen mit Hilfe der Festhaltemomente

I. Übersicht

Im Teil A, VIII (S. 35ff.) haben wir ein Auflösungsverfahren für die Knotenpunktsgleichungen vieler Öffnungen behandelt, das uns schrittweise durch das Auflösen zweier Typen „Dreiverschiebungsgleichungen" von der CLAPEYRONschen Art zum Ziele führt. Die Konvergenz jener Methode ist nicht sehr gut, so daß mehrere Rechnungsgänge auszuführen sind, um exakte Resultate zu erhalten. Der Vorteil liegt darin, daß es CLAPEYRONsche Gleichungen sind, die mit Hilfe der Übergangszahlen sehr rasch auszurechnen sind. Dasselbe System wenden wir auch zur Berechnung der Einflußlinien an.

Sind wir nun gezwungen, für einen durchlaufenden Träger unserer Art eine große Anzahl Belastungszustände oder Einflußlinien zu untersuchen, so lohnt es sich besser, als Auflösungsverfahren ein mehrumfassenderes Verfahren zur Anwendung zu bringen, d. h. eine Methode, mit welcher wir Teildeformationen erhalten, die für sämtliche Schnittkräfte oder Einflußlinien gemeinsam zur Anwendung gelangen. In diesem Verfahren erhalten wir nämlich schließlich so viele Unbekannte, wie deformierbare Knotenpunkte vorhanden sind. Also die Anzahl der Unbekannten wird nun die Hälfte gegenüber einem gewöhnlichen Auflösungsverfahren der zwei Typen Knotenpunktsgleichungen. Der Nachteil jedoch ist, daß jede Unbekannte in jeder Gleichung auftritt. Bei einer großen Anzahl Knotenpunkten kann diese Methode deshalb beschwerlich werden.

Wir werden jedoch zuerst in Kap. II auf das Auflösungsverfahren CLAPEYRONscher Gleichungen nach der Methode der Übergangszahlen näher eingehen, so daß sich der Leser mit dieser praktischen Methode vertraut machen kann. In diesem Verfahren erhalten wir nämlich die Horizontalverschiebungen der Knotenpunkte in Form von CLAPEYRONscher Gleichungen.

II. Auflösung der „Dreiverschiebungsgleichungen" mit Hilfe der Übergangszahlen

Unsere angenommene Grundgleichung mit drei Unbekannten in einer Gleichung habe für den Knoten m als Mittelpunkt die folgende Form:

$$D_m \cdot \delta_m - d_{m-l} \cdot \delta_l - d_{m-n} \cdot \delta_n + \overline{H}_m = 0. \qquad (489)$$

Hierin sind δ_i die Unbekannten, D_m, d_{m-i} Konstanten des Trägers und $\overline{H}_m$ das Belastungsglied des Knotens m, von den äußeren Einwirkungen abhängig. Denken wir uns zuerst ein Feld ohne Belastungsglieder nach dem folgenden Schema: Die Abb. 189 stellt einen durchlaufenden Bogenträger schematisch dar. Dabei sei vorausgesetzt, daß sämtliche Felder rechts von m ohne Belastungsglieder sind. Es gelten somit für alle Knoten rechts von m die Gl. (489), mit dem Unterschied, daß für alle diese Punkte die Belastungsglieder $\overline{H}_n = \overline{H}_p = \cdots = 0$ sind. Die Belastung von m nach links liefert uns Horizontalverschiebungen in n und p und allen übrigen Knotenpunkten rechts, die in bestimmten festen Verhältnissen zueinander stehen. Unsere CLAPEYRONsche Gl. (489) lautet für den Knoten n:

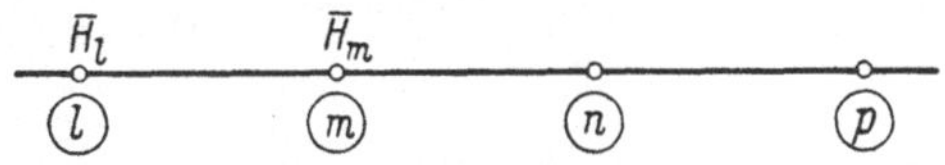

$$D_n \cdot \delta_n - d_{n-m} \cdot \delta_m - d_{n-p} \cdot \delta_p = 0. \qquad (490)$$

Abb. 189

Nehmen wir z. B. die Verschiebung δ_m als gegeben an, so ist für alle möglichen Werte das Verhältnis

$$\frac{\delta_n}{\delta_m} = \overrightarrow{\mu_{m-n}} = \text{konstant} < 1. \tag{491}$$

Das gleiche gilt für die folgenden Öffnungen der Weiterleitung:

$$\frac{\delta_p}{\delta_n} = \overrightarrow{\mu_{n-p}} = \text{konstant}. \tag{492}$$

Wir nennen, wie schon früher bekannt wurde, die Zahlen μ als Übergangszahlen. Die Punkte K_m und K_n usw. sind somit Festpunkte der

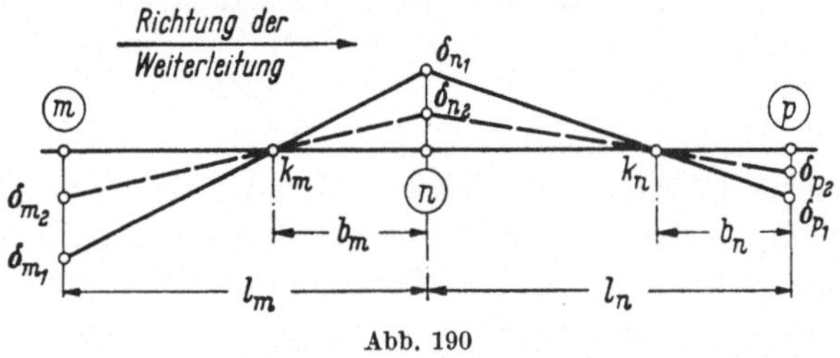

Abb. 190

Horizontalverschiebungen und können für die graphische Lösung des CLAPEYRONschen Gleichungssystems dienen. Die Übergangszahl der Öffnung m—n lautet mit Gl. (492) in Gl. (490) eingesetzt:

$$D_n \cdot \delta_n - d_{n-m} \cdot \delta_m - d_{n-p} \cdot \delta_n \cdot \overrightarrow{\mu_{n-p}} = 0. \tag{493}$$

Es wird nun Gl. (491) aus Gl. (493):

$$\boxed{\frac{\delta_n}{\delta_m} = \overrightarrow{\mu_{m-n}} = \frac{d_{m-n}}{D_n - d_{n-p} \cdot \overrightarrow{\mu_{n-p}}}} \ . \tag{494}$$

Wir sehen somit, daß $\overrightarrow{\mu_{m-n}}$ eine Funktion von $\overrightarrow{\mu_{n-p}}$ ist, also der Übergangszahl der Nachbaröffnung rechts. Wir beginnen somit die Rechnung der Übergangszahlen am rechten Ende der Serie und schreiten nach links fort. So erhalten wir die Übergangszahlen der Weiterleitungen der Verschiebungsgrößen von links nach rechts. Geben wir zur Veranschaulichung eine Figur, welche die Berechnung erleichtert (s. Abb. 191).

Es ist auch vorteilhaft, die Konstanten der Gleichungen in einer „Knotenpunktsfigur" darzustellen für den ganzen Träger, ähnlich der Abb. 191. In gleicher Weise rechnen wir nun die Übergangszahlen für die Weiterleitung nach links am linken Ende der Bogen beginnend nach rechts fortschreitend. Wir finden dann analog:

$$\overleftarrow{\mu}_{p-n} = \frac{d_{p-n}}{D_n - d_{n-m}\cdot \overleftarrow{\mu}_{n-m}}. \tag{495}$$

Alle Ursachen der Verschiebungen liegen rechts des Knotenpunktes (p), und werden, wie der Pfeil aufweist, nach links durch die Knotenpunkts-

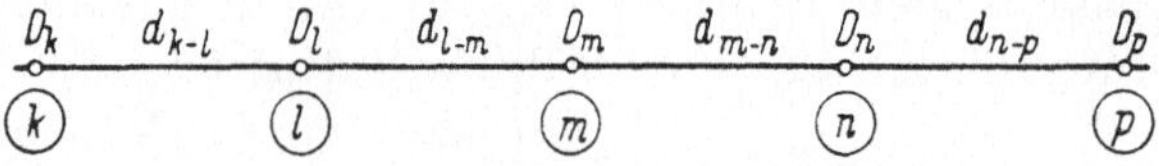

Abb. 192

figur weitergeleitet. Für die Berechnung der Übergagnszahlen in beiden Richtungen zeichnen wir der Übersicht halber die Knotenpunktsfigur der Konstanten d und D, Abb. 192.

Bevorzugen wir eine graphische Löung, so erhalten wir für den rechten Festpunktsabstand der Öffnung m—n, wie man leicht ableiten kann, den Wert:

$$b_m = \frac{\mu_{m-n}\cdot l}{1 + \mu_{m-n}}. \tag{496}$$

Wir gehen aber auf eine graphische Lösung nicht weiter ein, da die analytische Methode sehr einfach ist. Wir tragen dann die gerechneten

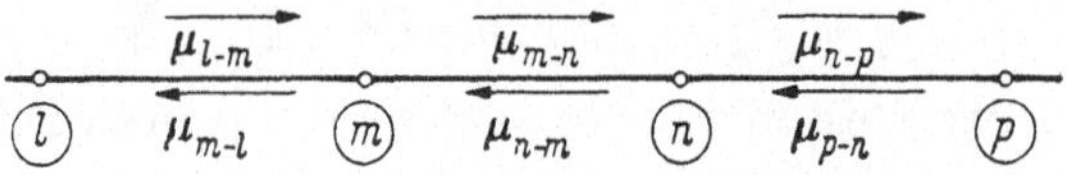

Abb. 193

Übergangszahlen auch in eine Knotenpunktsfigur ein, um eine gute Übersicht zu bewahren.

Im weiteren treffen wir die Annahme, daß nur ein einziger Knotenpunkt des durchlaufenden Trägers ein Belastungsglied besitze, z. B. der Knoten (m), dessen Belastungsglied wir mit $\bar{H}_m$ bezeichnen. Alle übrigen Knoten der Konstruktion hätten keine Belastungsglieder, also $\bar{H}_i = 0$ für alle $i \neq m$. Die Dreiverschiebungsgleichung lautet für den Punkt m somit nach Gl. (489):

$$D_m \cdot \delta_m - d_{m-l} \cdot \delta_l - d_{m-n} \cdot \delta_n + \bar{H}_m = 0. \tag{489a}$$

Wir können direkt δ_m ausrechnen aus Gl. (489), und drücken die Verschiebungen der zwei benachbarten Punkte in Funktion von δ_m aus mit Hilfe der berechneten Übergangszahlen μ. Also können wir Gl. (489) schreiben:

$$D_m \cdot \delta_m - d_{m-l} \cdot \mu_{m-l} \cdot \delta_m - d_{m-n} \cdot \mu_{m-n} \cdot \delta_m = -\bar{H}_m, \tag{489b}$$

und es wird die Unbekannte:

$$\delta_m = - \frac{\bar{H}_m}{D_m - d_{m-l} \cdot \mu_{m-l} - d_{m-n} \cdot \mu_{m-n}}. \tag{497a}$$

Dieser einfache Ausdruck gibt uns also direkt die Lösung δ_m des Punktes m unter der Voraussetzung, daß nur das Belastungsglied $\bar{H}_m$ für das ganze Gleichungssystem existiere. Alle übrigen Knotenpunkte haben keine Belastungsglieder, wie schon früher angedeutet wurde. Wir schreiben nun zur Vereinfachung:

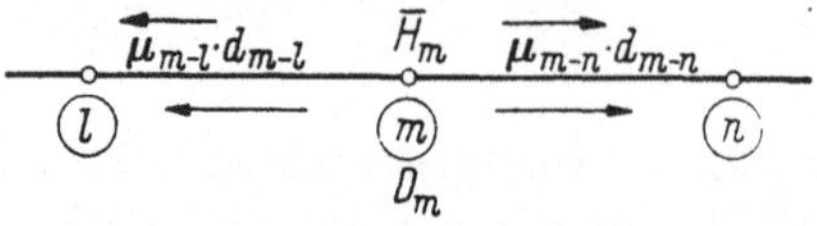

Abb. 194

$$\delta_m = - \frac{\bar{H}_m}{N_m} \tag{497b}$$

mit

$$N_m = D_m - d_{m-l} \cdot \overleftarrow{\mu_{m-l}} - d_{m-n} \cdot \overrightarrow{\mu_{m-n}}. \tag{498}$$

Zur Veranschaulichung hilft uns die obenstehende Abb. 194.

Die übrigen Lösungen δi $_{i \neq m}$ erhalten wir durch die Weiterleitung der Lösung (497b) durch alle Knotenpunkte nach links und rechts mit Hilfe der Übergangszahlen μ der Abb. 193 vom Knoten m aus. Die beiden Nachbaröffnungen haben z. B. die Lösungen

$$\delta_n = \delta_m \cdot \overrightarrow{\mu_{m-n}}, \quad \delta_l = \delta_m \cdot \overleftarrow{\mu_{m-l}}. \tag{499}$$

Die Lösungen der übrigen Punkte sind somit „weitergeleitete Werte" der Lösung δ_m. Die Lösung δ_m selbst nach Gl. (497) für den Knoten m bezeichnen wir als „Primärlösung".

Auflösung des Systemes der allgemeinen Dreiverschiebungsgleichungen mit beliebigen Belastungsgliedern

Die Belastungsglieder der Dreiverschiebungsgleichungen (489) seien für jeden Knotenpunkt in der Abb. 195 eingetragen. Für jeden Knotenpunkt des durchlaufenden Systemes gelten die Gln. (489), mit m als

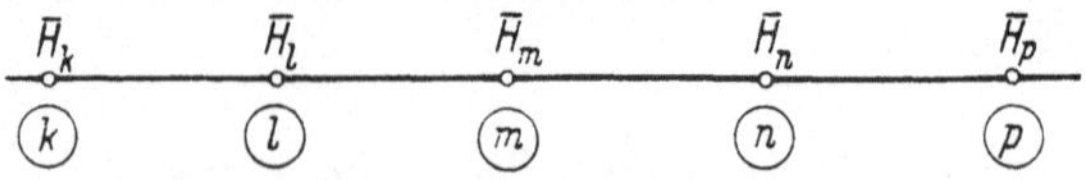

Abb. 195

Mittelpunkt der betreffenden Gleichung. Über die Lösung δ_i des vollständigen Gleichungssystemes (489) läßt sich folgendes aussagen: Sie besteht aus der Primärlösung und den weitergeleiteten Werten aller Primärlösungen, die rechts bzw. links des betreffenden Knotenpunktes liegen. Der Rechnungsgang ist nun der folgende: Wir rechnen zuerst für alle Knotenpunkte die Primärlösungen nach Gl. (497) und tragen diese in die schematische Knotenpunktsfigur ein. Da es sich bei beliebiger Belastung um primäre Lösungen handelt, überstreichen wir deren Größen, also

$$\overline{\delta}_m = \frac{\overline{H}_m}{\overline{D}_m}.\qquad(497\,\mathrm{c})$$

Beginnen wir beim 1. beweglichen Knotenpunkt links des Trägers, indem wir den ersten Primärwert $\overline{\delta}_1$ nach rechts, dem Knoten 2 weiterleiten. In 2 bilden wir die Summe von $\overline{\delta}_2$ mit dem weitergeleiteten Wert von links $\overrightarrow{\mu_{1-2}} \cdot \overline{\delta}_1$ und leiten diese nach 3 weiter, usw. Sind wir am letzten Knotenpunkt rechts des Trägers angelangt, machen wir das gleiche von

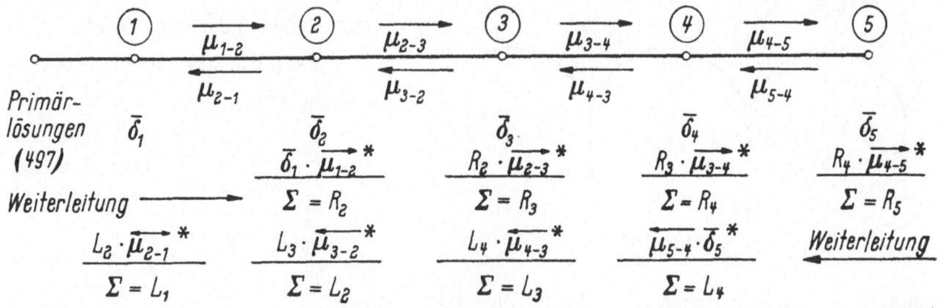

Abb. 196

rechts nach links. Jeden weitergeleiteten Wert versehen wir mit einem Kreuz, um anzudeuten, daß er beim Rückgang nicht mehr zurückgeleitet werden darf. Wir erhalten das folgende Rechnungsschema, nach Abb. 196, wo wir fünf verschiebbare Knotenpunkte 1 bis 5 voraussetzen. Die Reihe kann selbstverständlich für eine beliebige Anzahl Punkte angeschrieben werden.

Die definitiven Lösungen δ_i des Gleichungssystemes (489) sind Primärlösungen plus weitergeleitete Werte, z. B. wird die Lösung δ_3 gemäß Abb. 196

$$\delta_3 = \overline{\delta}_3 + R_2 \cdot \overrightarrow{\mu_{2-3}}{}^* + L_4 \cdot \overleftarrow{\mu_{4-3}}{}^*.\qquad(500)$$

Für den Punkt 3 z. B. gelten die folgenden Beziehungen:

$$R_3 = \overline{\delta}_3 + R_2 \cdot \mu_{2-3}^*$$
$$L_3 = \overline{\delta}_3 + L_4 \cdot \mu_{4-3}^*$$

$$\qquad(501)$$

Es sei nur bemerkt, daß z. B. der für den Punkt 3 nach rechts weitergeleitete Wert $R_2 \cdot \mu_{2-3}^*$ nicht wieder nach links zurückgeleitet werden darf, s. L_3.

Dieses Auflösungsverfahren ist äußerst einfach, besonders auch weil dasselbe Gleichungssystem verschiedene Male stets mit anderen Belastungsglieder aufzulösen ist. Die Übergangszahlen und die Nennerwerte der Primärlösungen sind für einen gegebenen Träger Konstante, und nur einmal zu bestimmen.

Bei gleichen Öffnungen und gleichen Stützen können wir die Übergangszahlen leicht aus der Tabelle der S. 159 ablesen.

Eine allgemeine Orientierung dieser Methode gibt, wie schon früher angedeutet wurde, B. ULRICH in seiner Arbeit: Die Berechnung der Stockwerksrahmen, Zürich 1946.

Übergangszahlen für Endöffnungen

1. Fall. Die letzte Öffnung sei totaleingespannt im Baugrunde, wie die Abb. 197 aufweist.

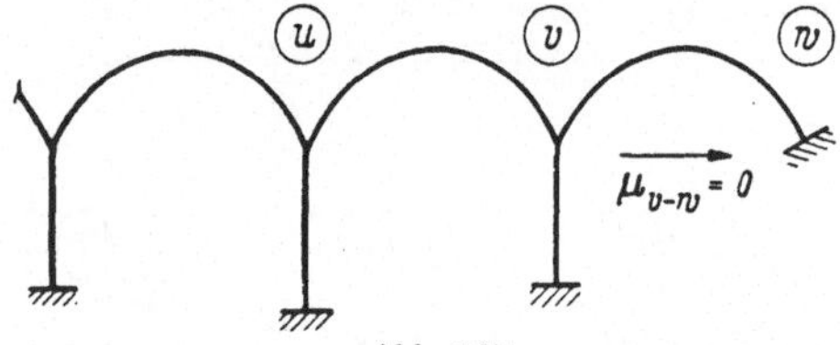

Abb. 197

Es gilt, wie leicht einzusehen ist:

$$\overrightarrow{\mu_{u-v}} = \frac{d_{u-v}}{D_v}, \qquad (502)$$

da $\overrightarrow{\mu_{v-w}} = 0$ ist für vollständige Einspannung.   Der Nenner wird:

$$D_v = d_{v-u} + d_{v-w} + d_{vu}. \qquad (503)$$

2. Fall. Der letzte Knotenpunkt v des Trägers sei auch verschiebbar, mit einer Stütze versehen, gemäß Abb. 198.

In diesem Fall denken wir uns einfach die Serie um einen totaleingespannten Bogen erweitert, den wir gestrichelt in der Abb. 198 eingezeich-

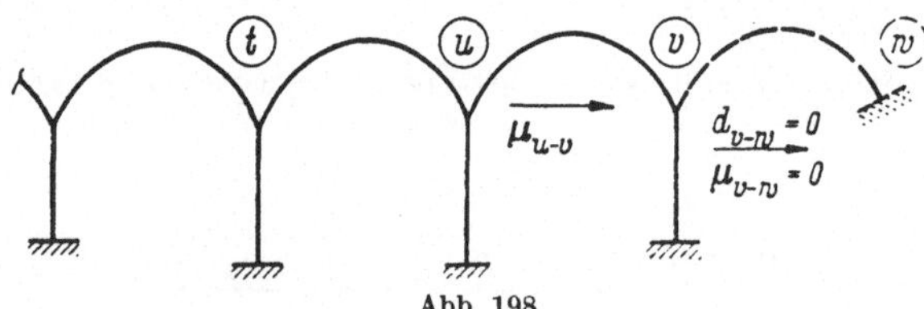

Abb. 198

net haben, dessen Steifigkeit $d_{v-w} = 0$ ist. Wegen der totalen Einspannung in w ist auch $\overrightarrow{\mu_{v-w}} = 0$.   Also wird:

$$\boxed{\overrightarrow{\mu_{u-v}} = \frac{d_{u-v}}{D_v}} \qquad (504)$$

mit

$$D_v = d_{v-u} + d_{v_u}. \qquad (505)$$

3. Fall. Die Endstützenkonstruktion sei ein Rahmen, entsprechend dem Teil C. $I-a-3$ und laut der Abb. 199.

Wir finden wieder, wie leicht einzusehen ist:

$$\overrightarrow{\mu_{u-v}} = \frac{d_{u-v}}{D_v}. \qquad (506)$$

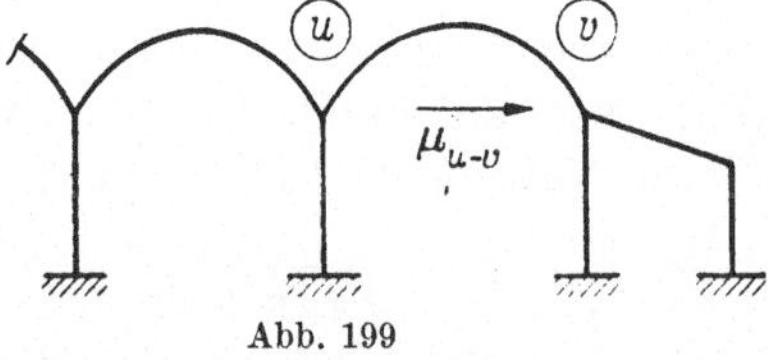

Abb. 199

Mit dem Nennerwert:

$$D_v = d_{u-v} + d_{vu}. \qquad (507)$$

Den Wert d_{vu} bestimmen wir nach Gl. (339) für vollständige Einspannung der Fußpunkte, nach Gl. (343) für gelenkige Lagerung.

Zahlenbeispiel

Es sei der folgende durchlaufende Bogenträger zugrunde gelegt:

Er bestehe aus vier gleichen Bogen und drei ungleich hohen Stützen, mit dem letzten Bogen total eingespannt im Baugrunde.

Für die Bogen sei $d = 0{,}052\, E \cdot J_s$ mit $J_s = 0{,}0053\ \mathrm{m}^4$.

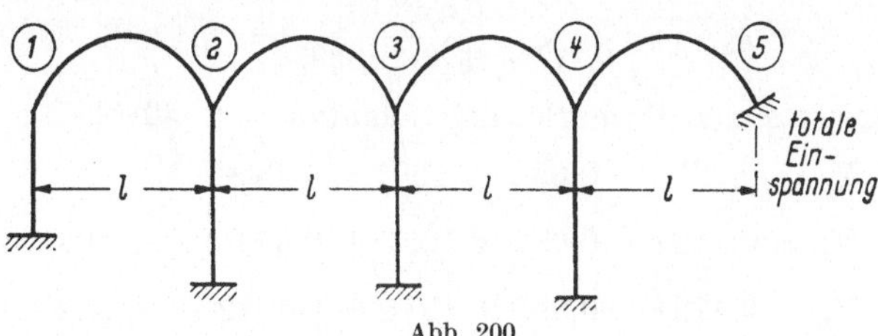

Abb. 200

Die Säulen hätten konstantes Trägheitsmoment, mit $J_p = 126{,}4 \cdot J_s$ und deren Festwerte ergeben sich zu:

$$\text{Säule 1:}\quad h = 13\ \mathrm{m} \qquad d_1 = 0{,}6904\, E \cdot J_s$$

$$\text{Säule 2:}\quad h = 17\ \mathrm{m} \qquad d_2 = 0{,}3087\, E \cdot J_s$$

$$\text{Säule 3:}\quad h = 17\ \mathrm{m} \qquad d_3 = 0{,}3087\, E \cdot J_s$$

$$\text{Säule 4:}\quad h = 18{,}5\ \mathrm{m} \qquad d_4 = 0{,}2395\, E \cdot J_s$$

Die Konstanten der Knotenpunkte folgen:

$$D_1 = 0{,}052 \quad + 0{,}6904 = 0{,}6956\, E \cdot J_s$$

$$D_2 = 2 \cdot 0{,}052 + 0{,}3087 = 0{,}4127\, E \cdot J_s$$

$$D_3 = 2 \cdot 0{,}052 + 0{,}3087 = 0{,}4127\, E \cdot J_s$$

$$D_4 = 2 \cdot 0{,}052 + 0{,}2395 = 0{,}3435\, E \cdot J_s$$

Die Figur der Festwerte wird somit:

$$\text{①} \quad 0{,}052 \quad \text{②} \quad 0{,}052 \quad \text{③} \quad 0{,}052 \quad \text{④}$$
$$0{,}6956 \qquad 0{,}4127 \qquad 0{,}4127 \qquad 0{,}3435$$

Die Berechnung der Übergangszahlen in beiden Richtungen wird [Gln. (494) und (495)] [da wir ungleiche Stützenlängen haben, können wir die Tabelle (S. 159) nicht benützen]

$$\overrightarrow{\mu_{4-5}} = 0,$$

$$\overrightarrow{\mu_{3-4}} = \frac{0{,}052}{0{,}3435} = 0{,}1514,$$

$$\overrightarrow{\mu_{2-3}} = \frac{0{,}052}{0{,}4127 - 0{,}1514 \cdot 0{,}052} = 0{,}1291,$$

$$\overrightarrow{\mu_{1-2}} = \frac{0{,}052}{0{,}4127 - 0{,}1291 \cdot 0{,}052} = 0{,}1281,$$

$$\overleftarrow{\mu_{2-1}} = \frac{0{,}052}{0{,}6956} = 0{,}0748,$$

$$\overleftarrow{\mu_{3-2}} = \frac{0{,}052}{0{,}4127 - 0{,}0748 \cdot 0{,}052} = 0{,}1272,$$

$$\overleftarrow{\mu_{4-3}} = \frac{0{,}052}{0{,}4127 - 0{,}1272 \cdot 0{,}052} = 0{,}1280.$$

Die Nennerwerte der Primärlösungen lauten [Gl. (498)]

$$N_1 = 0{,}6956 - 0{,}052 \cdot 0{,}1281 = 0{,}6889,$$

$$N_2 = 0{,}4127 - 0{,}052 \, (0{,}1291 + 0{,}0748) = 0{,}4021,$$

$$N_3 = 0{,}4127 - 0{,}052 \, (0{,}1514 + 0{,}1272) = 0{,}3982,$$

$$N_4 = 0{,}3435 - 0{,}052 \cdot 0{,}128 = 0{,}3368.$$

Wir tragen nun die Übergangszahlen und Nennerwerte in einer Figur ein:

$$\text{①} \quad \xrightarrow{0{,}1281} \quad \text{②} \quad \xrightarrow{0{,}1291} \quad \text{③} \quad \xrightarrow{0{,}1514} \quad \text{④}$$
$$\xleftarrow{0{,}0748} \qquad \xleftarrow{0{,}1272} \qquad \xleftarrow{0{,}1280}$$
$$0{,}6889 \qquad 0{,}4021 \qquad 0{,}3982 \qquad 0{,}3368$$

Die angenommenen Belastungsglieder seien für die einzelnen Knotenpunkte:

$$\overline{H_1} = 5{,}4\,\text{t}, \quad \overline{H_2} = 1{,}1\,\text{t}, \quad \overline{H_3} = 2{,}5\,\text{t}, \quad \overline{H_4} = -3{,}6\,\text{t}$$

und so folgen die Primärlösungen nach Gl. (497) zu:

$$\overline{\delta_1} = -\frac{5{,}4}{0{,}6889} = -7{,}839, \qquad \overline{\delta_2} = -\frac{1{,}1}{0{,}4021} = -2{,}736,$$

$$\overline{\delta_3} = -\frac{2{,}5}{0{,}3982} = -6{,}278, \qquad \overline{\delta_4} = +\frac{3{,}6}{0{,}3369} = +10{,}689.$$

Definitive Lösungen des Gleichungssystems (498):

$$\overline{\delta} \quad -7{,}839 \qquad -2{,}736 \qquad -6{,}278 \qquad +10{,}689\ \tfrac{1}{EJ_s}$$

Weiterleitung $(-7{,}839 \cdot 0{,}1281) = -1{,}004^*$ $(-3{,}736 \cdot 0{,}1291) = -0{,}483^*$ $(-6{,}761 \cdot 0{,}1514) = -1{,}022^*$ "

$-0{,}252^*$ $(-3{,}361 \cdot 0{,}0748) = -0{,}625^*$ $(-4{,}91 \cdot 0{,}1272) = +1{,}368^*$ $(10{,}689 \cdot 0{,}128)$

$$-8{,}091 \qquad -4{,}365 \qquad -5{,}393 \qquad +9{,}667 \cdot \tfrac{1}{EJ_s}$$

Dies sind die Lösungen der Gln. (489). Alle Werte sind mit $\dfrac{1}{EJ_s}$ zu vervielfachen.

III. Festhaltemomente der äußeren Belastung

Als Grundlage dieses Verfahrens dienen uns die allgemeinen Knotenpunktsgleichungen (73) und (76) mit den Drehungen und Horizontalverschiebungen der Knotenpunkte als unbekannte Größen. Das Paar dieser Knotenpunktsgleichungen lautet für den Punkt m als Mittelpunkt mit totaleingespannten Säulenfüßen:

$$A_m \cdot \alpha_m - \sum_{i \neq m} b_{m-i} \cdot \alpha_i + C_m \cdot \delta_m - \sum_{i \neq m} c_{m-i} \cdot \delta_i + \overline{M}_m = 0, \qquad (508)$$

$$C_m \cdot \alpha_m - \sum_{i \neq m} c_{i-m} \cdot \alpha_i + D_m \cdot \delta_m - \sum_{i \neq m} d_{m-i} \cdot \delta_i + \overline{H}_m = 0. \qquad (509)$$

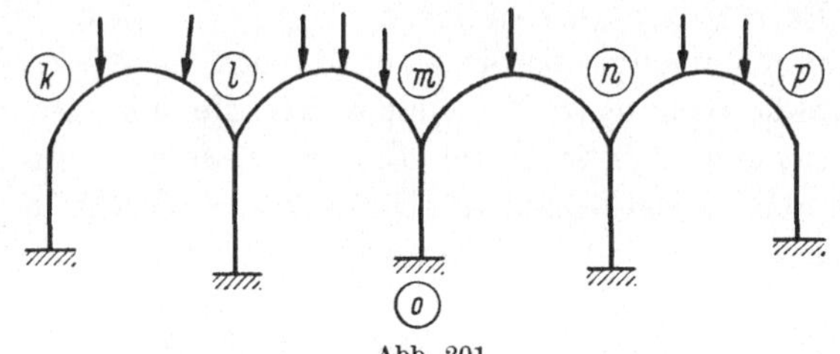

Abb. 201

Der Träger sei gemäß Abb. 201 beliebig belastet, mit den bekannten Belastungsgliedern

$$\overline{M}_m = \overline{M}_{mr} + \overline{M}_{ml} + \overline{M}_{mu}, \qquad (510\,\text{a})$$

$$\overline{H}_m = \overline{H}_{m-n} - \overline{H}_{m-l} - \overline{H}_{m-o}, \qquad (510\,\text{b})$$

wobei sich die einzelnen Komponenten von Gl. (510) auf die sog. Grundsysteme beziehen. Im ersten Schritt setzen wir alle Knotendrehwinkel gleich Null. Also sämtliche $\alpha_i = 0$. Wir können dann für diesen Belastungszustand aus den Gln. (509) die entsprechenden Verschiebungen δ_{io} berechnen. $\overline{H}_m$ ist das Belastungsglied der äußeren Lasten des Knotenpunktes m gemäß Gl. (510).

Wir erhalten für den Knotenpunkt m somit die reduzierte Gl. (509):

$$D_m \cdot \delta_{mo} - \sum_{i \neq m} d_{m-i} \cdot \delta_{io} + \overline{H}_m = 0. \tag{511}$$

Diese Gleichung ist eine Dreiverschiebungsgleichung und stimmt mit Gl. (489) überein. Mit dem abgeleiteten Verfahren in Kap. B bestimmen wir somit die Horizontalverschiebungen der drehfesten Knotenpunkte δ_{io}. Der Index o bezeichnet, daß diese Verschiebungen von der äußeren Belastung abhängen.

Dieser drehfeste Zustand, wobei alle Drehwinkel $\alpha_i = 0$ sind, erzeugt dadurch äußere „Festhaltemomente" in den Knotenpunkten, z. B. mit M_{io} bezeichnet für den Knoten i, die allein durch die Kräfte $\overline{H}_i$ hervor-

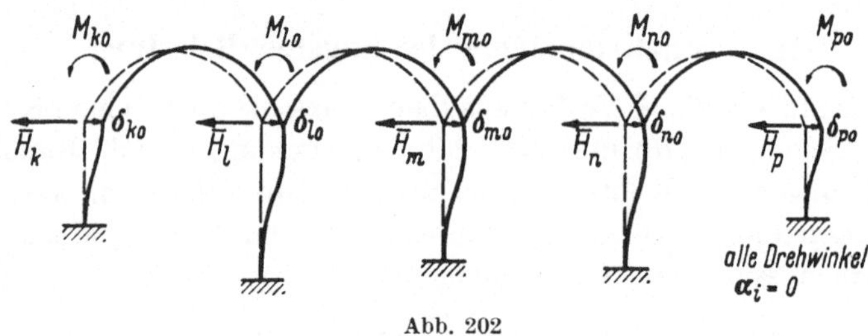

Abb. 202

gerufen werden. [Man verwechsle diese Festhaltemomente nicht mit den Belastungsgliedern $\overline{M}_i$ der Gln. (508), diese letzteren werden wir vorläufig aus der Berechnung ausschalten.]

Die Festhaltemomente ergeben sich, wie man leicht einsieht, aus der 1. Knotenpunktsgleichung (508), indem wir die aus der reduzierten Gl. (511) errechneten Werte in die Gl. (508) einsetzen. In diesem Fall wird einfach das Belastungsglied M_i durch das Festhaltemoment ersetzt. Wir finden für den Knotenpunkt m das folgende Festhaltemoment:

$$M_{mo} = - C_m \cdot \delta_{mo} + \sum_{i \neq m} c_{m-i} \cdot \delta_{io}. \tag{512}$$

Der Index o des Festhaltemomentes sei hier in Übereinstimmung mit denjenigen der Horizontalverschiebungen eingezeichnet.

In der Abb. 202 haben wir diese Festhaltemomente für jeden Knotenpunkt im positiven Richtungssinne eingetragen, es sind dies also die „Festhaltemomente" der Verschiebungen δ_{io}.

IV. Festhaltemomente für den Drehwinkel $\alpha_m = +1$

Wir betrachten das Tragwerk, wie es in Abb. 201 dargestellt ist, ohne äußere einwirkende Kräfte. Drehen wir nun den Knoten m allein um den positiven Drehwinkel $\alpha_m = +1$, jedoch alle übrigen Knotendrehungen seien null. Der Träger sei nun für diesen Belastungszustand freien Horizontalverschiebungen unterworfen. Da alle übrigen Knotenpunkte gegen Drehung festgehalten sind, müssen wir also in diesen äußere „Festhaltemomente" anbringen, einschließlich im Knoten m, um den Winkel $\alpha_m = +1$ zu erzeugen.

Die Bezeichnung der Festhaltemomente für diesen Zustand ist die folgende: M_{im} ist das Festhaltemoment des Knotens i infolge des Drehwinkels $\alpha_m = +1$ in m. M_{mm} ist das Festhaltemoment des Knotens m infolge des Drehwinkels $\alpha_m = +1$ in m, usw.

Wir finden nun für diesen Belastungszustand die unbekannten Horizontalverschiebungen aus der 2. Knotenpunktsgleichung (509). Dies

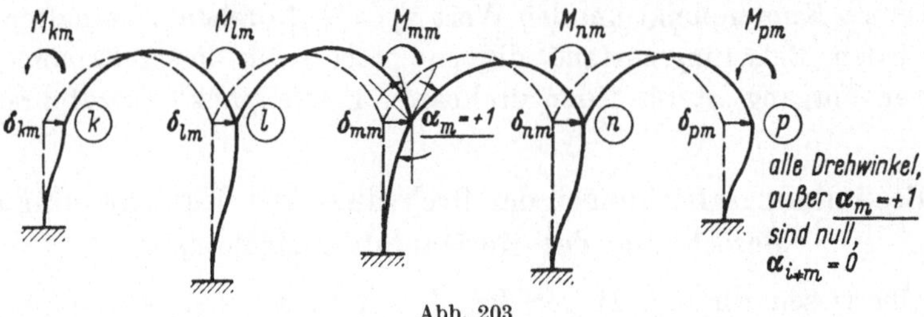

Abb. 203

lautet für den Knoten m als Mittelpunkt, sowie für dessen Nachbarpunkte:

$$D_l \cdot \delta_{lm} - \sum_{i \neq l} d_{i-l} \cdot \delta_i - c_{l-m} = 0 \text{ für den Knoten } ①,$$

$$D_m \cdot \delta_{mm} - \sum_{i \neq m} d_{i-m} \cdot \delta_i + C_m = 0 \text{ für den Knoten } ⓜ, \quad (513)$$

$$D_n \cdot \delta_{nm} - \sum_{i \neq n} d_{i-n} \cdot \delta_i + c_{n-m} = 0 \text{ für den Knoten } ⓝ.$$

Diese den Knotenpunkten l, m und n zugehörigen Knotenpunktsgleichungen sind die einzigen der Serie mit Belastungsgliedern, für alle übrigen Knoten sind die entsprechenden Glieder gleich null. Mit Hilfe der bereits in Kap. B bestimmten Übergangszahlen ist dieses CLAPEYRON-sche Gleichungssystem sofort aufgelöst. Die daraus gefundenen Werte δ_{im} setzen wir in die erste Knotenpunktsgleichung (508) ein und finden für jeden Knotenpunkt das zugehörige „Festhaltemoment" M_{im}. Für den Knoten m folgt die entsprechende Gleichung:

$$A_m \cdot 1 + C_m \cdot \delta_{mm} - \sum_{i \neq m} c_{m-i} \cdot \delta_{im} + M_{mm} = 0, \quad (514)$$

wobei wir für das Festhaltemoment erhalten:

$$M_{mm} = -A_m - C_m \cdot \delta_{mm} + \sum_{i \neq m} c_{m-i} \cdot \dot{\delta}_{im}. \quad (515)$$

Für den Knoten n finden wir analog die erste Knotenpunktsgleichung:

$$- b_{m-n} \cdot 1 + C_n \cdot \delta_{nm} - \sum_{i \neq n} c_{n-i} \cdot \delta_{im} + M_{nm} = 0 \qquad (516)$$

mit dem entsprechenden Festhaltemoment:

$$M_{nm} = b_{m-n} - C_n \cdot \delta_{nm} + \sum_{i \neq n} c_{n-i} \cdot \delta_{im}. \qquad (517)$$

Für den Nachbarpunkt l wird analog das entsprechende Moment:

$$M_{lm} = b_{l-m} - C_l \cdot \delta_{lm} + \sum_{i \neq l} c_{l-i} \cdot \delta_{im}. \qquad (518)$$

Wiederholen wir nun der Reihe nach diesen Vorgang, indem wir stets nur einen Knotenpunkt um den Wert $\alpha_i = +1$ drehen, so erhalten wir für jeden Belastungszustand die entsprechenden Festhaltemomente. Dieser Vorgang ist für jeden drehbaren Knotenpunkt auszuführen.

V. Bestimmungsgleichungen der Drehwinkel der Knotenpunkte und Berechnung der Horizontalverschiebungen

Überlassen wir den Träger dem freien Kräftespiel, so müssen alle Festhaltemomente der Knotenpunkte, durch Verschiebungen und Drehungen hervorgerufen, gleich den Belastungsgliedern aus Gl. (508) bzw. Gl. (510a) werden. Die so durch Superposition erhaltenen Bestimmungsgleichungen lauten:

$$\overline{M_i} = M_{io} + \alpha_1 \cdot M_{i1} + \cdots + \alpha_i \cdot M_{ii} + \alpha_m \cdot M_{im} + \cdots$$

$$\overline{M_k} = M_{ko} + \alpha_1 \cdot M_{k1} + \cdots + \alpha_i \cdot M_{ki} + \alpha_k \cdot M_{kk} + \cdots \qquad (519)$$

$$\overline{M_m} = M_{mo} + \alpha_1 \cdot M_{m1} + \cdots + \alpha_i \cdot M_{mi} + \alpha_m \cdot M_{mm} + \cdots$$

usw.

In diesem Gleichungssystem sind die Knotendrehwinkel α_i zu bestimmen. Wir haben somit gleichviel unbekannte Drehwinkel wie verdrehbare Knotenpunkte vorhanden sind. Die Auflösung dieses Gleichungssystemes bietet den größten Arbeitsaufwand, da gleichzeitig alle Unbekannten in sämtlichen Gleichungen auftreten. Die Horizontalverschiebungen der Knotenpunkte finden wir durch Superposition in der folgenden Form:

$$\delta_i = \delta_{io} + \alpha_1 \cdot \delta_{i1} + \cdots + \alpha_i \cdot \delta_{ii} + \alpha_m \cdot \delta_{im} + \cdots$$

$$\delta_k = \delta_{ko} + \alpha_1 \cdot \delta_{k1} + \cdots + \alpha_i \cdot \delta_{ki} + \alpha_m \cdot \delta_{km} + \cdots$$

$$\vdots \qquad (520)$$

usw.

Bei einer ausführlichen Berechnung des Tragwerkes sind verschiedene Belastungszustände zu untersuchen, speziell auch bei der Berechnung der Einflußlinien. Der Rechnungsgang ist dann der folgende: In den Bestimmungsgleichungen der Knotendrehwinkel Gl. (519) setzen wir abwechslungsweise die Belastungsglieder gleich 1. Z. B. setzen wir $M_{io} - \overline{M}_i = 1$, und die übrigen Gliedern gleich null. Wir finden dann durch das Auflösen dieses Gleichungssystemes die Knotendrehwinkel α_{i1}, $\alpha_{2i}, \ldots, \alpha_{ii}$ usw. Die endgültigen Drehwinkel für einen beliebigen Belastungszustand finden wir, wie leicht einzusehen ist, durch Superposition der Einheitszustände, multipliziert mit ihren entsprechenden Werten der Belastungsglieder. Also erhalten wir:

$$\alpha_1 = \alpha_{11}\left(M_{10} - \overline{M}_1\right) + \alpha_{12} \cdot \left(M_{20} - \overline{M}_2\right) + \cdots + \alpha_{12}\left(M_{io} - \overline{M}_i\right) + \cdots$$
$$\vdots \qquad\qquad\qquad\qquad\qquad\qquad\qquad\qquad\qquad (521)$$
$$\alpha_i = \alpha_{i1}\left(M_{10} - \overline{M}_1\right) + \alpha_{i2}\left(M_{20} - \overline{M}_2\right) + \cdots + \alpha_{ii}\left(M_{io} - \overline{M}_i\right) + \cdots$$

usw.

Die Einflußlinien, als Biegelinien dargestellt, sind nach dem gleichen Verfahren zu berechnen. Es ist nur zu beachten, daß einige Koeffizienten von gewissen Knotenpunktsgleichungen ihr Vorzeichen ändern in bezug zu den allgemeinen Grundgleichungen (73) und (76)ʹ (vgl. Teil A, S. 29, 30), für welche wir hier die allgemeine Berechnung abgeleitet haben. Dieses Verfahren hat aber seine Vorteile, wenn wir die Einflußlinien Punkt für Punkt nach dem gewöhnlichen Laststellenverfahren bestimmen und das Superpositionsprinzip gemäß Gl. (521) anwenden.

A. EFSEN verwendet in seiner Arbeit „Die Methode der primären Momente" Festhaltekräfte in den Knotenpunkten, vgl. Abb. 204. Er erhält somit die Horizontalverschiebungen δ_i der Knotenpunkte als Unbekannte in den Hauptgleichungen. Diese Methode der Festhaltekräfte können wir auch leicht mit Hilfe unserer Grundgleichungen (73) und (76) herleiten, sie ist aber empfindlicher auf Ungenauigkeiten, die bei der Auflösung der Hauptgleichungen auftreten können.

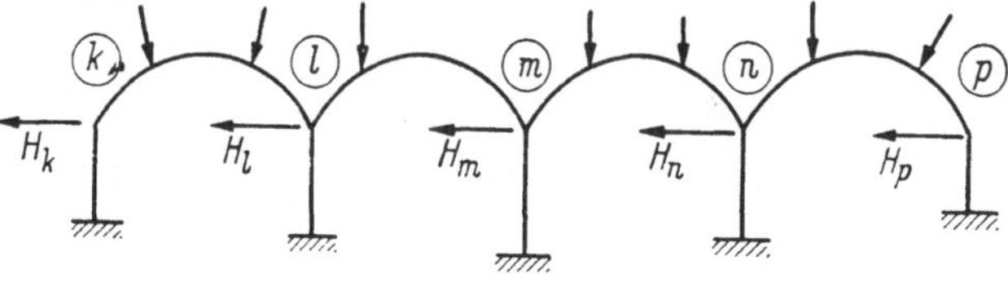

Abb. 204

Zahlenbeispiel

In der Fortsetzung der Berechnung unseres Trägers aus der Abb. 200 legen wir die folgenden Konstanten zugrunde (sämtliche Werte sind mit $E J_s$ zu multiplizieren). Für alle Bogen haben wir:

$$a = 3,29, \quad b = 2,32, \quad c = 0,376, \quad d = 0,052.$$

Für die Stützen ergeben sich die Werte:

Stütze 1: $d_1 = 0,6904$ $c_1 = 4,488$ $b_1 = 19,447$ $a_1 = 38,894,$

Stütze 2: $d_2 = 0,3087$ $c_2 = 2,624$ $b_2 = 14,869$ $a_2 = 29,738,$

Stütze 3: $d_3 = 0,3087$ $c_3 = 2,624$ $b_3 = 14,869$ $a_3 = 29,738,$

Stütze 4: $d_4 = 0,2395$ $c_4 = 2,215$ $b_4 = 13,659$ $a_4 = 27,318.$

Die übrigen Konstanten der Knotenpunkte lauten (sämtliche Werte mit $E J_s$ zu multiplizieren)

$$A_1 = 38,894 + \quad\;\; 3,29 = 42,184 \qquad C_1 = \qquad\;\; 0,376 - 4,488 = -\,4,112$$

$$A_2 = 29,738 + 2 \cdot 3,29 = 36,318 \qquad C_2 = 2 \cdot 0,376 - 2,624 = -\,1,872$$

$$A_3 = 29,738 + 2 \cdot 3,29 = 36,318 \qquad C_3 = 2 \cdot 0,376 - 2,624 = -\,1,872$$

$$A_4 = 27,318 + 2 \cdot 3,29 = 33,898 \qquad C_4 = 2 \cdot 0,376 - 2,215 = -\,1,463$$

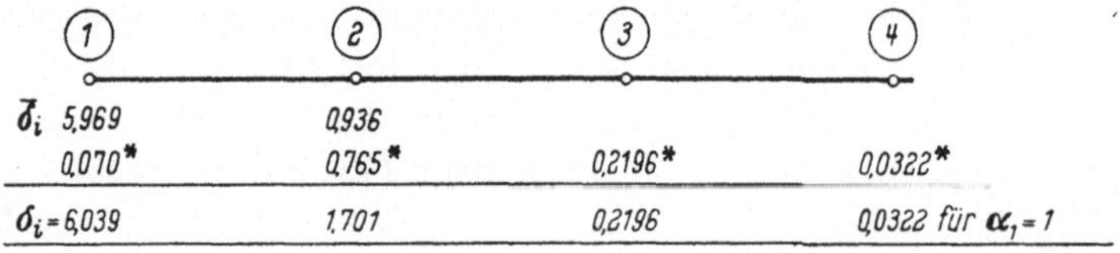

Abb. 205

Im ersten Belastungszustand $\alpha_1 = +\,1$ mit allen übrigen Winkeln gleich null rechnen wir die Horizontalverschiebungen δ_i gemäß Gl. (513).

Die Primärlösungen dieses Zustandes lauten:

$$\overline{\delta_1} = -\,\frac{C_1}{N_1} = +\,\frac{4,112}{0,6889} = \underline{6,969}\,;$$

$$\overline{\delta_2} = \frac{c_{1-2}}{N_2} = \frac{0,376}{0,4021} = \underline{0,936}.$$

Die Weiterleitung und definitiven Lösungen für diesen Zustand erhalten wir aus der Abb. 205.

Für diesen Belastungszustand erhalten wir die entsprechenden Festhaltemomente nach den Gln. (515), (517) und (518) usw. zu:

$$M_{11} = -\,42,184 + 4,112 \cdot 6,039 + 0,376 \cdot 1,701 = -\,16,712,$$

$$M_{21} = +\,1,872 \cdot 1,701 + 2,32 + 0,376\,(0,2196 + 6,039) = +\,7,857,$$

$$M_{31} = +\,1,872 \cdot 0,2196 + 0,376\,(1,701 + 0,0322) = +\,1,063,$$

$$M_{41} = +\,1,463 \; 0,0322 + 0,376 \cdot 0,2196 = 0,1297.$$

Für die weiteren drei Belastungszustände, wo abwechslungsweise alle $\alpha_i = +1$ gesetzt werden, geben wir keine weitere detaillierte Berechnung, sondern in der folgenden Tabelle direkt die Endresultate der Verschiebungen d_{ik} und der Festhaltemomente M_{ik}.

	δ_{ik}	$i=1$	2	3	4	M_{ik}	$i=1$	2	3	4
=1	$k=1$	6,039	1,701	0,2196	0,0322	$k=1$	−16,712	7,857	1,063	0,1297
=1	$k=2$	0,903	4,846	1,5543	0,2353	$k=2$	7,855	−26,320	7,140	0,928
=1	$k=3$	0,116	1,5513	4,9648	1,8464	$k=3$	1,060	7,134	−25,746	6,888
=1	$k=4$	0,0143	0,1908	1,500	4,4868	$k=4$	0,1305	0,9265	6,887	−26,770

Nehmen wir die folgende äußere Belastung an: $p = 1\ \text{t/m}$ gleichmäßig verteilt über die ersten beiden Öffnungen, nach der Abb. 206.

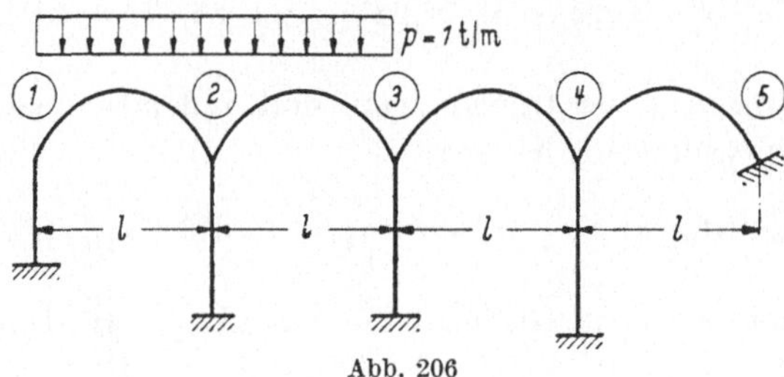

Abb. 206

Die Belastungsglieder der Knotenpunktsgleichungen (73) und (76) sind die folgenden:

$$\overline{M}_1 = +3{,}0\ \text{tm}, \quad \overline{M}_3 = -3{,}0\ \text{tm}, \quad \overline{M}_2 = \overline{M}_4 = \overline{M}_5 = 0,$$

$$\overline{H}_1 = +5{,}48\ \text{t}, \quad \overline{H}_3 = -5{,}48\ \text{t}, \quad \overline{H}_2 = \overline{H}_4 = \overline{H}_5 = 0.$$

Die Verschiebungen δ_{io} nach Gl. (511) werden mit Hilfe der Primärlösungen:

$$\overline{\delta}_1 = -\frac{5{,}48}{0{,}6889} = -7{,}955; \qquad \overline{\delta}_3 = +\frac{5{,}48}{0{,}3982} = +13{,}76;$$

$$\overline{\delta}_2 = \overline{\delta}_4 = \overline{\delta}_5 = 0$$

und mit Hilfe der Knotenpunktsfigur:

Die Festhaltemomente der äußeren Kräfte werden mit Gl. (512) zu:

$$M_{10} = - 4{,}112 \cdot 7{,}824 + 0{,}376 \cdot 0{,}732 = - 31{,}897,$$

$$M_{20} = + 1{,}872 \cdot 0{,}732 + 0{,}376 \, (13{,}63 - 7{,}824) = + 3{,}553,$$

$$M_{30} = + 1{,}872 \cdot 13{,}630 + 0{,}376 \, (0{,}732 + 2{,}064) = + 26{,}566,$$

$$M_{40} = + 1{,}463 \cdot 2{,}064 + 0{,}376 \cdot 13{,}630 = + 8{,}1446.$$

Die Bestimmungsgleichungen der Drehwinkel α_i werden dann nach
Gl. (519):

$$- \alpha_1 \cdot 16{,}712 + \alpha_2 \cdot \ 7{,}855 + \alpha_3 \cdot 1{,}060 \ + \alpha_4 \cdot \ 0{,}1305 = \ 34{,}897,$$

$$+ \alpha_1 \cdot \ 7{,}857 - \alpha_2 \cdot 26{,}323 + \alpha_3 \cdot \ 7{,}134 + \alpha_4 \cdot \ 0{,}9265 = - \ 3{,}553,$$

$$+ \alpha_1 \cdot \ 1{,}063 + \alpha_2 \cdot 7{,}140 - \alpha_3 \cdot 25{,}746 + \alpha_4 \cdot 6{,}8868 = - 29{,}566,$$

$$+ \alpha_1 \cdot 0{,}1297 + \alpha_2 \cdot 0{,}928 + \alpha_3 \cdot 6{,}888 - \alpha_4 \cdot 26{,}770 = - 8{,}145$$

und die Lösungen dieser Gleichungen sind, indem wir alle Werte mit
$1/E \cdot J_s$ zu vervielfachen haben:

$$\alpha_1 = - 2{,}076, \quad \alpha_2 = - 0{,}1434, \quad \alpha_3 = 1{,}1816, \quad \alpha_4 = + 0{,}5932.$$

Daraus können wir nach Gl. (520) die endgültigen Horizontalverschiebungen rechnen:

$$\delta_1 = - 7{,}824 - 2{,}076 \cdot 6{,}039 - 0{,}1434 \cdot 0{,}903 + 1{,}1816 \cdot 0{,}116 +$$
$$+ 0{,}593 \cdot 0{,}0143 = \underline{- 20{,}345},$$

$$\delta_2 = 0{,}732 - 2{,}076 \cdot 1{,}701 - 0{,}1434 \cdot 4{,}864 + 1{,}1816 \cdot 1{,}551 +$$
$$+ 0{,}593 \cdot 0{,}1908 = \underline{- 1{,}548},$$

$$\delta_3 = 13{,}630 - 2{,}076 \cdot 0{,}2196 - 0{,}1434 \cdot 1{,}5543 + 1{,}1816 \cdot 4{,}965 +$$
$$+ 0{,}593 \cdot 1{,}500 = - \underline{+ 19{,}708},$$

$$\delta_4 = 2{,}064 - 2{,}076 \cdot 0{,}032 - 0{,}1434 \cdot 0{,}2353 + 1{,}1816 \cdot 1{,}8464 +$$
$$+ 0{,}593 \cdot 4{,}4868 = \underline{+ 6{,}808}.$$

Eine Kontrollrechnung erhalten wir, wenn man die Werte von Gl. (519)
und Gl. (520) in die Gln. (508) und (509), die allgemeinen Grundgleichungen, einsetzt. Denn schließlich haben wir durch eine statische Umbildung
die fundamentalen Knotenpunktsgleichungen nach den unbekannten
Deformationen aufgelöst.

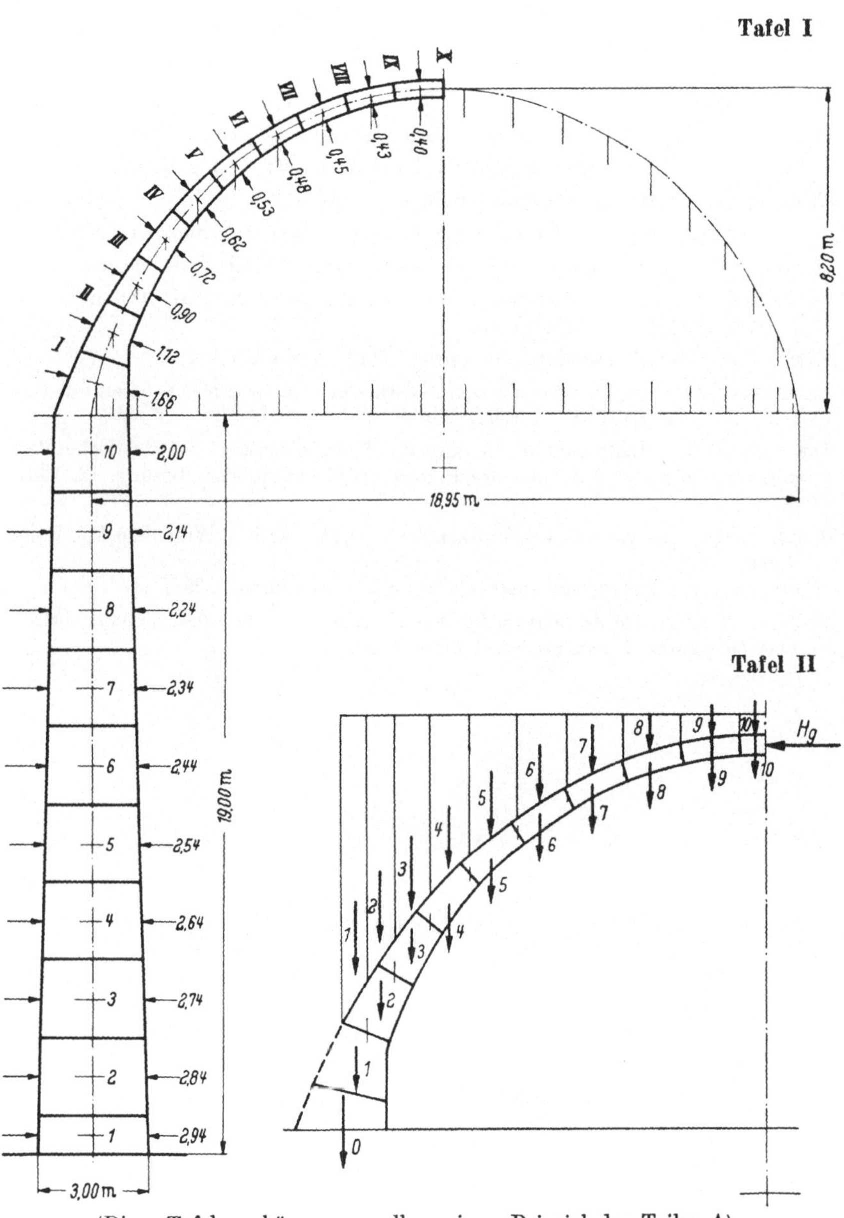

(Diese Tafeln gehören zum allgemeinen Beispiel des Teiles A)

13   Stampf, Bogenträger

Literaturverzeichnis

Mörsch, E.: Statik der Gewölbe und Rahmen. Teil A. Stuttgart: Konrad Wittwer Verlag.

Melan, E.: Der Brückenbau. Wien: Verlag Deuticke 1948, 2. Bd.

Ritter. M.: Vorlesung über massive Brücken, ETH, Zürich.

Stüssi, F.: Vorlesung über Baustatik, Band II, Basel: Verlag Birkhäuser 1954.

Ostenfeld, A.: Die Deformationsmethode, Berlin 1926.

Efsen, A.: Die Methode der primären Momente. Diss. Kopenhagen 1931.

Ulrich, B.: Die Berechnung der Stockwerksrahmen, ETH. Diss. Zürich.

Ritter, M.: Der eingespannte Bogen mit Versteifungsträger. IVBH Abhandlungen 6. Band, 1940/41, S. 265, Zürich.

Kleinlogel, A.: Rahmenformeln. Berlin: Wilh. Ernst & Sohn.

El-Arousy: Studien über das elastische Verhalten von Brückengewölben mit und ohne Aufbau. ETH. Diss. 1942, Zürich.

Dischinger, F.: Untersuchungen über die Knicksicherheit, die elastische Verformung und das Kriechen des Betons bei Bogenbrücken, Bauing. 18, 1937, S. 487.

Sattler, K.: Theorie der Verbundkonstruktionen. Berlin: Wilh. Ernst & Sohn 1959.

Wästlund, G.: Primärmomentmetoden, KTH, Stockholm 1954.

Stampf, W.: Puentes de arco en hormigón armado, Universidad „Tomas Frías" Sección publicaciones, Potosí, Bolivia 1953.

Sachverzeichnis

Berichtigungen

S. 13, Gl. (15): in der 1. und 2. Gleichung fehlt die Schlußklammer

S. 32, Gl. (84): statt b'_{1-2} **lies** b'_{2-1}

S. 37, Zeile 22 v. o.: statt Abb. 33 **lies** Abb. 35

S. 52, Gl. (139), 3. Summand der 1. Gleichung:

$$\text{statt } M_{ne}\,\frac{x}{e} \quad \textbf{lies} \quad M_{nl}\,\frac{x}{L}$$

S. 74, Gl. (198) und (199): statt α_n **lies** α_u

S. 120: die beiden ersten Sätze, einschl. Gl. (320), sind zu streichen

S. 131, Gl. (357 a): statt $\dfrac{3\,E\,J_l}{l}$ **lies** $\dfrac{2\,E\,J_l}{l}$

S. 135, Gl. (367): in der 2. Gleichung statt $\overline{H}_{2l}$ **lies** $\overline{M}_{2l}$

S. 181, Gl. (497 c): statt $\dfrac{\overline{H}_m}{D_m}$ **lies** $-\dfrac{\overline{H}_m}{N_m}$

S. 189, Gl. (521): statt $\alpha_1 = \cdots \alpha_{12}\,(M_{i0} - \overline{M}_i)$

$$\textbf{lies} \quad x_1 = \cdots \alpha_{1i}\,(M_{i0} - \overline{M}_i)$$